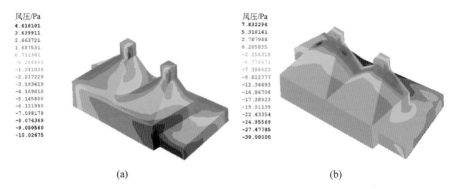

風圧/Pa
4.616101
3.639911
2.663721
1.687531
0.711341
-0.264849
-1.241039
-2.217229
-3.193419
-4.169610
-5.145800
-6.121990
-7.098179
-8.074369
-9.050560
-10.02675

風圧/Pa
7.832294
5.310141
2.787988
0.265835
-2.256318
-4.778471
-7.300623
-9.822777
-12.34493
-14.86708
-17.38923
-19.91139
-22.43354
-24.95569
-27.47785
-30.00000

(a)   (b)

图 2-8　冬季及夏季的通风模拟

（a）夏季建筑表明风压分布（东南风 2.5 m/s）；（b）冬季建筑表明风压分布（北风 3.5 m/s）

（资料来源：彭勃绘制）

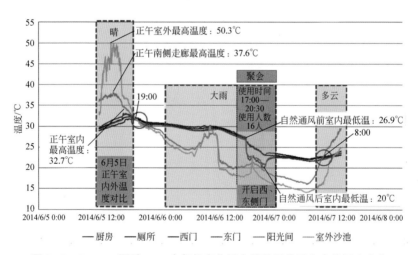

图 2-18　O-house 夏季 48 h 内气候变化及自然通风前后室内外温度变化
曲线分析

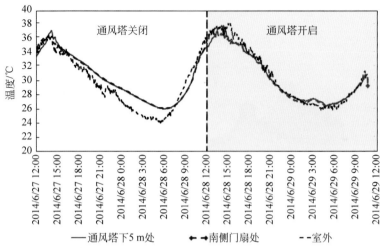

图 2-20 水禽馆测试 48 h 内热压通风前后不同测点温度变化曲线对比

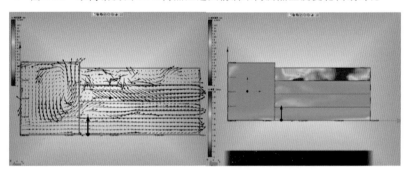

绝对空气速度   空气温度

(a)

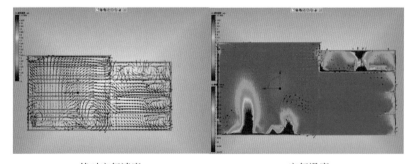

绝对空气速度   空气温度

(b)

图 4-34 基于热压通风的中庭迹线图模拟

(a) 单向中庭；(b) 双向中庭；(c) 三向中庭；(d) 四向中庭

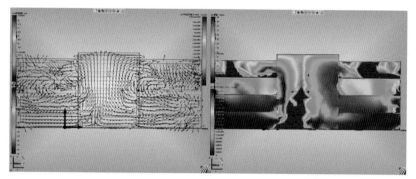

绝对空气速度 空气温度

(c)

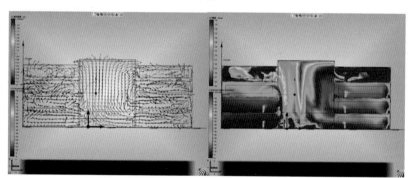

绝对空气速度 空气温度

(d)

图 4-34（续）

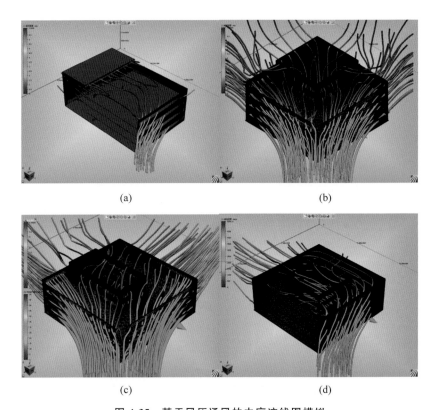

(a)   (b)

(c)   (d)

图 4-35　基于风压通风的中庭迹线图模拟

（a）单向中庭；（b）双向中庭；（c）三向中庭；（d）四向中庭

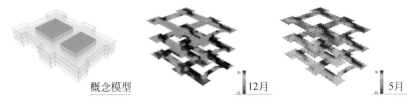

概念模型　 12月　 5月

图 6-12　基于双线性插值算法的空间物理环境分布示例

表 7-10　建筑物理环境测试数据及云图

建筑代码	数据	热环境/℃		光环境/lx		CO_2 浓度/$\times 10^{-6}$
		13:00	18:00	13:00	18:00	13:00
b1	数据云					
	C_{avg}	28.1	30.8	360	4003	539
	MC_{avg}	26.4	28.8	464	2013	613
	M_{avg}	26.6	26.4	267	402	637
	室外	33.5	33.3	4150	3920	551
b2	数据云					
	C_{avg}	32.5	31.7	12 137	2471	430
	MC_{avg}	28.4	27	1478	606	647
	M_{avg}	26.7	26.2	242	146	681
	室外	33.7	32.6	14 420	3120	449
b3	数据云					
	C_{avg}	28.9	28.6	1140	1800	313
	MC_{avg}	28.1	28.1	1215	558	345
	M_{avg}	27.2	27.5	273	345	358
	室外	33.3	31.2	4500	4160	310
b4	数据云					
	C_{avg}	26.6	27.7	11170	4425	567
	MC_{avg}	25.7	26.9	4034	1615	528
	M_{avg}	26.4	26.2	246	323	522
	室外	30.6	30.2	29300	5870	510
b5	数据云					
	C_{avg}	37.9	36.4	6175	6323	342
	MC_{avg}	32.8	31.9	5878	3046	530
	M_{avg}	28.9	28.9	258	141	711
	室外	39.1	38.7	8570	4130	359

建筑代码	数据	热环境/℃		光环境/lx		CO_2 浓度/$\times 10^{-6}$
		13:00	18:00	13:00	18:00	13:00
b6	数据云					
	C_{avg}	31.1	29	4760	4003	444
	MC_{avg}	28.8	27.7	3848	2753	547
	M_{avg}	26.5	26.1	294	354	560
	室外	31.6	29.2	4790	3960	450

表 7-14　建筑热环境测试云图及参数分析

单位：℃

	b1（1层,2层,3层）		b2（1层,2层,3层）		b3（1层,5层,11层,18层,23层）		b4（2层,5层,7层,10层,13层）	
建筑模型								
测试时间	13:00	18:00	13:00	18:00	13:00	18:00	13:00	18:00
数据云图								
A_{avg}	27.9	28	34.7	33.8	26.9	27.2	25.7	25.4
MA_{avg}	26.5	27.5	33.1	32.2	26.8	27.6	25.7	25.3
M_{avg}	23.1	24.4	29.9	29.9	25.2	26.1	26.8	26.0

表 7-15 建筑光环境测试云图及参数分析

建筑模型	b1(1层、2层、3层)		b2(1层、2层、3层)		b3(1层、5层、11层、18层、23层)		b4(2层、5层、7层、10层、13层)	
测试时间	13:00	18:00	13:00	18:00	13:00	18:00	13:00	18:00
数据云图								
A_{avg}	1210	388	993	1129	1667	946	103	85
MA_{avg}	587	288	393	670	1843	799	89.1	65.4
M_{avg}	349.8	205	130	109	524	344	559	351.7

表 7-16 建筑 CO_2 浓度测试云图及参数分析

单位：$\times 10^{-6}$

	b1(1层,2层,3层)	b2(1层,2层,3层)	b3(1层,5层,11层,18层,23层)	b4(2层,5层,7层,10层,13层)
建筑模型	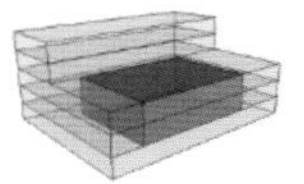	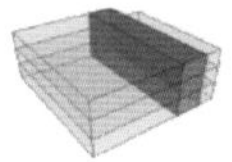	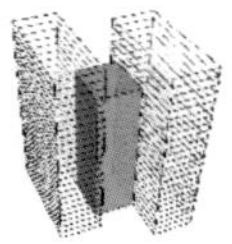	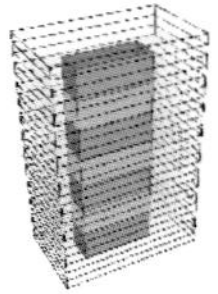
数据云图			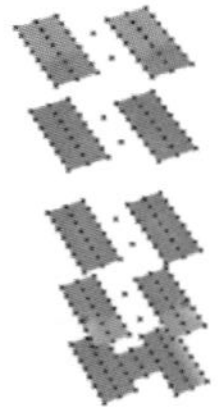	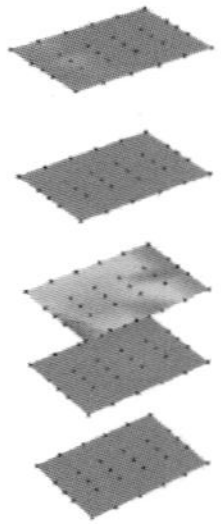
A_{avg}	488	477	549	591
MA_{avg}	501	493	553	593
M_{avg}	518	542	573	603

注：测试时间均为 13：00。

表 7-19　热环境逐层云图

建筑整体环境云图	1 层	2 层	3 层	4 层	5 层
温度/℃　28　27　26　25　24　夏季					
温度/℃　26　24　22　20　18　16　冬季					

表 7-20 夏季光环境逐层云图

建筑整体环境云图	1层	2层	3层	4层	5层

照度/lx
500 400 300 200 100 0

表 7-21 过渡季 CO_2 浓度逐层云图

建筑整体环境云图	1层	2层	3层	4层	5层

CO_2浓度/ $\times 10^{-6}$
550 500 450 400

清华大学优秀博士学位论文丛书

中介空间：
建成环境的被动调节

李珺杰 （Li Junjie） 著

Passive Adjustment Performance
of Intermediary Space in Buildings

清华大学出版社
北　京

内 容 简 介

本书遵循形态解析-作用探索-效果验证的途径，解析利用建筑空间进行气候调节的理论、实践的类型和发展演变过程，并基于调查问卷和相关数据构建了多指标综合评价方法框架。本书反复证明了中介空间动态调节作用的价值和复杂性，为设计和改造提供了依据；提出中介空间气候调节作用的多指标综合评价方法，研发出验证中介空间气候调节作用的易读、可视的评价工具。

本书适合高校建筑学等专业的师生以及科研院所相关专业的研究人员阅读，也可供相关领域的技术人员参考。

图书在版编目(CIP)数据

中介空间：建成环境的被动调节/李珺杰著. —北京：清华大学出版社，2021.7
（清华大学优秀博士学位论文丛书）
ISBN 978-7-302-57444-6

Ⅰ. ①中… Ⅱ. ①李… Ⅲ. ①建筑空间－研究 Ⅳ. ①TU-024

中国版本图书馆 CIP 数据核字(2021)第 021776 号

责任编辑：王　倩
封面设计：傅瑞学
责任校对：刘玉霞
责任印制：宋　林

出版发行：清华大学出版社
　　　　　网　　址：http://www.tup.com.cn，http://www.wqbook.com
　　　　　地　　址：北京清华大学学研大厦 A 座　　邮　　编：100084
　　　　　社 总 机：010-62770175　　　　　　　　邮　　购：010-62786544
　　　　　投稿与读者服务：010-62776969，c-service@tup.tsinghua.edu.cn
　　　　　质量反馈：010-62772015，zhiliang@tup.tsinghua.edu.cn
印　刷　者：三河市铭诚印务有限公司
装 订 者：三河市启晨纸制品加工有限公司
经　　销：全国新华书店
开　　本：155mm×235mm　　印　张：21.25　　插　页：6　　字　　数：356 千字
版　　次：2021 年 9 月第 1 版　　　　　　　　　印　　次：2021 年 9 月第 1 次印刷
定　　价：159.00 元

产品编号：076157-01

一流博士生教育
体现一流大学人才培养的高度(代丛书序)^①

　　人才培养是大学的根本任务。只有培养出一流人才的高校,才能够成为世界一流大学。本科教育是培养一流人才最重要的基础,是一流大学的底色,体现了学校的传统和特色。博士生教育是学历教育的最高层次,体现出一所大学人才培养的高度,代表着一个国家的人才培养水平。清华大学正在全面推进综合改革,深化教育教学改革,探索建立完善的博士生选拔培养机制,不断提升博士生培养质量。

学术精神的培养是博士生教育的根本

　　学术精神是大学精神的重要组成部分,是学者与学术群体在学术活动中坚守的价值准则。大学对学术精神的追求,反映了一所大学对学术的重视、对真理的热爱和对功利性目标的摒弃。博士生教育要培养有志于追求学术的人,其根本在于学术精神的培养。

　　无论古今中外,博士这一称号都和学问、学术紧密联系在一起,和知识探索密切相关。我国的博士一词起源于 2000 多年前的战国时期,是一种学官名。博士任职者负责保管文献档案、编撰著述,须知识渊博并负有传授学问的职责。东汉学者应劭在《汉官仪》中写道:"博者,通博古今;士者,辩于然否。"后来,人们逐渐把精通某种职业的专门人才称为博士。博士作为一种学位,最早产生于 12 世纪,最初它是加入教师行会的一种资格证书。19 世纪初,德国柏林大学成立,其哲学院取代了以往神学院在大学中的地位,在大学发展的历史上首次产生了由哲学院授予的哲学博士学位,并赋予了哲学博士深层次的教育内涵,即推崇学术自由、创造新知识。哲学博士的设立标志着现代博士生教育的开端,博士则被定义为独立从事学术研究、具备创造新知识能力的人,是学术精神的传承者和光大者。

---

　　① 本文首发于《光明日报》,2017 年 12 月 5 日。

博士生学习期间是培养学术精神最重要的阶段。博士生需要接受严谨的学术训练，开展深入的学术研究，并通过发表学术论文、参与学术活动及博士论文答辩等环节，证明自身的学术能力。更重要的是，博士生要培养学术志趣，把对学术的热爱融入生命之中，把捍卫真理作为毕生的追求。博士生更要学会如何面对干扰和诱惑，远离功利，保持安静、从容的心态。学术精神，特别是其中所蕴含的科学理性精神、学术奉献精神，不仅对博士生未来的学术事业至关重要，对博士生一生的发展都大有裨益。

独创性和批判性思维是博士生最重要的素质

博士生需要具备很多素质，包括逻辑推理、言语表达、沟通协作等，但是最重要的素质是独创性和批判性思维。

学术重视传承，但更看重突破和创新。博士生作为学术事业的后备力量，要立志于追求独创性。独创意味着独立和创造，没有独立精神，往往很难产生创造性的成果。1929 年 6 月 3 日，在清华大学国学院导师王国维逝世二周年之际，国学院师生为纪念这位杰出的学者，募款修造"海宁王静安先生纪念碑"，同为国学院导师的陈寅恪先生撰写了碑铭，其中写道："先生之著述，或有时而不章；先生之学说，或有时而可商；惟此独立之精神，自由之思想，历千万祀，与天壤而同久，共三光而永光。"这是对于一位学者的极高评价。中国著名的史学家、文学家司马迁所讲的"究天人之际，通古今之变，成一家之言"也是强调要在古今贯通中形成自己独立的见解，并努力达到新的高度。博士生应该以"独立之精神、自由之思想"来要求自己，不断创造新的学术成果。

诺贝尔物理学奖获得者杨振宁先生曾在 20 世纪 80 年代初对到访纽约州立大学石溪分校的 90 多名中国学生、学者提出："独创性是科学工作者最重要的素质。"杨先生主张做研究的人一定要有独创的精神、独到的见解和独立研究的能力。在科技如此发达的今天，学术上的独创性变得越来越难，也愈加珍贵和重要。博士生要树立敢为天下先的志向，在独创性上下功夫，勇于挑战最前沿的科学问题。

批判性思维是一种遵循逻辑规则、不断质疑和反省的思维方式，具有批判性思维的人勇于挑战自己，敢于挑战权威。批判性思维的缺乏往往被认为是中国学生特有的弱项，也是我们在博士生培养方面存在的一个普遍问题。2001 年，美国卡内基基金会开展了一项"卡内基博士生教育创新计划"，针对博士生教育进行调研，并发布了研究报告。该报告指出：在美国和欧洲,培养学生保持批判而质疑的眼光看待自己、同行和导师的观点同样非常不容易,批判性思维的培养必须成为博士生培养项目的组成部分。

对于博士生而言,批判性思维的养成要从如何面对权威开始。为了鼓励学生质疑学术权威、挑战现有学术范式,培养学生的挑战精神和创新能力,清华大学在 2013 年发起"巅峰对话",由学生自主邀请各学科领域具有国际影响力的学术大师与清华学生同台对话。该活动迄今已经举办了 21 期,先后邀请 17 位诺贝尔奖、3 位图灵奖、1 位菲尔兹奖获得者参与对话。诺贝尔化学奖得主巴里·夏普莱斯(Barry Sharpless)在 2013 年 11 月来清华参加"巅峰对话"时,对于清华学生的质疑精神印象深刻。他在接受媒体采访时谈道:"清华的学生无所畏惧,请原谅我的措辞,但他们真的很有胆量。"这是我听到的对清华学生的最高评价,博士生就应该具备这样的勇气和能力。培养批判性思维更难的一层是要有勇气不断否定自己,有一种不断超越自己的精神。爱因斯坦说:"在真理的认识方面,任何以权威自居的人,必将在上帝的嬉笑中垮台。"这句名言应该成为每一位从事学术研究的博士生的箴言。

提高博士生培养质量有赖于构建全方位的博士生教育体系

一流的博士生教育要有一流的教育理念,需要构建全方位的教育体系,把教育理念落实到博士生培养的各个环节中。

在博士生选拔方面,不能简单按考分录取,而是要侧重评价学术志趣和创新潜力。知识结构固然重要,但学术志趣和创新潜力更关键,考分不能完全反映学生的学术潜质。清华大学在经过多年试点探索的基础上,于 2016 年开始全面实行博士生招生"申请-审核"制,从原来的按照考试分数招收博士生,转变为按科研创新能力、专业学术潜质招收,并给予院系、学科、导师更大的自主权。《清华大学"申请-审核"制实施办法》明晰了导师和院系在考核、遴选和推荐上的权力和职责,同时确定了规范的流程及监管要求。

在博士生指导教师资格确认方面,不能论资排辈,要更看重教师的学术活力及研究工作的前沿性。博士生教育质量的提升关键在于教师,要让更多、更优秀的教师参与到博士生教育中来。清华大学从 2009 年开始探索将博士生导师评定权下放到各学位评定分委员会,允许评聘一部分优秀副教授担任博士生导师。近年来,学校在推进教师人事制度改革过程中,明确教研系列助理教授可以独立指导博士生,让富有创造活力的青年教师指导优秀的青年学生,师生相互促进、共同成长。

　　在促进博士生交流方面，要努力突破学科领域的界限，注重搭建跨学科的平台。跨学科交流是激发博士生学术创造力的重要途径，博士生要努力提升在交叉学科领域开展科研工作的能力。清华大学于 2014 年创办了"微沙龙"平台，同学们可以通过微信平台随时发布学术话题，寻觅学术伙伴。3 年来，博士生参与和发起"微沙龙"12 000 多场，参与博士生达 38 000 多人次。"微沙龙"促进了不同学科学生之间的思想碰撞，激发了同学们的学术志趣。清华于 2002 年创办了博士生论坛，论坛由同学自己组织，师生共同参与。博士生论坛持续举办了 500 期，开展了 18 000 多场学术报告，切实起到了师生互动、教学相长、学科交融、促进交流的作用。学校积极资助博士生到世界一流大学开展交流与合作研究，超过 60% 的博士生有海外访学经历。清华于 2011 年设立了发展中国家博士生项目，鼓励学生到发展中国家亲身体验和调研，在全球化背景下研究发展中国家的各类问题。

　　在博士学位评定方面，权力要进一步下放，学术判断应该由各领域的学者来负责。院系二级学术单位应该在评定博士论文水平上拥有更多的权力，也应担负更多的责任。清华大学从 2015 年开始把学位论文的评审职责授权给各学位评定分委员会，学位论文质量和学位评审过程主要由各学位分委员会进行把关，校学位委员会负责学位管理整体工作，负责制度建设和争议事项处理。

　　全面提高人才培养能力是建设世界一流大学的核心。博士生培养质量的提升是大学办学质量提升的重要标志。我们要高度重视、充分发挥博士生教育的战略性、引领性作用，面向世界、勇于进取，树立自信、保持特色，不断推动一流大学的人才培养迈向新的高度。

清华大学校长

2017 年 12 月 5 日

丛书序二

以学术型人才培养为主的博士生教育，肩负着培养具有国际竞争力的高层次学术创新人才的重任，是国家发展战略的重要组成部分，是清华大学人才培养的重中之重。

作为首批设立研究生院的高校，清华大学自20世纪80年代初开始，立足国家和社会需要，结合校内实际情况，不断推动博士生教育改革。为了提供适宜博士生成长的学术环境，我校一方面不断地营造浓厚的学术氛围，一方面大力推动培养模式创新探索。我校从多年前就已开始运行一系列博士生培养专项基金和特色项目，激励博士生潜心学术、锐意创新，拓宽博士生的国际视野，倡导跨学科研究与交流，不断提升博士生培养质量。

博士生是最具创造力的学术研究新生力量，思维活跃，求真求实。他们在导师的指导下进入本领域研究前沿，吸取本领域最新的研究成果，拓宽人类的认知边界，不断取得创新性成果。这套优秀博士学位论文丛书，不仅是我校博士生研究工作前沿成果的体现，也是我校博士生学术精神传承和光大的体现。

这套丛书的每一篇论文均来自学校新近每年评选的校级优秀博士学位论文。为了鼓励创新，激励优秀的博士生脱颖而出，同时激励导师悉心指导，我校评选校级优秀博士学位论文已有20多年。评选出的优秀博士学位论文代表了我校各学科最优秀的博士学位论文的水平。为了传播优秀的博士学位论文成果，更好地推动学术交流与学科建设，促进博士生未来发展和成长，清华大学研究生院与清华大学出版社合作出版这些优秀的博士学位论文。

感谢清华大学出版社，悉心地为每位作者提供专业、细致的写作和出版指导，使这些博士论文以专著方式呈现在读者面前，促进了这些最新的优秀研究成果的快速广泛传播。相信本套丛书的出版可以为国内外各相关领域或交叉领域的在读研究生和科研人员提供有益的参考，为相关学科领域的发展和优秀科研成果的转化起到积极的推动作用。

感谢丛书作者的导师们。这些优秀的博士学位论文，从选题、研究到成文，离不开导师的精心指导。我校优秀的师生导学传统，成就了一项项优秀的研究成果，成就了一大批青年学者，也成就了清华的学术研究。感谢导师们为每篇论文精心撰写序言，帮助读者更好地理解论文。

感谢丛书的作者们。他们优秀的学术成果，连同鲜活的思想、创新的精神、严谨的学风，都为致力于学术研究的后来者树立了榜样。他们本着精益求精的精神，对论文进行了细致的修改完善，使之在具备科学性、前沿性的同时，更具系统性和可读性。

这套丛书涵盖清华众多学科，从论文的选题能够感受到作者们积极参与国家重大战略、社会发展问题、新兴产业创新等的研究热情，能够感受到作者们的国际视野和人文情怀。相信这些年轻作者们勇于承担学术创新重任的社会责任感能够感染和带动越来越多的博士生，将论文书写在祖国的大地上。

祝愿丛书的作者们、读者们和所有从事学术研究的同行们在未来的道路上坚持梦想，百折不挠！在服务国家、奉献社会和造福人类的事业中不断创新，做新时代的引领者。

相信每一位读者在阅读这一本本学术著作的时候，在吸取学术创新成果、享受学术之美的同时，能够将其中所蕴含的科学理性精神和学术奉献精神传播和发扬出去。

清华大学研究生院院长

2018 年 1 月 5 日

导师序言

　　李珺杰是跟随我攻读博士学位并顺利获得博士学位的第一位博士研究生。

　　她读博的过程，也是我们共同成长的过程。机缘巧合，她能跟随我读博，得自我尊敬的博士研究生导师栗德祥教授的大力推荐。在她之前，我已经获得博士生导师资格有两年时间，但是在那个时候，因为我的研究课题被划分在建筑技术方向上，而学院为每个方向分配的博士研究生名额实际上是有限的，因此我发自内心地很期望这些名额能被分配给老先生，这样即将退休的先生仍然可以有博士生带。我的"私心"是老先生可以退而不休，更多地亲自指导成立不久的建筑与技术研究所的教学、科研等工作。所以说，在主观上我不大有意愿带博士生，倒因为导师大力推荐接受珺杰，而正式开始带博士生，对我来也是迈出了很大的一步。

　　导师的推荐，自当加倍重视。事后也证明，导师的眼光是非常敏锐的。珺杰的为人和治学，均为同侪翘楚。雷厉风行、令行禁止、不屈不挠、吃苦耐劳、敏行讷言，这些词都非常适合形容她。

　　博士学位论文的研究和写作过程，不可谓不艰苦。然而艰苦磨炼出的功夫，会历久弥新。

　　2011—2013 年，李珺杰作为清华大学参赛团队的建筑设计与技术总负责人，带领团队 40 多人参与了 2013 年中国国际太阳能十项全能竞赛，亲手设计并建造了一座面向未来、完全依靠太阳能运行的独立式住宅。参与这项比赛对个人能力的锻炼是巨大的，是一次从策划—组织团队—协调机制—筹资—市场分析—建筑设计—施工图纸绘制—厂家沟通—房屋建造—材料设备购置—性能测评—赞助商回馈的全周期全方位的锻炼。两年的时间，不仅是对专业知识和动手能力的提高，也是对经营团队、与社会沟通的一次考验。在这个过程中锻炼了她的个人能力，也磨炼了性格。团队最终在国际大赛上斩获多项大奖。更为欣慰的是，她在北京交通大学就任教职之后，率领北京交通大学团队，参加后续太阳能十项全能竞赛，并取得了更为优异的成绩。

　　攻读博士学位期间，她协助我完成了国家自然基金课题、横向课题和纵向课题的科研项目。包括国家自然科学基金重点项目"基于可持续性大型公共建筑决策与设计"，国家科技支撑计划课题"绿色建筑评价指标体系与综合评价方法研究"子课题"绿色建筑与环境使用后评价理论与方法"，并参与编写了第三版《建筑设计资料集》第八分册绿色建筑专题绿色建筑评价体系内容等。在研究过程中，她的科研能力被不断锻炼，日渐增强，她在科学研究上的严谨沉稳、坚韧上进，也使她的科研成果硕果累累。她在博士研究生毕业前已在国内外学术会议及核心刊物上已发表论文 30 篇，其中 2 篇被建筑学领域的国际顶级杂志 Building and Environment（JCR-Q2）收录，9篇收录于中文核心期刊或建筑学重要期刊，9 篇论文 EI 检索，获实用新型专利 5 项；出版英文专著 1 部、完成英文译著 1 部。多次获得国家奖学金、一等奖学金、清华大学"挑战杯"特等奖、清华大学建筑学院"学术新秀"称号，对于建筑学的学生来讲难度是非常大的。她的博士论文经五位专家函评均为 A，获评清华大学优秀博士学位论文一等奖，她个人也获得清华大学优秀博士毕业生的称号。在博士研究生阶段取得这么多的成绩，在国际顶尖大学也是少有的。这表明李珺杰同学从事科研工作的潜力，也是清华大学在博士研究生培养过程中强调"质量第一"政策的具体体现，同时也是我国在研究生培养和教育中的一个缩影。

此外，李珺杰也表现出出色的教学能力。她连续三年辅助学院王丽娜老师的"房屋建筑学"及张弘老师的"建筑设计实践"课程，担任两位老师的助教。代课期间，她尽自己全力帮助学生更好地理解建筑设计，跟学生一起共同探讨方案，课上耐心指导讲解，课下通过邮件一条条帮学生批改指出设计中的不足。她的教学态度认真负责，教学方法灵活，勇于创新，是学生们喜爱的青年教师。现在，她已经是北京交通大学的副教授，把她的专业知识传递给了更多的莘莘学子。

清华大学出版社邀我为本书写序，我欣然应允，一方面是因为李珺杰读博期间取得的成绩来之不易，另一方面也是因为清华大学一直强调培养高质量研究生政策取得显著成绩。最后，感谢清华大学出版社为出版本书付出的努力，也预祝李珺杰博士在未来的工作中以国家重大战略需求为抓手，勤奋努力，只争朝夕，不负韶华，取得更好的成绩。

宋晔皓

清华大学建筑学院

2021 年 2 月

摘　要

　　大型公共建筑在城市中的建设比例日益增加,其体量庞大、使用人数多、空间集中且采用集中中央空调系统,但也因此导致使用者对与自然接触的需求更为迫切且运行阶段能源消耗更大。中介空间介于外部自然环境与内部人工环境之间,其将两个对立或不联系、不相关的现象或者事物通过中间环节相联系,是一种重要的空间气候调节策略,在大型公共建筑中占有重大比重。但设计阶段对中介空间被动式气候作用效果的关注度不足,一方面是由于目前研究变量单一,缺少多角度综合测评与分析气候调节作用效果的方法;另一方面是由于缺乏实际和长期的检测数据以证实或证伪该策略的有效性,导致更加难以在新的设计中对其做进一步优化。

　　本书首先遵循形态解析—作用探索—效果验证的途径,解析利用建筑空间进行被动空间调节的理论、实践类型和发展演变。其次,基于400余份建筑可持续调研问卷,对200余幢大型公共建筑的相关数据整理和30幢建筑长期深入的调研测试,将影响中介空间气候调节作用的因素归类为建筑空间信息参数、使用者满意度的主观感受和客观物理环境的舒适度三个性能指标,确立了多指标综合评价方法框架。具体内容包括:①首先采用层次分析法(AHP)对空间的四维形态进行因子化处理,建立与气候调节作用相关联的建筑信息框架;②从建筑设计的角度,依据心理学的语义学解析法,量化拆解使用者对建筑空间的满意程度,借助统计学的因子分析法和相关性分析法形成使用者满意度主观评价因子矩阵,并发现使用者主观满意度与建筑空间参数信息的内在关联;③从建筑环境学视角,建立物理环境的客观评价因子矩阵,研发基于双线性多项式插值算法的物理环境分布云图;④研究最终给出满意度-舒适度的矩阵模型,在多指标的基础上对建筑的中介空间气候调节作用做出综合评价;⑤利用软件开发平台,研发中介空间气候调节作用的网络在线评价工具SCTool;⑥以中介空间的典型类型为例,演示中介空间被动调节作用的综合评价、检验和优化的全过程。

　　研究成果包含三个方面:①研究反复证明了中介空间动态调节作用的

价值和复杂性，为设计和改造提供依据；②提出了中介空间气候调节作用的多指标综合评价的方法；③研发了验证中介空间气候调节作用的易读、可视的评价工具。

关键词：空间气候调节设计；中介空间；建成环境品质；大型公共建筑

Abstract

As an increasing proportion of city space is taken away by large public buildings, their gigantic size, high occupant density, centralized space and completely central AC system, all greatly reduce our chance to be close to nature, and their energy consumption lager than in others. The intermediary space is one of passive design strategies, which lives between outside nature environment and inside artificial environment, and it connects two opposite, unrelated or irrelevant phenomenon or objects by intermediate link which has widely existed in many types of large public buildings. However, many evidences indicated that it is insufficient attention on passive adjustment performance of intermediary space in deisgn phase. On one hand, the current research variable is single which is lacking of multi-angle comprehensive evaluation and analysis to determin the effect of passive adjustment method; on the other hand, due to a lack of more practical and long-term testing data to prove or disprove passive strategies's effectiveness, it is harder to further optimization in other new design.

In the first place, this research follows a way of morphology analysis-function exploration-effect verification to analyze the evolution of theory and practice and the type of architectural space passive adjustment performance in time and space dimensions. Then, based on more than 400 sets of sustainable architecture research questionnaire; up to 200 large public buildings' data collation; and long-term in-depth research on 30 buildings, this research established multi-criteria approach to evaluate the effect of passive adjustment in intermediary space, which can be classified into three aspects, including building space information, subjective occupancy satisfaction and objective physical environmental comfort. The research steps details are as follow:

① The research adopted analytic hierarchy process to classify factors of four-dimensional building space, and set up a passive adjustment effect related building information framework. ②From the perspective of architecture design, according to semantic differential method in psychology, this research quantitatively disassembled occupant satisfaction level of building space. Making factor dimension with the aid of statistical factor analysis method, the research developed occupant satisfaction subject evaluation factors matrix. Moreover, this research used statistical correlation analysis to work out internal association between occupant satisfaction and building information. ③ From the perspective of building environment, the research developed object physical environment evaluation matrix and physical environment data cloud which based on Bilinear polynomial interpolation algorithm method. ④A comprehensive judgment model for a Comfort-Satisfaction Matrix was developed to display the regulation capacity of the building's environmental performance in its intermediary space, and highlight optimized possibilities for passive space and the whole building in the design and renovation phases. ⑤By using software development platform, the research developed evaluation tool to access passive adjustment performance of intermediary space, which is called SCTool. Its significance on one hand lies in a useful evaluation tool for all online occupants and architects, and on the other hand, it can be a database platform for research team for future study. ⑥ An in-depth fieldwork survey of courtyard spaces and atrium spaces in cold climates was conducted as an example to validate the comprehensive process of evaluation, testing and optimization of passive adjustment performance of intermediary space.

Therefore, the research results including three aspects: ① Studies repeatedly demostrated the dynamic adjustment value and its complexity of intermediary space, and providing many basises for design and retrofit. ②Set up of a new logical framework to assess building's passive adjustment performance of intermediary space. ③Development of readable and visualable software to evaluate passive adjustment performance of intermediary space.

Key words: passive design; intermediary space; space environment quality; large public building

目 录

第1章　绪论 ·· 1

1.1　研究背景 ·· 1

　　1.1.1　大型公共建筑的室内环境性能现状 ······························ 1

　　1.1.2　可持续背景下的建筑学使命 ··· 2

　　1.1.3　空间调节策略性能优化问题 ··· 3

1.2　问题域界定 ··· 5

　　1.2.1　环境与环境适应性 ·· 5

　　1.2.2　建筑外部环境特征 ·· 6

　　1.2.3　建筑室内环境特征 ·· 7

　　1.2.4　中介空间的属性和范畴 ··· 7

1.3　研究大型公建中介空间的必要性 ·· 12

　　1.3.1　数据统计：建筑类型与空间类型 ································· 12

　　1.3.2　现状调查：空间的实际使用 ·· 13

　　1.3.3　现状中存在的问题 ·· 19

1.4　研究内容和方法 ·· 20

　　1.4.1　研究内容 ··· 20

　　1.4.2　研究方法 ··· 21

1.5　研究意义 ··· 23

1.6　研究框架 ··· 23

1.7　创新点 ··· 27

第2章　具有被动调节作用的空间策略概述 ·································· 28

2.1　具有被动调节作用的空间形态解析 ·· 28

　　2.1.1　自然过渡性空间形态 ·· 31

　　2.1.2　心理过渡性空间形态 ·· 35

　　2.1.3　应变性空间形态 ·· 38

    2.1.4　适应性空间形态 ……………………………………… 47
  2.2　大型公共建筑中介空间类型及调节作用探索 ……………… 50
    2.2.1　院落空间 ……………………………………………… 50
    2.2.2　中庭空间 ……………………………………………… 56
    2.2.3　井道空间 ……………………………………………… 62
    2.2.4　界面空间 ……………………………………………… 67
  2.3　具有被动调节作用的空间策略作用效果实例验证 ………… 73
    2.3.1　实验测试目标 ………………………………………… 73
    2.3.2　实验平台 ……………………………………………… 73
    2.3.3　实验测试方案及仪器 ………………………………… 80
    2.3.4　实验测试结论 ………………………………………… 82
  2.4　本章小结 …………………………………………………… 98

第3章　空间被动调节作用效果验证与反馈的研究框架 ………… 99
  3.1　全过程的 IDePER 可持续建筑研究架构 ………………… 99
  3.2　城市类型建筑可持续性能表现综合研究框架 …………… 101
  3.3　中介空间作用效果验证与反馈研究框架 ………………… 102
    3.3.1　中介空间作用效果验证与反馈的方法选取 ………… 103
    3.3.2　多指标综合评价验证步骤 …………………………… 104
  3.4　本章小结 …………………………………………………… 107

第4章　影响建筑空间使用环境品质的信息参数 ………………… 109
  4.1　建筑师及工程师建筑可持续观调查 ……………………… 109
    4.1.1　第一层面：建筑师与工程师 ………………………… 112
    4.1.2　第二层面：设计与技术 ……………………………… 114
    4.1.3　第三层面：中介空间与整体建筑环境 ……………… 116
  4.2　建筑空间信息参数的类型解析 …………………………… 128
    4.2.1　空间的形：几何尺度 ………………………………… 130
    4.2.2　空间的质：界面性质 ………………………………… 133
    4.2.3　空间的量：内部容纳 ………………………………… 138
    4.2.4　空间的联系：外部关联 ……………………………… 142
  4.3　本章小结 …………………………………………………… 150

第5章　基于空间感知分析的使用者满意度主观评价模型……………… 153

5.1　基于建筑师、使用者的中介空间品质主观评价关键
因素解析 …………………………………………………… 153

5.2　使用者满意度的主观评价模型建构 ……………………… 155

5.2.1　基于SD法评定实验确定因子项 ……………………… 155

5.2.2　利用因子分析法确定使用者满意度评价的公因子 … 157

5.2.3　建筑空间信息参数与使用者满意度评价因子的
相关性分析矩阵 ……………………………………… 164

5.3　室内空间总体使用者满意度综合评价 ……………………… 171

5.3.1　室内空间使用者满意度评价方法………………………… 171

5.3.2　室内空间使用者满意度信息罗盘 ……………………… 172

5.3.3　影响使用者满意度指标权重 …………………………… 173

5.3.4　室内环境总体满意度投票……………………………… 178

5.4　本章小结 ………………………………………………………… 181

第6章　基于物理性能检测的使用者舒适度客观评价模型……………… 183

6.1　基于物理环境的中介空间品质客观评价关键因素解析 …… 183

6.1.1　建筑空间的热湿环境舒适度…………………………… 183

6.1.2　建筑空间的光环境舒适度 ……………………………… 190

6.1.3　建筑空间的声环境舒适度 ……………………………… 193

6.1.4　建筑空间的空气品质舒适度 …………………………… 196

6.2　室内空间总体物理环境舒适度综合评价 ………………… 199

6.2.1　室内空间物理环境舒适度评价方法…………………… 199

6.2.2　基于图形可视化分析的空间物理环境测试………… 199

6.2.3　基于插值算法的空间物理环境分布云图 …………… 202

6.2.4　室内物理环境表现罗盘 ………………………………… 205

6.2.5　影响使用环境舒适度的指标权重 …………………… 207

6.3　中介空间对主体空间的影响验证实测——以中庭空间
为例 ……………………………………………………………… 208

6.3.1　选取研究对象 …………………………………………… 208

6.3.2　A与M空间温度场分布分析对比 …………………… 209

6.3.3　研究结论 ………………………………………………… 214

6.4　本章小结 ………………………………………………………… 216

第7章　具有被动调节作用的中介空间的综合评价及检验…………… 218

7.1　SCTool：建筑空间被动调节作用的综合评价工具　………… 218

　　7.1.1　特点及优势　……………………………………… 218

　　7.1.2　界面及内容…………………………………………… 220

　　7.1.3　结论及报告　………………………………………… 228

7.2　案例研究1：基于多指标途径的寒冷地区公共建筑庭院空间
气候调节设计的影响验证　………………………………………… 228

　　7.2.1　建筑空间参数信息获取……………………………… 229

　　7.2.2　使用者满意度调查结果及分析……………………… 231

　　7.2.3　客观物理环境测试结果及分析……………………… 233

　　7.2.4　满意度-舒适度矩阵　……………………………… 237

　　7.2.5　案例小结……………………………………………… 239

7.3　案例研究2：寒冷地区公共建筑中庭空间的室内环境表现的
影响验证　…………………………………………………………… 240

　　7.3.1　建筑空间参数信息获取……………………………… 240

　　7.3.2　使用者满意度调查结果及分析……………………… 241

　　7.3.3　客观物理环境测试及结果分析……………………… 243

　　7.3.4　满意度-舒适度矩阵结果及分析　………………… 257

　　7.3.5　案例小结　…………………………………………… 258

7.4　案例研究3：基于图形可视化分析的寒冷地区中庭空间室内
环境表现的影响验证　……………………………………………… 259

　　7.4.1　目标建筑……………………………………………… 260

　　7.4.2　使用者满意度调查结果及分析……………………… 261

　　7.4.3　客观物理环境测试结果及分析……………………… 264

　　7.4.4　案例小结……………………………………………… 272

7.5　本章小结　………………………………………………………… 274

第8章　总结及展望………………………………………………………… 275

8.1　主要结论　………………………………………………………… 275

8.2　创新性成果　……………………………………………………… 276

8.3　展望　……………………………………………………………… 276

参考文献………………………………………………………………………… 278

附录 A　建筑行业可持续性设计现状调查表 ⋯⋯⋯⋯⋯⋯⋯⋯ 289

附录 B　建筑空间信息调研表 ⋯⋯⋯⋯⋯⋯⋯⋯⋯⋯⋯⋯⋯ 296

附录 C　使用者主观满意度评价问卷 ⋯⋯⋯⋯⋯⋯⋯⋯⋯⋯⋯ 298

附录 D　调研建筑图纸汇编 ⋯⋯⋯⋯⋯⋯⋯⋯⋯⋯⋯⋯⋯⋯ 300

附录 E　建筑空间信息参数与使用者满意度评价数据 ⋯⋯⋯⋯⋯ 305

附录 F　SCTool 结论报告示例 ⋯⋯⋯⋯⋯⋯⋯⋯⋯⋯⋯⋯⋯ 309

在学期间发表的学术论文与研究成果 ⋯⋯⋯⋯⋯⋯⋯⋯⋯⋯⋯ 313

致谢 ⋯⋯⋯⋯⋯⋯⋯⋯⋯⋯⋯⋯⋯⋯⋯⋯⋯⋯⋯⋯⋯⋯⋯ 316

第1章 绪 论

有一个香港的朋友说："我早上从有空调的家里出来,进了有空调的汽车,到办公地点,停好车,又进入有空调的办公室,下班回家,又是回到有空调的家中。我的一天,在自然气候下的时间不到一小时。想起来叫人害怕。"[1]

——秦佑国《建筑物理环境》课件

1.1 研究背景

1.1.1 大型公共建筑的室内环境性能现状

20世纪后期,我国城市建设快速发展[2],城市对各类建筑的需求量增大,公共建筑建造的种类和数量迅速攀升。随着建设量不断增加,人工环境网络在大城市中逐步被搭建完善,甚至串联起整个城市,将人们从居住到工作的生活轨迹几乎全部纳入其中。据统计,在城市中生活的人在一天中平均80%~90%的时间都处于建筑中[①][3],建筑与人类的关系,特别是建筑室内环境与人健康程度的和谐关系,既是人类健康生存与可持续发展的需要,也是人工环境可持续建设的前提之一。

大型公共建筑[②]的建设比例在城市公共建筑中日益增加[4],由于其体量庞大、使用人数较多、使用空间集中、完全采用集中中央空调系统,特别是办公建筑,这就大大减少了人与自然接触的机会,使得使用者对与自然环境

---

① 此项数据是针对城市中生活的人的平均值,排除个别特殊情况,统计数据来自美国,与中国城市的实际情况存在一定差别。

② 建筑在我国被分为民用建筑和工业建筑两大类型,而民用建筑由公共建筑和居住建筑组成。我国《关于加强大型公共建筑工程建设管理的若干意见》中明确规定:"大型公共建筑一般指建筑面积2万平方米以上,且采用中央空调的公共建筑。"
公共建筑的建筑类型广泛,包含办公建筑(包括写字楼、政府部门办公室等),商业建筑(如商场、金融建筑等),旅游建筑(如旅馆饭店、娱乐场所等),科教文卫建筑(包括文化、教育、科研、医疗、卫生、体育建筑等),通信建筑(如邮电、通信、广播用房)以及交通运输用房(如机场、车站建筑等)。

接触的需求更加迫切。

　　此外，从不同建筑类型的能耗统计数据来看，国家发展和改革委员会在《2007 中国可持续能源研究》中指出，"公共建筑在建筑总面积的比重只有15％，但用能却占全部建筑能耗的 28.3％；在公共建筑中，大型公共建筑面积仅占 8.3％，但能耗却占公共建筑的 38％。我国大型公共建筑不足城镇建筑总面积的 4％，但能耗却占城镇建筑总能耗的 20％以上，是建筑能源消耗的高密度领域"[4-5]。

1.1.2　可持续背景下的建筑学使命

　　被动式建筑（passive architecture）用来描述建筑的设计应适应当地的自然气候与环境，能够尽可能长时间、自然地创造并维持室内环境的舒适度[6]。建筑的被动式设计是指不依赖主动式系统设备而是使建筑本身具有较强的气候适应性和自我调节能力，创造有助于人们身心健康、与环境和谐共生的建筑室内外环境[7,25]。术语"被动式"传达出建筑设计对当地自然环境的自身防御、自我保护或利用，而"建筑"则是建筑师承担起创造合法、专业的优秀建筑设计的主要责任对象[7]。

　　关于建筑师在可持续设计中能够起到的作用曾多次在学术界引起广泛讨论，一般性的认识是被动式设计对整个建筑能够起到非常关键的作用。主要是因为在方案的决策和设计阶段，建筑师在气候适应性方面的控制策略，如布局、朝向、周边环境的利用，针对建筑空间的使用效率、空间形式、功能布置和围护体系所采用的材料构造，以及对自然资源（如自然光、风、水资源）的利用等被动式的技术策略，能够回避很多潜在的高能耗因素，从而使建筑原型基本就能够决定建筑的可持续程度。

　　清华大学宋晔皓教授指出，"被动式设计策略的研究和应用是建筑师在绿色建筑创作中发挥重要作用的固有领域""如果建筑设计理念能够契合可持续和绿色建筑的需求，建筑师就可以在绿色建筑设计和创作中发挥关键性作用"[8]。

　　从建筑原型进行被动式设计即通过建筑空间原型的设计策略，实现对建筑环境的可持续性能调节，不仅强调关注使用者的健康状态和使用环境的舒适度，还关注建筑运行期间的能耗。通过对 13 个国家的 73 个建筑案例的实际调研，Ramesh 等人的研究表明"建筑运行阶段的能耗占建筑全寿命周期能源消耗的 80％～90％，对建筑全寿命周期的能源需求起到了至关重要的作用"[9]。建筑运行期间的能源消耗与主动式系统设备和被动式设计策略密切相关[10-13]。因此,可以在建筑运行阶段通过主动式或者被动式的技术策略大大降低建筑全寿命周期的能量需求[14-15]。匈牙利建筑师维克多·奥戈雅(Victor Olgyay)从生物气候学的角度分析被动式低能耗建筑的特点[16-17],并得出结论,经过微气候调节和建筑结构调节,可大幅减小环境温度对建筑室内环境温度的影响。而微气候调节和建筑结构调节都属于建筑原型设计的范畴,包含于被动式设计的策略之中。依照此模型可推理出,好的被动式建筑设计能够节约近 50% 的运行能耗[1]。但是忽略被动式设计的建筑,就很有可能需要完全依靠系统设备调控室内温度,导致建筑运行能耗大幅增加。

由于越来越多的人意识到建筑对环境具有很大的影响,在过去的几十年,人们对发展更可持续建筑设计的兴趣也在不断增加,很多新建的建筑环境控制均采用被动式系统和混合模式相结合的方式来完成建筑环境的可持续性设计。从 1982 年开始,被动式与低能耗建筑(Passive and Low Energy Architecture,PLEA)持续组织了共 29 届国际会议,遍及全球各地,会议的主题均围绕"建立自主、非营利性建筑环境的艺术、科学、规划和设计的个人知识共享网络"。其中,针对空间调节策略、技术以及工具方法的研究占据了研究领域的重要部分。空间调节策略的研究和优化应用,能够从建筑原型层面缓解人类生存环境的负荷状态,提高人类生存环境的健康度、舒适度,是所有建筑师的建筑学使命。

然而在对当今从事一线工作的建筑师和工程师进行调研的 400 余份问卷中[2],可以发现,近六成的建筑师认为建筑的可持续性能取决于建筑师对建筑原型的设计创作,认同可持续建筑应"从建筑设计的原型上改善,从而降低能耗"。因此,从建筑学角度深刻挖掘优化建筑建成环境性能的手段,有效验证建筑空间调节策略的作用效果和影响程度,从而降低建筑运行阶段的能耗,提高广大一线建筑师对可持续建筑设计的自信心和使命感,是本书研究的另一主要目的。

1.1.3　空间调节策略性能优化问题

1. 空间调节策略的性能

从能源的角度来讲,被动式设计策略和主动式设计策略的优劣共同影

---

① 资料根据 Olgyay V.(*Design with Climate*)与万丽、吴恩融(可持续建筑评估体系中的被动式低能耗建筑设计评估.建筑学报,2012(10):13-16)整理。

② "建筑师及工程师可持续(绿色)观调查"的具体内容,请见本书 4.2 节的详细表述。

响建筑运行期间的能耗需求。能量需求（D）和能量产出（G）两个量是衡量建筑能耗表现性能的依据。G 大于 D 时表现为超能源建筑，G 与 D 相同时表现为零能耗建筑，而 G 接近 D 时，表现为低能耗建筑。为了有效减少建筑不断增长的能耗需求，空间调节的被动式设计被广泛认为是一种减少能耗最经济、有效的策略[18-21]。根据过往对被动式建筑的研究，空间调节策略可以减少 50% 以上的一次性能源消费[22]。

美国建筑师巴鲁克·吉沃尼（Baruch Givoni）①认为被动式所包括的建筑设计和结构材料均是对建筑周围气候因素的回应[17,23-24]。一个以舒适度为前提，以尽可能最大限度减少能耗需求为目标的优秀空间调节策略，包括建筑设计的各个方面，如建筑立面、窗户朝向、墙体厚度、保温隔热性能、门窗细部、阳光间和遮阳等。

被动式建筑的关键是设计整合，从建筑设计原型出发，对建筑群体的布局组织关系，建筑单元的形态、空间、功能，围合空间界面的材质、构造，以及利用或阻隔自然条件的构筑措施等进行一体化设计。其目的是"以对环境最小的影响、最低的投资和运行费用来达到最理想的效果"[26]，通过合理的策略手段和构造，一方面实现建筑能量需求与产出的平衡[27]，另一方面打造以人为核心的舒适、健康、高效的室内环境品质[28]。

2. 现阶段空间调节策略的研究瓶颈

不同于主动式系统设备的效率或性能评定，被动式技术体系的定量化问题是目前研究的一个瓶颈。设计层面上的空间调节策略往往停留在方案表面，仅通过定性评价建筑设计是否考虑到了环境因素，是否使用了具有调节功能的空间，是否利用了性能优良的围护结构保温材料或者构造等，得出建筑环境性能表现的结论还不够充分，而应再追问利用该技术策略优化了多少，是否还能够进一步优化，如何能够进一步优化的问题。随着近些年全球范围内对绿色、可持续的普遍关注，建筑的设计需要从模糊的定性阶段进入精细化的定量阶段。

此外，目前在空间调节策略体系验证和检测方面的研究仍处在初步阶段，检验方法和验证结论还不够科学，缺乏实际验证的数据支持更不利于策略优化，建筑师在建筑设计阶段选取空间调节策略体系的方法和手段停留

---

① 巴鲁克·吉沃尼（Baruch Givoni），被动式低能耗建筑协会（Association of Passive LowEnergy Architecture）的创始人之一，被动式设计的早期倡导者。

在主观判断或者计算机模拟验证的基础之上,缺乏实际和长期的检测数据证实或证伪空间调节策略作用的有效性,更加难以在新的设计中对策略做进一步优化。针对空间调节策略体系的表现验证不同于主动系统的监测与检验,其策略作用验证受到使用过程中诸多不定因素的影响,既包括建筑物理环境、能源效率、气候环境的客观因素,也包括使用者满意度、空间使用效率、建筑适应性和扩展性的主观因素。

1.2　问题域界定

1.2.1　环境与环境适应性

《现代汉语字典》中对“环”和“境”二字的解释分别为:“‘环’指围绕,如环视、环球,与研究对象的主体相关联。”“‘境’指地方、区域、处所,指具有空间展延性的事物。”二字连在一起,“环境”意为“周围的地方,周围的自然条件和社会条件”[29]。《辞海》对环境一词的解释为:“围绕着人群的空间及其中可以直接、间接影响人类生活和发展的各种自然因素和社会因素的总体”[30]。广义的“环境”概念包含的内容很广,既包括围绕事物周围的大气、水、土壤和植物等自然物的物质因素,也包括不可见的观念、制度和准则等社会因素,既包括生命体形式,也包括非生命体形式。环境是一个相对的概念,对于不同的主体,环境的大小、范围和内容各不相同。

建筑中的环境主要包括群体或单体中的自然环境和社会环境,前者是气候、地质、植被、水体等自然因素的总和。后者是经过人工改造或各种物质和非物质成果的总和以及影响使用者的心理因素和生理因素[31]。①

可持续性设计概念②中所包含的环境因素③包括但不限于最大限度地

---

① 引自百度百科对“环境”一词的解释。http://baike. baidu. com/link? url = JahX3VFItmmLpadEWkCkw7PqBltd4lSvqcF9mp6LMHrIfduijNBIKWg5MDbWixijpVdKuVZN_m_QEcJo-JYv4q。

② 可持续性的概念来源于生态学,最初应用于林业和渔业,指的是对于资源的一种管理战略。“可持续发展”在国际文件中最早出现于 1980 年的《世界自然保护大纲》中。真正把可持续发展概念提到国际议程并使这一概念在全世界得到普及的是 1987 年联合国环境与发展世界委员会发表的《我们共同的未来》。书中提出了“可持续发展”正式的概念:“既满足当代人的需求,又不对后代人满足其需要的能力构成危害的发展。”这个概念里包含了可持续发展的公平性原则、持续性原则、共同性原则。1992 年在巴西里约热内卢举行的联合国环境与发展大会上提出了《21 世纪议程》,可持续发展被广泛接受并成为总体战略。

③ 环境的可持续性即指保持生态系统的完整性,提高环境资源的承载能力,增强生物多样性,提高空气和水的质量,保护自然资源,减少废弃物和利用可再生资源。

保障建筑使用者的安全、健康和舒适性，即有机的建筑环境、有效的建筑使用功能、高舒适度的建筑室内温度、高品位的室内空气品质和声学质量、高效能的室内采光（包括自然采光和人工照明，在大多数情况下为自然采光和人工照明的完美结合）以及安全健康的室内建筑材料、装修材料、家具和使用设备等。

1.2.2　建筑外部环境特征

建筑室外环境的要素包括大气压力、风、空气温度、天空温度、地面温度、湿度和降水等物理环境因素（见图 1-1）。

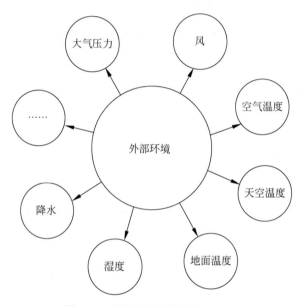

图 1-1　建筑外部环境的气候因素

"大自然为人类提供了阳光、空气和水，以及生存所需的其他必要条件。但自然环境也有其严酷的一面：极地气温有时达零下 40℃，撒哈拉沙漠的某些地区会连续 5 年无降雨"[1]①。即使在气候条件温和的内陆地区，室外环境自冬至夏，由冷及热，从白天到黑夜，嘈杂或安静，均无法长期维持一个在热、光、声、空气品质等方面能够长期满足人类舒适度的外部环境。正因室外环境与人类生存环境需求之间存在冲突和矛盾，最初的建筑作为自然

---

①　引自清华大学秦佑国教授《建筑物理环境》课件第一讲，P8。

环境的遮蔽物而存在，以满足人类生存和发展的需要。

1.2.3　建筑室内环境特征

人作为一种特殊的动物，维持正常的工作和生活需要依赖一定范围的气候环境。在气候环境不能时刻满足人类需求的情况下，建筑首先起到了遮阴避雨和挡风保暖的作用。随着人工环境性能的不断优化，建筑师和工程师可以做到使室内环境完全脱离与外界自然气候的关联，任何不适宜甚至恶劣的气候环境，都可以通过主动式设备，如空调系统、降噪系统和除湿系统等达到舒适的室内物理环境指标，但同时也无情地阻断了人与自然的联系，不同程度地阻碍了人对温暖阳光、自由空气、柔和清风和美好景色的生理需求和心理需求。人工创造的舒适环境并不意味着健康，近年来出现的病态建筑综合征(sick building syndrome，SBS)致使在建筑中工作和生活的人们频繁出现呼吸系统、神经系统、免疫系统以及皮肤组织等方面的亚健康问题，直接威胁到了人们的健康生活和工作效率。产生 SBS 的原因主要是建筑创造的遮蔽所割断了人工环境与自然环境的联系，打破了人的自然生存发展规律，这一点非常值得建筑学和室内环境学等多学科的共同关注。

清华大学秦佑国先生指出："如何在'遮蔽'与'阻隔'这对矛盾中求取平衡，是人类如何建筑'遮蔽所'的重要考虑，而发展技术措施来解决这个矛盾是推动建筑发展的动力。"[1]①

1.2.4　中介空间的属性和范畴

早期的"中介"在建筑中还是一个模糊的概念，是在现代建筑发展至20 世纪 60 年代，西方建筑领域对一元、单一的建筑现象展开的反思。文丘里在《建筑的复杂性与矛盾性》中呼吁建筑向多元化方向发展，反对建筑空间"非黑即白"的态度，提倡两者兼有而非两者有其一。作为后现代主义理论的先锋，文丘里倡导建筑的折中妥协，"彼此兼顾"而非"非此即彼"[32]。在随后的现代建筑发展历程中，日本新陈代谢派建筑师黑川纪章②和荷兰结构主义建筑学派建筑师阿尔多·范·艾克(Aldo Van Eyck)是将"中介空间"发展成为建筑理论，即在融合与缓冲"相互对立矛盾之中插入第三种

---

① 引自清华大学秦佑国教授《建筑物理环境》课件第一讲，P20～21。
② 日本新陈代谢派建筑师黑川纪章的"中间领域"理念和"灰空间"理论详见本书第 2 章。

空间"[33]元素的先驱。

阿尔多·范·艾克在20世纪60年代提出[34]，就像人在自然中呼吸一样，吸入空气后呼出，无法做到只吸入不呼出或者只呼出不吸入，建筑也同样如此，开敞和封闭的空间都需要与环境之间进行物质交换，吸入并呼出自然空气。中介空间具有亦此亦彼的模糊性，也具有多义的包容性，作为外部空间和内部空间的媒介，能够使对象两端相互渗透、融合。中介空间介于外部空间和内部空间之间，可以兼顾极端两者的创造，联系关系链的两端，并缓冲彼此的对立性。

空间是建筑原型设计的核心。空间调节策略在建筑空间设计层面上的反映主要体现在空间布局策略对整个建筑与环境给予的调整和平衡。本研究将此类介于外部自然环境与内部人工环境之间，能够进行能量传输的空间类型统称为中介空间①，它是建筑空间调节策略中的一种。

中介空间介于建筑外部环境与建筑室内环境之间，是外部环境和室内环境的联系体。外部空间具有自然性、无约束性、周期变化性和不以人的意志为转移等特性，相较之下，室内人造空间环境则与之相反，通过人为创造可以做到具有人工性、可控性、稳定性以及长期满足使用者舒适度需求的特性（见图1-2）。建筑中介空间的作用是将两个对立或是不联系、不相关的现象或者事物，通过中间环节使二者产生联系，其本质体现出"整合设计"的理念。

中介空间是与自然接触最密切，并与建筑主体空间直接相连的空间，能够利用天然能源（如风能、太阳能、雨水）和自然环境，具有调节室内微气候环境的功能，是提高室内环境品质的室内、半室外及室外空间，如庭院、中庭、通风井、采光井、双层表皮空间等。

中介空间属于开放空间，它可以是公共的也可以是私密的，这类空间的存在往往也是地域气候、历史文脉、心理需求和精神寄托的产物，合理设计的中介空间有利于缓解人在建筑中的不愉悦、不满意之感，促进人与自然和人与人的沟通。

中介空间属于非主体功能性空间，其功能具有灵活可变的特质，能够满

_____

① 《辞海》对"中介"一词的解释为："在不同事物或同一事物内部对立两极之间起居间联系作用的环节。对立的两极通过中介联成一体。中介因对立面的斗争向两极分化，导致统一体的破裂。"中介现象在自然界中具有普遍性，在生活、美学、科学中均存在联系不同要素，建立不同范围间接联系，处于对立的两者之间的中间环节。中介的亦此亦彼的特性——模糊性体现出事物对立统一的辩证关系，与事物的复杂性相伴相生，并且具有客观存在的必然性。"中介"之于建筑，体现在对空间的认识过程，"中介空间"是建筑空间的一类，是整体建筑中的一个部分。

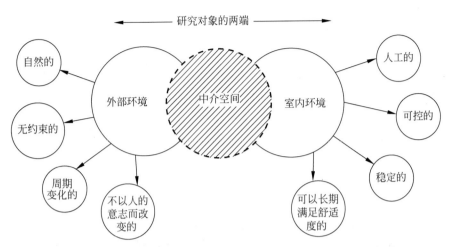

图 1-2 研究对象的两端：中介空间是兼顾内部和外部的创造

足建筑在时间和空间上的发展需求；也通常作为主要的功能组织空间联系室内各个主体空间，起到影响建筑整体功能布局的作用。

1. 中介空间应具有的特性

（1）体现为有机的建筑设计观

"有机"指"整体与部分之间和谐辩证的关系，也指诸如生、死、生长等自然过程"[35]。

美国现代主义建筑师路易斯·沙利文（Louis Sullivan）认为，艺术的创造过程应追随自然的进程和节奏，这个过程是有生命的、充满生机的、连贯的、合理的，并且在整个创作过程中贯穿始终。他的建筑设计思想认为建筑是有生命意志的，建筑应同大自然一样通过结构和装饰显示其艺术之美。现代主义建筑大师弗兰克·劳埃德·赖特（Frank Lloyd Wright）受到路易斯·沙利文的影响颇深，他在世人熟悉的有机建筑（organic architecture）理论中认为房屋应当像植物，是"地面上一个基本的和谐要素，从属于自然环境，从地里生长出来"[36]。赖特十分欣赏中国的老子哲学，其核心即"道法自然"。他认为建筑应该具有类似生命的体征，具有活态的结构，其目标在于使各个结构和各个部分在形式和本质上具有整体性。对于所有具有生命体征的生物体来讲，有机是活态的一种表征，而无机或者无组织的事物则是不活的[37]。

英国建筑理论家戴维·皮尔逊（David Pearson）在《新有机建筑》一书中，提出"活着的有机建筑（living organic architecture）"[38]。文中阐述了现实中活生生的有机建筑，汇总了来自 15 个国家的 30 位建筑师用话语表述的他们各自的设计思想与设计方法。法布里奇奥・卡罗拉（Fabrizio Carola）的设计中体现着"为人而建"的建筑思想，他认为认识任何类型建筑的出发点是，"建筑不是为了建筑师，而是为了生活和工作在其中的人而建造的"[38]。格里高利・伯吉斯（Gregory Burgess）将建筑比拟成为"有意识的建筑"（conscious architecture），建筑进入创造性过程的神秘领域，就是一种哲学层面的万物创造。建筑应如同生命一般连续地变形和生长，是生与死的轮回，也是对立与矛盾之间的转化[38]。葡萄牙建筑师维特・鲁洛・福特（Vitor Ruivo Forte）认为"空间的本质是抽象的，它不能被定义或分类为表面或区域。为了将空间转化为一个活力动态的生物体或者一个可持续的建筑，就必须赋予它节奏、力量和动力，此外还有光亮，才能构成它的灵魂"[38]①。

（2）与生动相对应，体现为建筑的动态调节机制

建筑的动态调节又可分为三种类型。第一类是在气候变化和建筑环境之间取得的动态平衡。与气候相适应的动态调节是一种类生物体的应激反应，在建筑领域被称为应变建筑，其本质体现为因变而变的动态应变观。建筑中的可变调节是利用各个具有可调节特性的构成要素，实现随气候环境的改变而改变性质或者状态的策略手段，如调节动态的界面表皮，改变室内物理环境品质从而创造宜人舒适的室内微气候环境[39]。第二类是与使用者的使用习惯相适应的动态调节。使用者对建筑的需求是动态变化的过程，个体差异以及需求差异需要建筑具有多样性与可变性，通过界面开合达到良好的室内环境舒适度，或通过改变空间形态、容积或者功能，调整空间对需求的适应性。第三类是与建筑全寿命周期中使用功能相对应的动态调节。建筑在时间维度上的动态调节，应随着时间的推移跨越建筑的整个生命周期，是一个具有长期性、持续性的调节机制。建筑的调节变化过程是预先设计的结果，故需从近期、中期和远期有针对性地对综合因素进行考量。对待远期的或不确定变化的因素，最初预设的建筑设计不可能一步到位，但必须留有调配或者改变的余地，因此强调建筑应具有能够随时间变化而变化的动态调节机能。

综上所述，具有被动调节作用的中介空间具备有机组织和动态复合两

---

① 原文如下：space is an abstract entity. It cannot be defined and characterized by surfaces or area. In order for space to be transformed into a living vibrating body or sustainable edifice it must be given expression through rhythm, force, and dynamism, and it must be gifted with light which will then constitute its soul.

种特征属性。此类空间具有空间基本属性中适用价值、观赏价值和生态价值的多重属性。其有机性体现在空间与整体建筑之间的有机联系、具备自然生长的生命力以及与自然环境相协调的有机共生。动态性体现在此类空间对气候的动态适应性、与使用者使用习惯相适应的动态变化以及在全生命周期中使用功能的动态调节能力。

2. 中介空间包含的类型范畴

中介空间的种类按照其形态和位置的类型属性归类，分为室外开放的院落空间、封闭或半封闭的室内中庭空间、封闭或半封闭的室内井道空间和半开放的室内界面空间四类。

院落空间包括围合庭院、半围合庭院、架空空间和室外平台等。

中庭空间包括单向中庭、双向中庭、三向中庭、四向中庭及边庭空间等。

井道空间包括导风墙、拔风楼梯间、地道风、通风塔和采光井等。

界面空间包括双层皮空腔(双层表皮及双层屋顶)、阳光间和门斗空间等。

按照空间的三层基本属性，将上述四类空间所具有的属性与之对应，四类调节空间均具有两种或多种复合性(见图 1-3)。

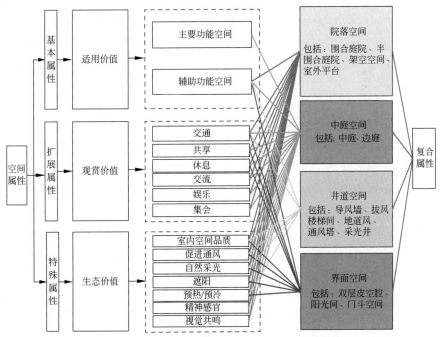

图 1-3 建筑的空间属性与中介空间的属性归类

1.3　研究大型公建中介空间的必要性

1.3.1　数据统计：建筑类型与空间类型

笔者以北京和西安为例，通过走访、调查、整理文献资料统计了 212 个不同类型的大型公共建筑对中介空间的使用率，如表 1-1 所示，其中符号表示如下：

— 　5%以下的建筑中使用该空间——基本不使用该空间；

○ 　5%～20%的建筑中使用该空间——空间使用率低；

◎ 　21%～50%的建筑中使用该空间——空间使用率高；

● 　50%以上的建筑中使用该空间——频繁使用。

表 1-1　不同公共建筑类型对中介空间的使用率统计

公共建筑类型		中介空间类型										
		院落空间		中庭空间		井道空间				界面空间		
		室外院落	架空层	多向中庭	边庭	导风墙	地道风	通风塔	采光井	双层表皮空腔	阳光间	门斗
办公建筑		◎	◎	●	◎	○	◎	○	○	◎	◎	●
商业建筑		◎	○	●	◎	○	●	○	○	○	○	●
旅游建筑(酒店)		◎	◎	●	◎	○	○	○	○	○	◎	●
科教文卫建筑	医院	◎	○	●	◎	—	○	○	—	—	◎	●
	体育	—	○	◎	○	○	◎	○	○	○	○	◎
	文化(博物馆、展览馆、剧院)	◎	○	●	◎	○	○	○	—	○	◎	●
交通建筑(机场、火车站)		○	○	◎	●	○	◎	—	—	○	○	◎

表中灰色部分为使用者对舒适度要求较高并可能长期停留的建筑类型，并且对中介空间的使用率达到了很高的比例。博物馆和交通类建筑受经济、使用频率和特殊功能等因素的影响，在室内舒适度方面的要求没有前一类严苛。而剧院和体育类建筑的整个空间组织围绕一个主体空间展开，使用者在其内部的活动也相对固定，因此对于中介空间的使用率会相对较低。

总体来看，虽然个别类型的大型公共建筑很少使用中介空间，但对于绝大多数建筑类型来讲，中介空间的存在具有一定的普遍性，因此，抽取具有共同类型特征的空间展开研究,对于优化建筑的空间调节策略,进而提高室内舒适度并降低使用期间的能源消耗都有着重要意义。

1.3.2　现状调查:空间的实际使用

　　在对中介空间的实际使用情况进行调研的过程中,笔者发现此类空间对整个建筑的被动调节作用良莠不齐,好的设计对建筑主体空间、整座建筑的使用环境具有积极的调节作用,然而很多空间却对整座建筑具有非常消极的影响。

　　优秀的中介空间设计,能够更受使用者的喜爱,表现出优于室内外环境的舒适环境,如深圳建科院大楼的建筑实践探索。该大楼建于 2009 年,为了组织有利的自然通风以及室内外的缓冲过渡,建筑六层以上的平面形态呈 U 形,向内凹进的部位错层布置室外平台,形成错落有致的建筑立面和丰富的半室外活动平台(见图 1-4)。

　　2011—2013 年,清华大学朱颖心教授及研究团队对深圳建科院大楼进行了长期的室内物理环境和使用者主观评价的调研测试[40-42]①。

图 1-4　深圳建科院大楼半室外平台
(资料来源:朱颖心教授提供)

现场测试、观察和对使用者进行主观调研的结果表明,该建筑的使用者对半室外的错层平台有偏爱。即使在炎热的夏季,使用者仍然倾向选择室外平台进行非正式的会议、小组讨论和临时休憩,而舍弃热中性环境的室内空调房间。从 2013 年 9 月 9 日工作时段的室内外温度测试数据可以看到,半室外开敞平台的平均温度较室内办公室的平均温度高约 4℃(见图 1-5)。根据 PMV 方程可知半室外开敞平台的温度要明显高于计算的人体舒适度范围,然而在使用者对热舒适度的主观投票中却出现迥然不同的结果。从热感觉投票(thermal sensation vote,TSV)结果(见图 1-6)中看出,多数被测者表示室外开敞平台感觉偏热,但是热舒适度投票(thermal comfort vote,TCV)显示室外开敞平台的热舒适感(见图 1-7)显

---

　　①　LUO M H,CAO B,JÉRÔME D,et al. Evaluating thermal comfort in mixed-mode buildings:A field study in a subtropical climate[J]. Building and Environment,2015,8:46-54.

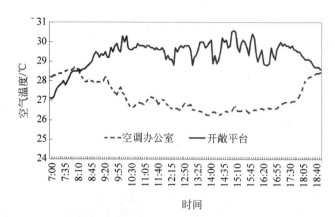

图 1-5　10 层办公区室外平台与空调办公室内的空气温度测试结果
（资料来源：朱颖心教授提供）

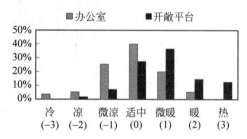

图 1-6　人员的热感觉投票调查问卷结果
（资料来源：朱颖心教授提供）

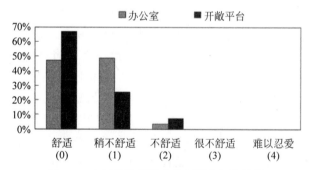

图 1-7　人员的热舒适度投票调查问卷结果
（资料来源：朱颖心教授提供）

著好于室内的空调办公室，因而使用者偏好室外工作、讨论和休息。热舒适感更好主要受益于自然风的流动，此外，令人愉悦的因素还有较好的空气品质、自然光和优秀的景观环境等非热环境因素。

　　笔者在调研的过程中,走访了寒冷地区多个具有典型中介空间气候调节潜力的(大型)公共建筑。然而,在走访调查以及对使用者的采访过程中发现,一些具有良好设计愿景的空间,如希图利用空间设计的手法调节环境、提高室内环境品质和舒适度,或者促进建筑人文环境的公共开放空间,在实际使用过程中反而成为鸡肋,着实食之无味,弃之可惜。使用过程中的问题往往集中在以下几个方面。

　　(1) 设计之初的主观判断与建成环境不符

　　在对北京一座 18 层的高层办公建筑进行调研的过程中,业主不断向笔者抱怨该建筑中庭空间在使用中存在的问题并请求找到经济合理的改善措施。该建筑由国外著名建筑设计公司主持设计,建筑师在设计中一方面为了创造令人震撼的室内空间效果,另一方面为了利用中庭空间的热压通风作用提高室内的自然通风效果,在两个矩形的体块中间插入了一个 18 层通高的中庭空间,其体量与两个主体体块相当。而在使用过程中,由于中庭的高度与平面的比例失衡,导致中庭的通风作用过度,强大风压驱使大量气流灌入 9 层(中和面)以上的使用空间中,室内在任何季节都几乎不能开窗自然通风,否则过大的穿堂风将影响正常工作。而在 9 层以下的室内空间却几乎感受不到中庭通风的益处。18 层通高的中庭空间,既没有更好地提高建筑空间的使用效率,又没能对室内物理环境品质有所贡献,反而给使用者带来了更多的困扰,那么仅仅剩下的视觉震撼还有多少意义呢?

　　2014 年 6 月,人民网的一则《深圳图书馆,看书得打伞》的报道引起了社会的广泛关注和激烈讨论,直至 2015 年都持续地被国内各大主流媒体当作热门新闻[43]。该建筑被评论为“只求外观好看,不够人性化”的建筑设计。暴晒区域靠近建筑东侧玻璃幕墙的通高边庭空间,在夏季 7—9 月的上午 9:00—12:00,会引起使用者在光环境和热环境方面严重的不舒适感受。图书馆作为读者的阅读空间,对室内物理环境,如热、光、声环境都较其他公共建筑要求更为严苛,深圳图书馆在使用期间产生的问题是经验性主观判断与建成环境不符的典型。此类设计问题在诸多建筑建成环境中屡见不鲜,是建筑在满足了坚固、安全及美观的基本要求后,暴露出的时代新问题。

　　(2) 模拟数据不能真实反映使用情况

　　在调研的一些经过生态设计或绿色建筑设计的(大型)公共建筑当中,往往可以在学术研究的期刊或者报道中找到这些公共建筑的设计者们希图利用中介空间调节室内环境的相关资料。但相较模拟工况,实际使用过程中的情况更加复杂,设计之初的模拟数据在复合因素的影响下,往往偏离预设轨道。如通风井在建筑设计中通常经过模拟计算，引入垂直空腔来利用拔风效应实现建筑被动的自然通风，但往往因为实际建筑在建造过程中围护结构施工的气密性或者围护界面开启方式等问题，导致风井空间无法形成风压，阻碍空气流通。如在笔者参与设计并建造的一个实际项目中，不论计算还是模拟，均发现四层双真空的中空复合玻璃的传热系数 K 值都优于三层真空玻璃（见表 1-2），即使造价双倍于两层或三层玻璃，为了最大限度地提高建筑围护结构的热工性能，降低运行过程中的能源消耗，该项目仍然决定施重金使用四层双真空复合玻璃。然而在实践中发现，四层玻璃质量过重导致门窗的气密性不佳，并且大大增加了施工难度，如图 1-8 所示。此外四层玻璃的透光率远小于两层或三层玻璃，在很大程度上减弱了室内自然采光的能力，模拟中缺少全面的考量往往会顾此失彼，对于建筑的综合表现性能来讲，经常存在意想不到的差异。

表 1-2   三种 LOW-E 玻璃的传热系数计算值比较

类　　别	$K/[\mathrm{W}/(\mathrm{m}^2 \cdot \mathrm{K})]$
双层真空 LOW-E 玻璃	1.5～2.4[①]
三层中空 LOW-E 玻璃	1.0～1.8[②]
四层中空复合 LOW-E 玻璃	0.48～0.65[③]

图 1-8   四层玻璃过重导致门窗气密性不佳

（3）某些空间在部分季节中的物理环境恶劣

在对清华大学照澜院综合服务中心的调研中，中庭产生的问题引起了

---

①   数据来自威卢克斯（VeLux）公司及青岛亨达玻璃科技有限公司等。

②   数据来自 ecotect 计算及自威卢克斯公司、青岛亨达玻璃科技有限公司等。

③   数据来自青岛亨达玻璃科技有限公司。

笔者关注：夏季中庭温度过热的现象在这座建筑中尤其显著。建筑东侧朝向的边庭空间被一道隔墙分为两个部分：一是扶梯空间，该空间东侧为全玻璃幕墙，顶部无天窗；二是与扶梯空间一墙之隔的通高中庭，顶部完全由玻璃天窗覆盖。在除夏季之外的其他季节中，透明天窗的通高中庭提供了良好的自然光，空间内白天几乎不依赖人工照明，冬季温暖的阳光形成"温室效应"，使该空间明亮且温暖。然而在夏季，"温室效应"加剧，导致位于三层的中庭就餐空间片刻无法停留。经过实际的物理环境测试，当室外温度仅为29℃时，该中庭在夏季正午12:00整温度达到43.2℃。与该中庭一墙之隔的边庭空间在该时段温度为32.4℃，食堂内部空间受到主动式空调的调节，在该时段的平均温度为30.6℃，中庭巨大的热负荷导致室内热舒适度受到不利影响。可见合理设计中庭空间与气候、季节的关系的重要性，体现出调节作用的意义（见图1-9）。同样的情况还出现在很多其他建筑当中，且这样的情况在笔者的调研过程中屡见不鲜。

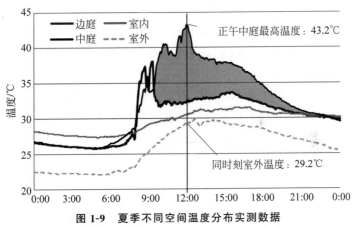

图 1-9　夏季不同空间温度分布实测数据

（数据采集于清华大学照澜院食堂 2014 年 6 月 18 日）

（4）空间利用率低，造成资源浪费

笔者对 54 个公共建筑的 32 个中庭空间和 22 个院落空间的使用率进行了统计。通常作为交流共享或者主要交通组织的中庭空间，其人群密度①在

---

①　人群密度（FTE/(h·100 m²)）= $\dfrac{\text{工作时间段内 1 小时 FTEs(人)}}{\text{使用面积(m}^2\text{)}} \times 100$，其中 FTEs = $\sum$ 人数（人）×占用时间（h）。FTEs 即全时占有人当量（full time equivalents），如 3 人各自在空间内占用 30 min，则该空间 1 h 的全时占有人当量为 1.5 FTEs。

2 FTE/(h·100 m²)左右。而院落空间的人群密度小于 0.5 FTE/(h·100 m²),在夏季或冬季等极端气候条件下,院落空间的人群密度则更低。相较办公类建筑办公区域的平均人群密度 5～8 FTE/(h·100 m²)来说,使用率相对较低的原因一方面由空间性质决定,而另一方面也受到空间设计不得当、空间环境品质不佳的影响。在建筑使用者满意度主观问卷调查的结论中,"请您对__空间的满意程度打分"与"请您对__整体建筑环境的满意程度打分"中,70%的使用者打分显示整体建筑环境的满意程度高于目标空间的分值,意味着本次调研的中介空间与整体建筑环境的使用者感受相比为"较不满意"[1]。

(5) 不当的空间设计可能增加能耗负荷

在寒冷地区,几乎所有建筑室内的功能性空间均采用主动式热源调节室内温度,然而诸如庭院、中庭、天井、风道和阳光间等空间往往在冬季或夏季较少采用主动式空调控制。一方面由于此类空间面积较大,采用主动式控制效果不明显;另一方面由于此类空间通常与室外环境联系紧密,受到室外环境温度影响的波动较大,故而为了避免能源浪费不宜采用整体的主动式控制系统。作为室内与室外缓冲的过渡空间,原本作为节约能耗作用的空间常常会增加建筑额外的能耗负荷。例如,庭院空间的插入在寒冷地区的冬季会产生不利影响,将增加室内空间的能源需求,前文提到的夏季中庭空间的过热问题也可能需要消耗更多的能源来解决。被动式设计中常采用的空间调节策略往往是把双刃剑,合理利用并充分发挥中介空间的作用显得十分重要。

(6) 通过评价体系认证的绿色建筑不一定让人感觉更满意、更健康、更高效

Sergio Altomonte[2] 和 Stefano Schiavon[3] 的联合研究所选取的 65 座已经通过 LEED 认证的建筑和 79 座普通建筑的基于网络的主观问卷调查工作的结论,反映出现行评价体系在评价人的主观感受方面存在不足。研究将室内环境质量分为 17 个参数,对使用者主观满意度打分,打分涉及建筑平面、家具、室内舒适度、空气品质、光环境、声环境、清洁与维护和总体评价 8 个方面。被调研的人数达到 21 477 人,其中 LEED 认证建筑 10 129 人,非

---

① 主观评价的调研内容、方法及数据详见本书第 5 章。
② 来自英国诺丁汉大学建筑与环境学院。
③ 来自美国加州大学(伯克利)建筑环境中心。

LEED 认证建筑 11 348 人。调研问卷的打分方式为 -3、-2、-1、0、1、2 和 3 共 7 个级别[44]，-3 分对应最不满意，3 分对应非常满意。表 1-3 为该项调研的平均结果，17 个打分子项中有 9 项结果显示出 LEED 认证建筑并不优于非 LEED 认证建筑。LEED 认证的建筑在互动交流、照明方面的劣势较明显，与非 LEED 认证建筑的分差大于 0.2；在使用面积、视觉舒适度、视线私密性和噪声方面的劣势其次，分差为 $0.1 \sim 0.2$；在舒适的家具、温度和隔声方面其使用者满意度也略输于非 LEED 认证的建筑。

表 1-3　LEED 认证建筑与非 LEED 认证建筑满意度调研平均标准偏差值

评 价 参 数	LEED 认证	非 LEED 认证	LEED 与非 LEED 的分差
整体建筑环境	1.08	1.07	0.01
工作环境	0.95	0.87	0.08
互动交流	1.13	1.35	-0.22
建筑清洁	1.26	1.13	0.13
舒适的家具	1.17	1.18	-0.01
照明数量	0.92	1.33	-0.40
颜色和材质	1.22	1.00	0.23
建筑维护	1.11	0.95	0.17
工作环境清洁	1.05	0.92	0.13
使用面积	0.89	0.99	-0.11
家具适应性	0.95	0.94	0.01
视觉舒适度	0.75	0.92	-0.16
空气品质	0.80	0.40	0.40
视线私密性	0.26	0.43	-0.17
噪声	0.00	0.10	-0.10
温度	-0.11	-0.10	-0.01
隔声	-0.96	-0.88	-0.08

资料来源：Sergio Altomonte, Stefano Schiavon. Occupant satisfaction in LEED and non-LEED certified buildings[J]. Building and Environment, 2013, 68: 66-76.

1.3.3　现状中存在的问题

第一，中介空间作为一种重要的空间调节策略，在大型公共建筑中占有很大比重，但设计阶段对其被动调节作用效果的关注度不足。当前的国内外基于气候调节的空间策略研究通常集中在方法策略的主题上，主要缺乏定量化的研究手段，特别是对于城市公共建筑这一相对更加综合复杂的建筑类型，缺乏由设计到实现、运行和跟踪监测的完整数据链。空间的设计往往是把双刃剑，不论是否出于空间调节策略层面的考虑，都有可能由于对对象了解得不到位而南辕北辙。因此从建筑设计的原型阶段关注中介空间的被动调节作用，客观、量化研究其作用和对周围空间的影响程度尤为必要。

　　第二，目前研究的变量单一，缺少多角度综合测评与分析中介空间的被动调节作用效果的方法。使用后评价体系更多关注居住、生活质量、室内空间、景观环境等方面，多是基于人的主观感受，即主观满意度的方式建立数据模型反馈使用后的真实空间效果。而经过软件模拟、能耗验证或是通过评价体系检验的建筑，却常在实际的验证中发现并不能达到更佳的舒适度标准，对使用者满意度的提高作用甚小。因此，缺乏从主观满意度和客观物理环境验证和检测的双重评价机制。

　　第三，缺乏实际和长期的检测数据证实或证伪策略的有效性，更加难以在新的设计中进一步优化。目前在空间调节策略体系的验证和检测方面的研究仍处在初步阶段，检验方法和验证结论还不够科学。建筑师在建筑设计阶段选取空间调节策略体系的方法和手段主要基于主观判断或者计算机模拟验证，由于缺乏实际验证的数据支持更不利于策略的优化，因此更应追问利用该技术策略优化了多少，是否还能够进一步优化，如何能够进一步优化等问题。

1.4　研究内容和方法

1.4.1　研究内容

　　本书主要研究内容可以概括为如下三个方面：

　　（1）基于大量的、长期的监测及调研数据，研究反复证明了中介空间动态调节作用的价值和复杂性。对多个具有中介空间的大型公共建筑进行实地调研测试，分类型总结其成功与失败的原因，为建筑师、工程师提供建筑设计阶段的空间调节策略参考，并为既有建筑改造提供有效依据。

　　（2）研究确立了针对中介空间被动调节作用验证的多指标综合评价方法。从建筑学和建筑环境学的双重视角，提出优化空间调节策略的中介空间作用的价值。综合运用社会学、统计学、心理学和建筑物理学的研究方法结合建筑建成环境的数据信息库,确立多指标综合评价方法,将其归类为建筑空间信息参数、使用者满意度的主观感受和客观物理环境的舒适度三个方面的综合作用。

(3)利用软件开发平台,研发了验证中介空间被动调节作用的评价工具 SCTool。借助计算机软件平台开发和网络建设,实现建筑建成环境综合评价方法的可视化,提高评价方法的易读性,能对大量数据结果进行快速收集、甄别和反馈,并为今后的进一步科学研究建立数据库。

1.4.2 研究方法

1. 建筑学与建筑环境学的双重视角

研究建立在建筑学的基础上,从建筑设计原型——空间的视角,拆解影响建筑被动调节作用的因素。一方面将建筑设计预设的建成效果与实际建成环境的使用率及使用者满意度进行对比,另一方面将建筑环境学中影响室内环境品质的因素与实际建成环境进行逐一对照,综合评价建筑空间的被动调节作用。

2. 社会学统计调查方法及心理学语义解析法

通过网络问卷,调研在一线从事建筑设计和建筑技术的建筑师和暖通工程师的可持续建筑观。调研主要针对各自观点、认识程度和专业差别进行数据收集。经过对存在问题的细化和对问题选项的逐级筛选,进一步界定研究的核心,针对典型的共性问题进行深入研究和剖析。

利用心理学的语义解析法在建筑心理学中的延伸,量化评估使用者对空间环境的心理感知程度,明确建筑空间优化的具体措施。

3. 建筑物理学及建筑环境测试技术

研究选取寒冷地区具有典型中介空间的建筑类型展开长期的物理环境测试。实际的物理环境测试内容主要针对建筑的室内环境品质展开,重点研究具有气候调节作用潜力空间的自身物理环境和对周围功能性空间的影响程度,包括热环境、风环境、光环境和室内空气品质的实际测量结果以及使用者满意度、舒适度等方面主观感受反馈,对该建筑运营后的表现性能给予评价,也是对最初基于建筑学视角的空间调节策略体系的设计反馈。

4. 统计学分析方法：层次分析法、因子分析法、聚类分析法、关联性分析法

研究采用统计学分析方法的层次分析法、因子分析法和关联性分析法，对影响研究对象的空间调节策略因子进行分类重组，利用因子分析模型的搭建，建立因子荷载矩阵，确立主因子和公共因子影响函数，最终建立综合评价建筑空间被动调节作用的评价方法模型。

5. 比较研究法：控制变量及差值法

研究采用比较研究法对比研究对象的相对表现。例如，在同一座建筑中通过控制变量的方法逐一排除影响因素，比较在同一系统控制、同一水平标高、同一时间段、同一剖面关系下，室外、目标空间、主体空间三者之间的物理环境差异。又如在不同建筑中，对比中庭空间与主体空间内部自身温度差值及两者之间的温度差值来判定两者之间的影响程度。

6. 计算机软件编程平台及图形的可视化表达

研究借助 Rhino＋Grasshopperp 平台以及 Eclipse＋Apache＋HTML 网页程序，实现建筑物理环境的可视化表达，并研发在线用户实时评价建筑（目标空间）使用环境被动调节作用综合表现程度的评价工具。

7. 研究采用的其他方法

文献查阅与资料收集：文献研究的对象包括书籍、期刊文章、网络平台、硕士学位和博士学位论文、调研报告、官方数据库以及其他文档资料等。追踪与研究相关资料与案例，对其进行整理与归类总结，将这些成果作为研究的理论基础与工作方法。

实地调研与走访：为获取全面的信息，采取了实地调查和访谈的手段，收集第一手数据和原始资料以发现存在的问题。

分析与归纳：结合大型公共建筑案例以及工程实践项目的数据分析和整理，进行比较分析，归纳出相关规律和结论。

数据统计与建模：利用统计学的相关方法进行数据的分析与总结，进而展开推断和预测。利用计算机语言建立数学模型，为决策提供依据和参考。

1.5 研究意义

针对中介空间在大型公共建筑,特别是大型办公建筑、商业建筑中的综合被动调节作用效果的验证研究,其意义在于:

(1)中介空间的被动调节一方面能够弥补大型公共建筑中人与自然联系的缺失,另一方面它是一项重要的空间调节策略,能够从建筑的原型层面减少建筑运行期间的能耗、优化室内环境舒适度。研究通过收集,建立与气候调节作用体系中空间策略相关的数据信息库,量化研究其作用和对周围空间的影响程度,有利于提高中介空间在建筑中被动调节作用的效果。

(2)研究基于两个视角、多个变量对城市公共建筑的中介空间进行反馈和优化,建立一个多指标的综合评价中介空间被动调节作用的方法框架。弥补研究变量单一和研究角度缺失的不足。一方面从建筑学的空间设计角度出发,优化使用者空间感受的品质和利用效率;另一方面以建筑环境学的视角,从室内物理环境舒适度的角度挖掘中介空间的内在潜能。

(3)可视、易读、易于综合评价中介空间作用效果的工具和手段,有利于有效地利用空间调节策略。在成果方面,研究建立的测试方法、成果表达、评价打分机制的易读性和易操作性有利于建筑师从建筑设计层面掌握和判定空间策略,提高可持续设计策略的有效性和作用效果的贡献度。所研发的综合评价中介空间作用效果的工具 SCTool 既可作为面向使用者和建筑师基于在线网络平台的中介空间被动调节作用的验证工具,又可作为研究团队的数据库平台,为进一步研究做储备。

1.6 研究框架

研究基于对大型公共建筑现状存在的共性问题的思考,沿着问题的提出-界定-解决,即为什么(why)-是什么(what)-怎么办(how)的思路展开。

第 1 章回答"为什么"。主要从三方面进行阐述:首先分析了大型公共建筑中使用者对自然环境的需求、过高的能耗比例以及空间调节策略在建筑可持续发展中的重要意义，提出从建筑空间设计的角度，定量优化其绩效问题的必要性；其次，研究对中介空间的内涵及范畴进行了界定，阐述中介空间在可持续设计策略中的价值；最后，通过数据统计和现状调查，解释研究中介空间的必要性。

第 2 章将解答"是什么"。通过对前人基础理论的研究和实际的调研论证，本书第 2 章重点讲述中介空间的缘起、内涵和研究内容。通过对几座实验平台的长期监测，证明中介空间的价值以及目前存在的不足，界定研究范畴的维度。

第 3 章是本书的研究基础，重点阐述研究采用的方法，即"怎么办"的问题。研究从建筑学的空间设计视角和建筑环境学的室内环境品质视角出发，以建筑师和工程师的理论基础和实际经验作为主观评价策略，以使用者在室内空间体验的满意度为主观评判手段，再以建筑环境品质的各项物理环境，如热、声、光和空气品质作为对建筑空间策略的客观验证方法，架构城市公共建筑的研究体系。

第 4～7 章涉及具体操作层面上"怎么办"的验证和评价体系的建立。第 4 章通过社会学的调研和统计分析，建立基于建筑师和工程师视角下中介空间的建筑空间信息参数模型。第 5 章利用语义解析法、因子分析法和关联性分析法建立基于使用者主观满意度评价的方法模型。第 6 章建立室内物理环境舒适度评价模型以及室内物理环境的可视化表达与分析方法，并针对研究中选取的典型案例进行长期的物理环境监测和策略的有效性验证，建立基于客观物理环境的有效性验证机制。第 7 章在综合两方面机制的基础上，对城市公共建筑空间调节策略体系的中介空间验证与反馈进行综合判定。搭建建筑设计阶段和使用后阶段的软件平台，建立建筑师易于利用的气候调节作用验证手段，通过该平台显示设计过程中利用空间调节策略可能带来的影响。依托计算机辅助设计，建立专门面向可持续建筑空间调节策略的监控和检测平台，通过软件系统和硬件系统的联合开发，形成一套较完善的数据信息库。

本书的第 8 章是对研究的总结及展望，总结了本研究的主要结论、创新性成果以及对未来工作的展望。

本书的研究框架如图 1-10 所示。

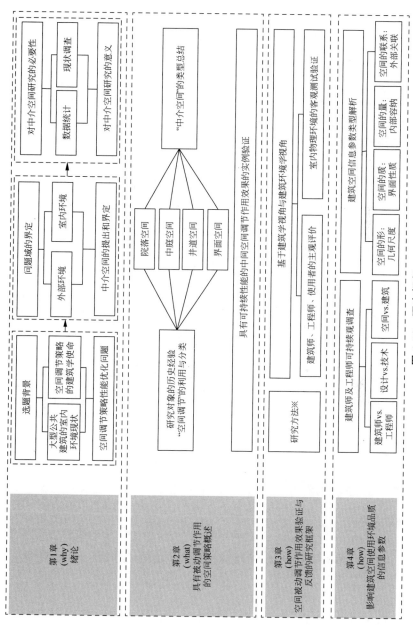

图 1-10 研究框架

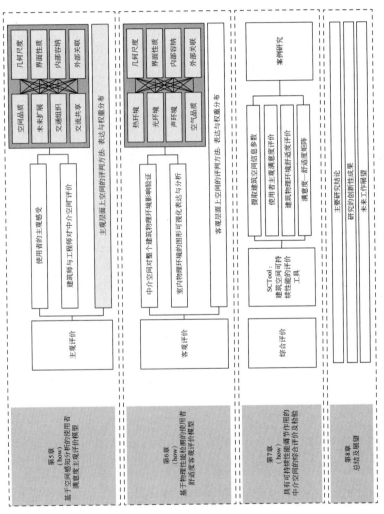

图 1-10（续）

1.7　创　新　点

（1）研究提出了介于室外环境与室内环境之间的中介空间概念，并梳理了中介空间的类型及可能具有的被动调节作用。

（2）基于大量的、长期的监测及调研数据，获得了一手数据，并建立数据信息库，证明了中介空间对建筑主体空间的被动调节作用的价值。

（3）从建筑学、社会学、统计学、心理学和建筑环境学角度对中介空间的作用提出多指标综合评价方法；并利用软件开发平台，研发了中介空间被动调节作用的设计与使用后评价工具，以指导中介空间的设计和研究。

第2章 具有被动调节作用的空间策略概述

对气候的有效调控已使我们在很大程度上忘记了在技术为我
们提供如此无所不能的条件之前,人们的生活曾经是怎样的。[45]

——马克·特里伯

2.1 具有被动调节作用的空间形态解析

建筑空间具有多元性、多义性和复杂性[32],且往往存在多种非单一功
能的建筑空间,使其成为长久以来广大建筑师喜于研究的重点。这些"非明
确功能空间"通常在明晰的功能空间局部附加模糊空间,类似空间中的"留
白",带给了空间"不仅-却又"的创造性可能。这种空间与功能之间的复合
性,常常成为建筑师设计灵感的源泉,或是一种设计思想的体现。从以下的
例子中可以得到证实。

诺伯格·舒尔兹(Norberg Schulz)在其论著《存在·空间·建筑》中,
总结出五种空间概念[46]:

(1) 肉体行为的实用空间(pragmatic space)

(2) 直接定位的知觉空间(perceptual space)

(3) 环境方面为人形成稳定形象的存在空间(existential space)

(4) 物理世界的认知空间(cognitive space)

(5) 纯理论的抽象空间(abstract space)

其中,实用空间是指人的生理、行为统一在自然、有机的环境中的基础
空间;知觉空间是指人对环境的认同性、同一性的定位空间;存在空间是
把人归属于整个社会文化形成稳定形象的环境空间;认知空间意味着人对
客观世界的空间可进行思考的认知;抽象空间则是提供描述其他各种空间
的工具,是纯理论的逻辑空间[47]。

开放建筑强调动态的社会生活,其思想的确立正是从满足人对于居所
需求的时空差异出发,建立一种可以"个性化的"动态空间,其主要特征是以

系统的和动态的观点来考察建筑环境，并以此为出发点研究建筑形态与动态的社会生活形态之间的互适关系[48]。开放建筑是将建筑的物质形态在全生命周期内的动态变化不断与变化的功能相契合，其最终目的是降低建筑功能重构的物质成本，也是生态建筑在物质层面上少费多用的集约化思想。"在开放建筑中，容量（capacity）是其核心的概念，即是对建筑空间不同功能的包容能力。""空间形式由功能的可能性，而非由单一、特定、实现确定的功能决定。"[49]

1963 年荷兰建筑师赫曼·赫兹伯格（Herman Hertzberger）提出了多价空间（polyvalent space）的观点："因为我们不可能建成一种能恰好适应每一个人的个别环境，我们就必须为个人的解释创造一种可能性，其方法是使我们创造的事物是可解释的。"[50]赫曼·赫兹伯格所意欲创造的可解释空间就是一种多价空间。

后有学者根据赫曼·赫兹伯格的多价空间理论发展了多义空间[51]。多义空间即空间具有灵活性和多价的特点，是包含了多种功能意义的空间。其多义性主要体现在两个方面，一是"不同时段可容纳不同的功能"[51]，即建筑空间不仅具有其主要的外显功能，还具有能够改变成为其他功能的潜质。这与赫曼·赫兹伯格的"灵活性"相关。二是"空间在同一时段可容纳不同的功能"[51]，空间存在多种价值，能够同时容纳多种活动，这与赫曼·赫兹伯格的"多价性"相关。

新陈代谢理论的创始人之一黑川纪章提出中间领域理论。"共生"是新陈代谢理论的核心思想，而中间领域是共生必备的条件之一。与功能主义冰冷的、无差异空间形态相对，他提倡一种具有歧义的空间，这种空间充满了双重或多重的含义。在人们的生活中，充满了这种富含奥秘和错综复杂的、多重含义的区域。中间领域的概念是将两个对立的要素以两者共有的规则达到"暂时的协调"，从而使整体形成动态的、充满活力的共生[52]。

受到传统东方哲学思想的启发，黑川纪章继而提出灰空间这一概念。他认为"第三种元素的介入，能够使两个相互不相融合的事物和平共处，二者合二为一，并不以牺牲一方特质为前提。第三种状态的创造，即是解决共存的二元性哲学所需要解决的问题"[52]。灰空间正是具有这种复杂、矛盾、暧昧、不易名状意味的概念，例如，能够称为灰空间的中庭必须是开敞的，能够与自然相互渗透的，它不割裂内外空间，也不独立内外空间，而作为两者之间的媒介，是自然与人工、建筑空间内部的过渡区域。

杨·盖尔（Jan Gehl）在论著《交往与空间》[53]中从城市空间与人的行为

的关系这一角度评价城市和居住区中公共空间的质量。认为"日常生活的质量与建成环境的质量"[1]直接相关,建筑内部空间和建筑外部围合而成的空间都会影响人的日常生活。围绕生活与建筑这一话题,他认为人的日常生活行为、知觉与空间尺度之间存在直接的相关性。他指出公共空间中好的物质环境质量会提升人行为活动的必要性、自发性和社会性,是人纷繁的行为活动的基础。提出建筑的"时空"价值,空间的三维属性内涵中包含了诸如尺度、比例、材质、光影、功能、物理环境、边界关系……多方面因素[53]。为达到安全、舒适的微气候环境所涉及的温度、湿度、风速、降水、光线、声音等环境因素;为达到美观效果需要综合考虑的材质、比例、色彩、形式、风格等;以及提高使用者的归属感,为人与人交流提供场所,满足趣味性提供步移景异的空间层次边界关系等。

　　建筑物作为基本功能或者表面关系的一种延伸而产生的影像,永远也不会比其能够从外部吸收到的思想来得有意思。一栋大厦就像是一个环境的海绵,从其周围环境中汲取社会和心理学信息中最有趣的片段,这样一来,一个结构就可以被看作一个过渡区(作为同化过程的一个核心),可以将全部的建筑学定义转化成为一种新的公共艺术形式[54]。

　　中介空间与普通空间的区别在于,具有被动调节作用的建筑空间不仅要考虑建筑空间的几何形态、比例尺度和空间的组织序列关系,还需要考虑建筑空间与内部空间之间的关联程度,对使用者心理及生理舒适度要求的满足程度,对外部空间环境的适应程度,以及对整个建筑空间品质调节作用的影响程度等。因此中介空间不仅要满足使用者的基本生存需求,还要考虑建筑、人、环境的有机结合,具有社会和文化属性,并与多样的系统、地域、自然环境和技术体系动态复合。因此,研究将从中介空间的有机共生和动态复合两种空间特征来具体解析建筑中具有被动调节作用的空间类型。

　　中介空间的有机共生体现在建筑空间与自然环境、建筑空间与使用者之间的有机组成。"有机体"在《辞海》中解释为:"①具有生命的个体的统称,包括植物和动物;②指事物构成的各个部分相互关联,像生命的个体一样具有统一性的物体。"[30]因此,"有机"的内涵中包括三方面内容:①具有生命现象;②机体同环境间存在相互影响、相互制约的对立统一关系;③共同组成一个统一和谐的整体。在空间形态上,研究将中介空间的有机

---

① 参见本书 5.1 节"活动发生与空间质量的关系"。

性分为两种类型,其一对应自然过渡性空间形态,其二对应心理过渡性空间
形态;前者反映出建筑与自然环境的有机共生关系,后者体现建筑与使用
者的和谐共存关系。

中介空间的动态复合反映出建筑空间的应变性和多样性特质。"动态"
的目的在于实现不同时段的不同功能,"复合"则对应为相同时段实现多种
不同的功能。它不仅体现在建筑空间因变而变的短期调节性能,如气候变
化和建筑环境之间的动态平衡以及与使用者的使用习惯相适应的动态调
节,还体现在建筑全生命周期范围内的长期调节性能。短期的调节性能反
应在建筑空间设计上对应应变性的空间形态,可以分为气候环境应变、场地
环境应变以及使用需求应变三种类型;长期的调节性能反应在建筑空间设
计上则对应适应性的空间形态,可以分为系统多样性的空间设计、长寿多适
性空间设计和生长性空间设计三种类型。

2.1.1　自然过渡性空间形态

1. 自然引入

中国传统建筑中,引入自然过渡性的空间形态以院落空间最为典型。
庭院布局大体分为两种,一种是通过建筑围合而成的中心院落,如三合院或
四合院,在保证安全、防风、防沙的同时,通过引入花木植物在庭院中创造舒
适宜人的景观环境。受到不同地域的气候影响,建筑群体中庭院的数量、形
状、大小与建筑的体形、式样、材料、装饰、色彩相匹配,并作为中国建筑群落
中的基本空间构成法则,广泛并长期用于宫殿、祠庙、寺观、民居中[55]。另
一种庭院布局的方式是廊院,利用通透的回廊空间与建筑围合成空间群落。
虚实结合的廊院在艺术上实现大小、高低、明暗对比,通透的空间可向外眺
望,起到扩大空间的作用。中国传统庭院设计通过建筑和构筑物的空间组
合布局,将自然环境引入建筑群落当中,为建筑增加自然情趣,提供游览与
居住的多种可能,并创造移步易景的空间感受。

具有引入自然、过渡自然环境与人造环境的院落、天井等空间类型不仅
有利于增加建筑与外部环境接触面,还从建成的物理环境上,促进了建筑的
自然通风。我国北方四合院民居的围合院落,不仅是室内环境的过渡空间,
将自然环境带入室内,增加室内空间的自然采光并促进自然通风,而且围合
的建筑形式可以抵御北方冬日寒风,防止内部空间的热量损失。又如我国
南方民居中的天井空间,狭小的尺度一方面能够减小建筑空间的进深,增加

内部空间自然采光的机会并促进自然通风；另一方面，在南方湿热多雨的气候条件下，有利于雨水的收集[56]。

通过合理巧妙的建筑空间设计将自然环境引入人工环境，是现代主义设计中注重生态环境设计的思想源泉之一。从模仿自然物的形式状态，到利用自然环境中的热、光、风、土地、水资源，再到地方或自然材料的使用，都是在自然环境与人工环境有机结合过程中不断探索与实践的过程。有机建筑论的倡导者，现代主义建筑大师弗兰克·劳埃德·赖特认为"建筑应是大地与太阳的产物，建筑仿佛从场地中破土而出，在环境中自然生长发育"[57]。赖特的草原住宅体现的有机思想突破了传统建筑的封闭性，舒展而深远的屋顶挑檐，与建筑方向垂直的烟囱，平缓的屋顶，错落的阳台共同形成了与环境和谐有机的整体。另一位现代主义大师勒·柯布西耶（Le Corbusier）也是建筑空间与环境融合的倡导者，在他的作品中体现着建筑空间对自然的关照。在他诸多白色"箱体"的建筑中，常常以自然元素作为建筑设计中的重要角色，贯穿"透空长方体"的物体。例如，在新精神展览馆[58]（1925）的设计中，贯穿白色透明箱体，从屋顶高起的一棵树，将自然带入建筑空间内部的手法成为现代建筑师通常效仿的对象，这是生机勃勃的自然和建筑实体形态之间的相互补充。印度建筑师查尔斯·柯里亚（Charls Correa）的建筑原型，常以开放向天的空间（open-to-sky）为中心，对应露天和半露天的空间形式，以庭院、阳台、屋顶平台以及内廊等建筑空间传达印度传统的建筑形态和生活方式[59]。

在赫尔佐格的建筑哲学中，把建筑物看作"自然界的隐藏几何学"，他认为"艺术与自然是一个统一的整体，如同描述生物、物理、化学的过程一般，是一个认识'自然'的过程"[60]。正如他在诸多代表性作品中对自然与人工观的表达，"事实的重要性不在于建筑师构思建筑的方法，而在于他们对社会和生态的影响"[60]。图像、天气和光是他作品中的关键词，在建筑作品中物化为对应的形状、颜色等物体的物理特性。赫尔佐格作品中的建筑表皮、空间上运用的材料、颜色和构成方式都与环境碰撞而发生关系。他在瑞士巴塞尔完成的寇克林（Koechlin）别墅经过数月仍然不知从外部结束其立面设计的方法。整个设计从建筑内部围绕一个天井开始，中间高大的树木和花园及远方城市的景色被纳入建筑当中，连续的各层功能空间围绕天井展开。天井形成的界面联系内部空间与外部空间，体现出建筑与土地之间的黏结[60]。

Frei 摄影工作室是建造于德国与瑞士边界莱茵河畔魏尔（Weil am

Rhein)小镇的摄影工作室,是赫尔佐格在 20 世纪 80 年代设计建造的早期作品。受到阿尔托和夏隆的影响,强调建筑的真实性存在,因此他坚持材料本身的真实性,并强化建筑与天空的关系。正如他所说:"不同的空间和时间对应不同的解决策略,因此我的建筑是自然的。"①[60]连续的倾斜屋顶和重复的梯形平面,形成了建筑独特的秩序感。屋顶上方开向天空的天窗如同固定照相机镜头的作用,暗示了建筑的使用功能。井道式的天窗设计与摄影工作室对光线的需求有关,在自然光不会对人像拍摄造成影响的情况下,又合理地引入自然光,使建筑与自然发生关系[61]。

2. 自然防御

如同阿尔多·范·艾克的比喻,建筑之于自然如同人类之于自然一样,需要向自然界索取和补偿,就仿佛人的呼吸一般,开敞和封闭的空间都需要与环境进行物质交换,"吸入"并"呼出"自然空气。作为人类与自然之间的中介场所,建筑所充当的角色一方面维系着人类与自然的亲密关系,而另一方面,建筑空间保护人类免受不利自然环境因素的侵害。

利用建筑空间的组织方式来防止生存环境受到自然环境的不利影响,这种智慧在中国传统民居中体现得格外充分。汇集千百年人类智慧的造屋手段,乡土、原始的做法往往给予注重生态环境和可持续发展的现代建筑以创作灵感。例如,为了避免河谷地区炎热的气候环境影响,我国彝族和哈尼族的住宅以竖向分割的空间布局形态,将主要的建筑空间布置在底层,将仓储空间布置在二层[62]。厢房多采用草顶或瓦顶的坡屋顶形式,顶层上部利用封火夹层形成空气间层,构成第一道隔热防线,架空的二层仓储空间构成第二道隔热防线。借助封火顶上部通透的夹层开敞空间形成通风间层,屋顶受热后温度上升,可以强化自然通风促进降温,带走空气热量,保持楼板始终处在温度不高的状况下。我国南方水乡老城的蔽弄空间也是自然防御性空间形态的典型。狭窄的弄堂空间在满足通行的基础上,促进了自然通风,并且能够缓解夏日太阳直射带来的过度热量和常年多雨气候的影响。檐廊空间是木构建筑的主要元素之一,被广泛用于各种建筑形制当中,是自然过渡性建筑空间形态中的典型类型之一。有顶盖的半室外开敞空间起到遮阴挡雨、抵御不利天气的作用,增加了人们在夏日及雨天户外活动的机

---

① 原文为: Different space and time always resurt in different situations, so my building is natural.

会。一些云南土掌房的内部天井设计,由底层向上逐层放大,形成层层退台的空间形式,下层檐廊的屋顶成为上层的阳台或走廊。天井结合檐廊的设计既可以保证建筑有充足的光线,又能够避免过度的烈日炙烤[63]。

人们从来没有停止过对建筑与气候、建筑与地域之间关系的研究。自然环境与人工环境总是对立又统一,围绕人们的生活环境而存在。当人们的需求与自然环境的供给产生矛盾时,建筑的一个主要目的是改变微气候,创造适合人类生物舒适感受的生存环境。传统埃及建筑体现着人们对气候适应性设计和兼容技术的理解和创造。例如,古老的埃及住宅中就有对空间利用开放、半开放、封闭空间明确的形式功能的分类。紧凑的建筑群落由一个大门进入,厚重的泥砖墙夹着狭窄、带有轻围护顶板的走廊,一方面为穿行于建筑之间的人提供了气候防护,防御墙系统抵御炎热气候对建筑空间的炙烤,创造更多的庇荫空间,另一方面狭小开敞的巷道能够促进通风,降低建筑周围的热环境气候[64]。

埃及建筑师哈桑•法赛(Hassan Fathy)注重建筑在干热气候条件下的地域性设计,围绕传统建筑的空间形制,对传统建筑进行基于气候环境的再修正。在设计中,一方面阻隔建筑与自然的直接接触,减少热量的获得;另一方面通过合理的建筑形式、地方材料和植被降低建筑的温度。以庭院空间为例,对于干热和暖湿的地域环境来讲,法赛认为庭院的主要作用更多的是夜间降温,是抵御高热环境的一项手段。庭院内的空气受到白天太阳的直接辐射和周围建筑的间接加热,使热量聚集在庭院中。夜间室外温度降低,形成的温度差产生热压通风的作用,产生穿过建筑的对流风,带走建筑围护结构中的热量。早晨被四周建筑遮挡的庭院空间,由于不能受到太阳直接照射,庭院内部的温度上升较周围空间更为缓慢,因此再次起到了抵御炎热气候条件的空间调节作用。

由伦左•皮亚诺(Renzo Piano)设计的加州科学院坐落在美国加州旧金山市郊,是市民热爱的科学园地,也是家长及孩子们的热衷之所。在笔者拜访这座建筑时,看到了欧美国家少见的在现代建筑入口排队犹如长龙的场景,可见这座建筑在当地受喜爱的程度。新建筑保留原有建筑的位置和朝向,保留原有的三个古老建筑——两个球状展厅(天文馆和雨林生物圈)和一个水族馆围绕一个带有玻璃顶的半室外中心广场,在屋顶上"抬升"出来,创造出高低起伏的屋顶景观[65]。屋面种植当地的植物,屋檐深挑超出四周的墙面,形成玻璃雨棚为建筑遮阳挡雨并收集阳光转化为电能。屋顶绿化区域虽不可供人漫步其间,但一方面与整体环境相协调,另一方面作为一层自然防护避免了夏季太阳对屋顶的炙烤。半围合的中庭广场可供餐饮与休憩,夜晚可作为音乐厅、晚宴与聚会使用。阳光与雨水幕,加之改善声学条件的特殊幕布调节了空间微气候。

莎梨山图书馆和社区中心位于澳大利亚悉尼城郊区的莎梨山中心,由法国建筑师琼斯·索普(Jones Thorp)设计。项目的理念就是与当地活跃的社区建立一种紧密的联系,它不仅是一个图书馆而且是一个社区中心,是整个社区民众共享的地方。建筑西侧与城市保留绿地相连,建筑的西侧立面则结合室内空间和室外景观环境,设计成为一个垂直高度上自下而上缩小的锥形双层表皮。这个锥形的双层表皮空间实现了建筑的多项可持续目标,一系列玻璃与三角形结构形成了一个开放的、半透明的立面,可以吸收室外的新鲜空气,并且利用地下风道和垂直风道的降温拔风作用进行被动式制冷[64]。花园中精心挑选的植物可以过滤污染物,自然光也可以穿过玻璃夹层和花园进入室内空间。西侧立面采用自动遮阳织物,并采用绿色屋顶、雨水收集和回收系统以及可持续的建筑材料提高建筑的综合性能。

2.1.2　心理过渡性空间形态

在建筑环境心理学中,生态知觉理论(ecological theory)由吉布森(J. Gilbson)提出。之所以称之为生态知觉理论,是因为该理论强调人类生存的适应性。这种高级的生态知觉,使人在选择生活环境、创造使用工具、改善生活状态方面的行为受到心理意识的指引[66]。

心理过渡性空间是空间社会属性的体现。当有机体与环境之间出现不平衡,如人工环境与自然环境之间、人与建筑之间,或者人工环境和人工环境之间发生突变或矛盾时,需要具有社会属性的过渡性空间平衡两者的状态,让使用者在心理上感受到平和顺畅、突变反差或者心理满足。具有良好设计的心理过渡性空间体现出建成环境的"有机"特性,它将机体各个部分相互关联,像生命的个体一样具有统一性,使机体内部、机体与环境、机体与人产生相互制约、相互联系的对立统一关系,共同形成一个统一和谐的整体。

心理过渡性空间形态大致可以分为三种类型:一是引导性的空间,是介于两个异质个体之间的过渡空间,使人能够平和顺畅地接受,使整个空间形态变得连贯舒适;二是转折性空间,是在连续的同质个体之间增加具有感官刺激的空间,增加人的心理感受反差,使人不至于在同种空间序列中感到疲倦无趣[56];三是需求性空间,区别于使用功能上的需求,人在建筑中的需求并非只有具体的使用功能空间那么简单。人有交往和归属的需要，有自尊和被人尊重的需要，也有自我实现的需要，与之对应的空间形态也需要在人、建筑体中进行必要的心理过渡，体现有机性、整体性的特质。

1. 引导性空间

建筑师对空间创造的目的并非是限制使用者的行为，而是创造出能够引导使用者行为的空间。具有心理过渡性的引导空间可以大致分为三种类型：一是化解建筑与环境的冲突，这样的空间使介于环境和建筑中间的使用者能自然舒缓地接受；二是化解建筑空间之间的矛盾，包括内部空间和外部空间，使整个建筑体形成一个有机连贯的整体；三是创造具有信仰或仪式的趋向性空间，这种引导空间总是与心理追求相一致，体现出神圣的感受。

第一类引导性的心理过渡空间可以以理查德·约瑟夫·诺伊特拉（Richard Josef Neutra）的罗威尔博士住宅为例。考夫曼住宅是他后来的作品，是建筑环境与人的心理相结合的最为著名的代表作之一[67]。建筑坐落在山脚起伏不平的地势上，利用十字型的过渡廊道空间，不但将建筑与四面的环境联通起来，展现出建筑与院落的互动性，而且将所有建筑的功能空间串联起来，十字形的廊道空间提供了由自然到建筑的心理引导。

第二类引导性的心理过渡空间，如为了避免紧密的空间连接对室内使用者造成的心理压力，日本建筑师藤本壮介在日本北海道设计建造的北海道儿童精神康复中心。在错落的建筑体量中留出的开敞、面向环境的缝隙，成为孩子们活动的主要场所，这样的过渡空间也给予了使用者在建筑内部由一个实体空间过渡到另一个实体空间的心理缓冲。

第三类引导性的心理过渡空间，如位于瑞士多纳赫的人智学世界中心（也称歌德堂）。为表达其强调人性、向往自由、充分发挥人类自由和智慧以及反对统一衡量标准的信仰倡导，整个建筑空间在已经被烧毁的圆形教堂基座上，新建起一座造型自由、内部空间丰富而神秘、色彩鲜明的综合活动中心。在其主入口通向顶层观演厅的竖向交通空间中，设计者利用顶部红色印花玻璃，垂直高大的通高空间，错综复杂的楼梯空间，创造出一种引人入胜、直通向天的神秘空间感受（见图 2-1）。

2. 转折性空间

转折性心理过渡空间在中国传统造园设计中体现得淋漓尽致。例如，

图 2-1　瑞士多纳赫歌德堂竖向交通厅

"欲扬先抑"的空间对比手段能够给使用者在游园过程中带来惊喜和趣味的空间体验,或者空间感受的心理反差。通过长长的幽暗廊道空间,开阔的山景或湖面转而映入眼帘,给人豁然开朗的感觉。空间尺度、元素、构成方式的对比和突变,印证着"柳暗花明又一村"的视觉感受。

转折性空间在博物馆类的展览空间中也较为常用,目的在于通过空间的光线、尺度、颜色、布局向使用者传达具有时间特征和空间特征的历史故事。例如,在丹尼尔·里伯斯金(Daniel Libeskind)设计的柏林犹太博物馆中三种类型的空间转换,利用转折性空间塑造叙述故事的场景气氛。再如保罗·安德鲁(Paul Andreu)设计的中国国家大剧院,室外开敞的环境连接地下一条长长的甬道空间,狭窄而压抑的入口空间与球壳笼罩的豁然开朗的巨大建筑内部空间,形成视觉体验的鲜明对比,有着强烈的转折感,带给人惊喜和刺激的视觉体验。入口的甬道空间既作为建筑路径上的主要交通空间,又是感官空间上的转折性心理过渡空间,创造出丰富的空间体验。

3. 需求性空间

美国心理学家 A. 马斯洛(A. Maslow)把人类纷繁复杂的需要分为生理、安全、爱和相属、尊重和自我实现五个层次,即"需要层系理论",并用金字塔的层级关系表达出五个层次的等级关系[66]。生理性需求是需求层级中的最基本层次,是有机体为延续发展其生命所必需的事物反应;社会性需求则是有机体参与社会生活时所需的事物反应[66]。路易斯·巴拉干(Luis Barragan)在墨西哥城郊为自己设计自宅时,经过反复的修改和推敲,对空间和形式进行不断地探索,在高密度的城市中,创造了无比宁静的氛围,令人沉浸在自然与自我的私人领域当中。屋顶空间高大突出的墙面附着鲜明的颜色，与平台上的雕塑、座椅共同营造了一个静谧的可供思考的私人需求空间（见图 2-2）。张永和在长城脚下的公社设计的"二分宅"别墅也体现了需求性过渡空间的意义。这座建筑坐落在北京郊区，是业主周末邀请友人会客享受山林野趣的度假别墅。一方面为了满足主人和客人的交流互动并保证各自对私密

图 2-2　巴拉干自宅的屋顶花园

生活空间的需求；另一方面为了使建筑与环境相互融合，享受自然乐趣。建筑主体的两翼——公共与私密性空间通过入口的门厅过渡空间分隔开联系，如此一来建筑不但将自然环境环抱于实体之内，反映出中国传统庭院住宅的空间体验，又满足了业主的特殊使用需求。

2.1.3　应变性空间形态

应变性空间调节与生物体的应激性反应本能类似，是受到各种刺激而做出的反应策略。建筑空间系统应该成为一个活的、有应激性反应的有机体，如根据周围环境的周期性气候变化或者未知的动态变化做出自我保护的应激反应。

G. Z. 布朗（G. Z. Brown）和马克·德凯（Mark DeKey）合作著述的 *Sun Wind And Light*：*Architectural Design Strategies*（《太阳辐射·风·自然光：建筑设计策略》）将环境影响下的建筑设计策略分为三个层次，从建筑组群、建筑单体和建筑构件三种尺度列举了近百余种对应气候环境的设计策略，这些策略大都针对太阳辐射、风、太阳与风的组合、光等气候因素提出了减少建筑采暖和降低能耗的策略方法[68]。这些策略方法都是基于建筑空间气候调节的设计，从建筑群组、单体和细部的设计角度最大限度地利用自然资源以及最少地消耗能源。书中列举的设计，如紧凑的街道、开放的空间、通风庭院、日光间、蓄热墙、捕风器、建筑内的中庭、天窗井、采光口等，都是建筑对自然的应变设计。

一些倾向仿生学设计的建筑师从自然界的动物和植物中找寻灵感，将自然界中能够适应环境变化的"表皮"[69-70]和"空腔"[71]的动态变化衍生为建筑界面和空间的设计，这些设计策略和构想通常从动态变化的角度应对环境和使用需求变化，在整个建筑空间中提高对有利自然环境的利用率或

者保护建筑免受周围环境的不利影响,如模仿生物体表皮的自我调节机制,在建筑的表皮上设置具有主动分析和适应调节的操作系统。法国建筑大师让·努维尔(Jean Nouvel)巧妙利用相机叶片的原理,在巴黎艺术中心的建筑表皮上结合阿拉伯伊斯兰图案纹理,将建筑外立面设计成为具有智能适应自然光照度的复杂窗户系统。其设计灵感正是来自生物的适应性特点。

从现代主义的建筑革命开始,建筑设计中的建筑空间常常打破固定功能的范式,逐渐被通用设计①[72]和流动空间[73]的创作思想取代。这种具有多样化和多适应性的空间形态一方面为建筑提供了流畅自由的布局,另一方面为使用者的不同功能需求提供了各种可能。多样性的空间能够动态地满足使用者对时间维度和空间维度的使用需求,体现出空间在使用需求方面的动态应变性能。

应变性的空间形态对应具有被动调节作用空间动态复合性能特征,体现出建筑对其所处气候、地域环境和使用者所作出的短期、迅速的适应性改变。因此,应变性的空间形态大致可以分为三种类型,包括气候环境应变性空间,场地环境应变性空间以及使用需求应变性空间。

1. 气候环境应变性空间

《礼记·礼运》谓"昔者先王未有宫室,冬则居营窟,夏则居橧巢"[74],反映出原始人类在气候环境影响下所采取的居住方式。秦佑国先生在为《太阳辐射·风·自然光:建筑设计策略》的中文版所作的序言中谈到建筑是针对气候而建的遮蔽所,气候作用于建筑有三个层次:

"一是气候因素,包括日照、降水、风、温度、湿度等,直接影响建筑的功能、形式、围护结构等;二是气候因素影响水源、土壤、植被等其他地理因素,并与之共同作用于建筑;三是气候影响人的生理、心理因素,并体现为不同地域在风俗习惯、宗教信仰、社会审美等方面的差异性,最终间接影响到建筑本身。"[75]

气候作为一种环境,对于建筑使用多少能量以及何时使用这些能量用于

①　"通用设计"(universal design)也被译为"普适性设计""万应设计"等,最早由美国北卡罗来纳州大学教授罗纳德 L. 马赛(Ronald L. Mace)在 20 世纪 80 年代初期提出。通用设计的目的是使尽可能多的人用少量的额外支出,甚至不用额外支出,就能享受到各种产品、公共设施及生活环境的便利,以此使每个人的生活简单化。它的最高目标是使环境适合所有的人。

采暖、降温和照明有着巨大的影响[75]。建筑设计对气候环境的应变策略主要体现在对有利气候资源的有效利用和对不利的气候环境的防御两个方面。

（1）气候利用

建筑空间形态对气候环境的利用在中国传统民居中有着丰富的案例积累。传统建筑的空间形式中，在湿热的气候环境下，建筑空间的调节作用主要表现在通过变化的空间截面和空间排布方式对自然风加以利用。在我国传统民居设计中，有很多优秀的空间设计实例，利用缩小的巷道减小通风界面面积，从而加速风的流动，获得较好的通风效果。例如，在传统民居的宗祠中，通过八字墙和戏台结合形成捕风系统的设计就起到了非常好的捕风效果。八字墙就像一个捕风漏斗，扩大的前段增大了捕风面积，而缩小的后端则增强了穿越狭窄巷道的流速。通过实测证明这种八字墙设计的通风降温效果非常显著，能够稳定获得 $1\sim2$ m/s 的风速[71]。

冷巷是岭南建筑的精髓，是中国传统建筑空间中被动式制冷的典范。利用位于建筑主体空间之间的风道空间，较小的截面面积增大风速，带走与冷巷联通的各房间的热空气，较冷的空气在压力差的驱动下进入冷巷，从而被动地实现通风效果。冷巷的空间形态根据其围蔽界面的不同，可以分为两种类型：其一是连接各个功能房间的室内冷巷，由于长期不能受到太阳辐射，内部空气流通带动功能空间降低温度；其二是外墙与围墙之间或者两个相邻住屋之间的露天冷巷，由于其街道的高宽比较大，白天冷巷内部的受照面小、受照时间短，空气在其内部的流动带动建筑群体降温。根据马俊丽在论文《冷巷的自然通风效果分析研究》中对陈家祠冷巷的物理环境测量的监测数据分析，冷巷在地面标高 $0.5\sim1.2$ m 处的温度波动幅度基本一致，根据实际测量的结果，冷巷温度比环境温度平均低 35℃，庭院温度比环境温度平均高 1.1℃[76]（见表 2-1）。

表 2-1　2010 年 8 月 9 日冷巷内外的温度　　　　　单位：℃

测　　点	平均温度	最高温度	最低温度
冷巷	32.4	35.3	29.5
庭院	37.0	43.1	31.0
大气环境	35.9	37.9	32.6

资料来源：马俊丽.冷巷的自然通风效果分析研究[D].广州：广州大学,2011.

冷巷结合地道风的做法更加凸显了中国传统空间设计的智慧，在炎热地区的夏季这种组合式降温的做法颇为有效[77]。位于冷巷一侧的房间有较大面积的窗洞,热压将冷巷中较低温度的空气引入第一层室内,在室内设置鼓风机和干冰,进一步将冷却的空气通过地道送入主体使用空间。如此,室外炙热的空气通过第一层冷巷空间降温,进入第二层采用干冰的物理降温,再经过第三层地道风空间降温,便可以大幅降低空气温度,使室内空间迅速满足热环境的舒适度需求。

与冷巷的策略相似,哈桑·法赛(Hassan Fathy)的书中也列举了干热地区利用凉廊空间被动式通风降温的实例[78]。凉廊的一侧受到太阳辐射的影响因而温度较高,另一侧与开放的庭院相接,温度较低,受到热压通风和风压通风的双重影响,自然风穿过低温的庭院和庭院中的绿化种植,将凉爽的、经过植物过滤的干净空气带入凉廊内部。在空间布局上,凉廊与建筑空间相连,使整个建筑环境更加舒适、凉爽。

地下廊道不仅可以用作人们步行的通道,同时也是空气流通的通道。哈德良别墅池塘下面的地下廊道就显示出具有一种成熟的微气候设计效果。建筑建在悬崖壁上,池塘是一个 40 ft×80 ft[①] 的方形水池,四边被柱廊环绕,柱廊下面是一个长达 348 ft 的带拱顶的地下廊道。廊道朝向西方,同时有土壤隔热,廊道的拱顶旁边有些小开口,位置正好高出水池,阳光从此射入,并能将水池表面的凉空气引入廊道。凉风通过 8 ft 宽的通道不仅能够传入相连的房间,而且可以通过在走廊尽头的楼梯间到达别墅的上层空间。廊道的南墙上有许多壁龛,停留在壁龛立面的泉水也起到了冷却空气的作用[45]。

在炎热的气候环境下,密集的建筑聚落更需要充分的自然通风来降低室内温度。在干热和暖湿地区,传统建筑中常出现捕风窗的构造形式,这种高于建筑的风塔和片状构件开口利用热压通风将自然风引入室内,满足了室内自然通风的需求并且降低了炎热气候条件下的室内热量。在传统伊拉克住宅中,建筑采用了垂直分区,各个区域的功能随全天和季节的变化而改变。院子和捕风窗结合的设计,有效降低了夏季建筑的高温。夏季白天人们在建筑底层活动,流入建筑的空气经过捕风窗下的烟囱通道冷却后进入室内的各个房间以及地下室,在地下室进一步冷却后流向庭院。庭院的高度足够避免日晒,夏季每天向庭院内洒水,湿气蒸发上升,再次起到降温作用。夏夜里,屋顶因向外辐射热量而更凉爽,晚上人们便睡在屋顶上。夜间尽可能通风降温,带走白天围护结构积聚的热量,气流从温度较高的烟囱口

---

① 　1 ft(英尺)=0.3048 m。

顶流出。在短暂而温和的冬季，人们选择停留在较为温暖的二楼。

印度建筑师查尔斯·柯里亚（Charls Correa）在设计印度艾哈迈达巴德的帕里克哈（Parekh）住宅时，在建筑的两个区域中使用了相互平行但分不同气候区使用的冬季区和夏季区，对应冬季剖面和夏季剖面。冬季区只在冬季和夏季夜间使用，庭院充分利用白天的阳光采暖。夏季区夹在冬季区和服务核之间，减少了庭院暴露在阳光下的面积，避开夏季炎热的天气并利用高出建筑的风塔促进热压通风，降低夏季室内空气的温度。

对太阳的利用主要体现在寒冷地区和温和地区的冬季，加热空气温度以及补充自然光两个方面。莱昂·巴蒂斯塔·阿尔伯蒂（Leon Battista Alberti）早在 1482 年就提倡利用被动式太阳能进行设计。他认为廊道设计不仅是为了视觉感受的美观，更重要的是在不同的季节里能够引入阳光或是凉风来提高环境的舒适度。他甚至还提出利用玻璃阻挡冬天的寒风，同时玻璃也能够让纯净的日光进入[45]。与凉廊对应的是传统建筑中的暖廊设计，在寒冷地区需要借助阳光的温暖加热室内空间。早在十六七世纪，位于罗马佛拉斯卡蒂的蒙德拉戈内别墅设计中，阿尔伯蒂就在此实践了暖廊的设计，维尼奥拉作为设计师，设计了这个围合庭院的冬季暖廊。走廊的朝向能够让冬日的阳光照射到南向的空间。而在夏季，屋顶则遮蔽烈日为整个空间制造阴凉。

奇普·沙利文（Chip Sullivan）在书中阐述了被动式太阳能建筑的典型空间——暖房（limonaia），也就是现在常说的阳光间。暖房原本是在温带气候区用以帮助柑橘植株越冬而创造出的最早利用太阳能的空间之一。暖房的形式与暖廊类似，如同温室一样，窗户可以开启以调节室内温度[45]。人们对暖房的灵活性调节，是建筑空间对环境应变性的最好诠释。在夏季，人们打开暖房的玻璃围护，暖房就变成了凉廊，居住者在此宴请客人，享受夏日阴凉。而在冬季，暖房则汇聚太阳的辐射热量，预热与之相连的室内空间。著名的美第奇庄园（Villa Medici Castello）就是利用东西两侧培育柑橘树的暖房与室内外直接相连，既美化环境，又温暖冬日的室内空间。

由斯蒂芬·霍尔（Steven Holl）建筑事务所设计的麻省理工学院学生宿舍坐落在美国马萨诸塞州，建成于 2002 年，是一座"自然光的容器"。建筑的设计灵感来自霍尔在洗澡时使用的一块海绵。麻省理工学院学生宿舍通过穿越建筑的几道光井吸收自然光，白昼将自然光引进，夜里室内光透过建筑形体照射室内外空间，如同利用海绵上的孔洞吸收水分，再在外力作用下释放出来。自由的光井空间不仅将自然元素引入室内，还丰富了室内空间,创造了独特的空间体验。不规则的带状楼梯将楼板、墙体、天窗串联在一起,内部奇异的造型与外部规整的开窗形成强烈对比[①]。

英国诺丁汉大学 Jubilee 校区办公楼由迈克尔·霍普金斯事务所(Michael Hopkins and Partners)设计,建造于 1999 年,是现代建筑被动式通风设计中的成功案例。捕风窗设置在通风塔的出口位置以促进自然通风。捕风窗能够根据室外自然风的方向自动调整角度,在其后面形成负压气流并驱动通风系统为整个建筑通风。凉爽干净的空气被带入顶层空间,然后通过风扇运送到各层。这种环境带来的交换式因果关系重复地发生在建筑的楼梯和走廊空间中。转轮式的热交换机用于连接捕风窗,以实现排出的空气和进入的新风之间的能量交换。空气从大楼背后较低的高度进入,然后在建筑中逐渐上升,最后经过建筑前部顶部旋转的捕风窗排出室外。自然风通过风塔和捕风窗的做法依据了文丘里效应的原理[79]。

夏季时温度较低的室外空气送入室内,补给新风,当室外温度超过 24℃时,将采用夜间降温的方式满足制冷需求。冬季时,新鲜空气预热至 18℃,通过热井(thermal well)送入室内。当室外温度降至 2.3℃以下时,将利用 30 kW 的燃气炉补充所需热量。

(2) 气候防御

建筑被认为是自然的遮蔽所,具有为人们遮风避雨、防暑避寒,使室内微气候适合人类生存和一定的防御功能。受到气候的影响,建筑空间的遮蔽效果决定了使用者的舒适程度以及使用过程中的能量消耗情况。

遮蔽是防御的手段之一。在晴天时对窗户进行遮阳控制可以阻止过多的直射光和漫射光。例如,建筑高度与街道宽度的比例(H/W)会直接影响天然采光的水平。挡风构件用来保护建筑和室外空间免受冷风和热风的影响。不仅如此,在干热气候条件下,除了调节热舒适度外,挡风构件还可以阻挡灰尘和风沙。根据计算,庭院最大可以提供建筑两倍高度范围内良好的灰尘防护[75]。而庭院内部,如栅栏、树木、假山和构造柱都可以在一定范围内减小风速,保护庭院和周围空间免受风沙影响。利用遮阳构件或者遮阳空间阻挡过度的太阳光射入室内是一种非常有效的自然遮蔽手段。从雅典卫城帕提农神庙立面的连续柱廊到莱特草原别墅、流水别墅深远的出挑,从中国官式建筑屋顶形制的出挑起翘到私家园林设计中必不可少的亭、廊

---

① 引自中国建筑学会官网:http://www.chinaasc.org/html/zp/sj/04/2014/0413/100506. html.

空间都是遮蔽过剩日照、自然光、风和雨水的典范。

形态是防御的手段之二。与自然环境直接接触的建筑外层界面形态，可以有效减小自然环境不利因素对建筑环境的影响。例如，通过控制寒冷地区建筑的体形系数，减小通过外围护结构与外界环境的能量交换，从而保持室内物理环境能够停留在较为舒适的范围内，减少建筑运行期间的供暖能耗。

但是，气候的利用和气候的防御在建筑空间设计中往往不是一对反义词。空间具有转化能力，在气候有利的条件下利用，在不利的条件下防御，体现出建筑空间应变性能的优劣。例如，在不同的气候条件下，太阳可能是炎热的，也可能是温暖的；风可能是寒冷的，也可能是凉爽的。针对不同的气候区环境，建筑与构造的功能在于避免炎热或者寒冷，充分发挥两者带给人们的温暖和凉爽。

德国贸易博览会有限公司大楼由赫尔佐格于 1999 年设计并建造。大厦高 85 m（不包括上部的通风结构），是汉诺威最高的建筑物。建筑实现了结构形式、功能形态、系统设备与能源理念的协同。建筑外部的竖向交通区域被设计成东、西立面的遮阳结构，从而很大限度地减少了温度过高和强光照射问题。建筑主体四周设计双层立面，通过控制双层立面间的开启扇，使室内实现自然通风。在夏季，太阳辐射被连续的双层皮立面折射，空气通过外部玻璃和钢的导向板进入环绕在外立面的通道，装有推拉窗的楼层可以实现房间的自然通风。利用天然拔风烟囱效应，可以将空气从室内排出，通过中央管道系统进入热交换系统，而只消耗少量初级能源用于补充机械通风[80]。

2. 场地环境应变性空间

架空是场地环境应变性空间形态的一种形式。通过建筑结构和空间布局的设计阻断建筑与完全不利于人类居住的自然环境，在中国长江流域以南的杆栏式建筑中可以得到体现[55]。中国南方地区的杆栏式建筑包括巢居、树居、栅居、楼居和水居结合的多种形式，下层架空空间用于放置农具或饲养家畜，人居楼上，河姆渡遗址干栏式民居就是其中的一种[81]。

传统杆栏式建筑形式在现代建筑空间中加以转化利用的例子非常常见，通常作为顺应当地地理环境的一种重要手段策略。勒·柯布西耶在"新建筑的五个特点"中就把底层架空作为新建筑的主要特点之一。在著名的建筑实践萨伏伊别墅中，底层架空的入口和仓库空间的设计手法体现了建筑与自然环境的交流互动关系。布伦特·史密斯(Brent Smith)在加利福尼亚州萨克拉门托设计的 Abramson 住宅也是其中一例。

退台是场地环境应变性空间形态的另一种形式,是为了保护原有地形风貌和形态连续采取的空间设计手法,与架空的空间形态类似,符合环境空间设计的顺应法则。退台式的建筑在我国山地建筑群中非常常见,为顺应山势地形,建筑结合地面坡度依山而建,在剖面上实现顺应山势的退台式空间设计,给每层台地带来开阔的视野,使使用者享受独立的户外空间,实现与自然的直接交流。在高密度的城市空间中,退台式的建筑空间形态不仅能够创造出独立、私密的外部活动空间,还能获得良好的采光、新鲜的空气、开阔的视野、避免遮蔽周围建筑和自身遮蔽,是城市大型公共建筑中常见的设计策略(见图 2-3)。

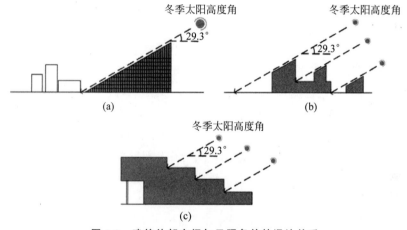

图 2-3　建筑外部空间与日照条件的退让关系
(a) 建筑与周边环境;(b) 建筑群自身 1;(c) 建筑群自身 2

覆土是场地环境应变性的第三种空间形态。利用覆土可以通过两种途径减少建筑物的失热和得热:一是增加腔体、屋面和地板的热阻,二是降低室内外的温差。研究表明,当深度在地面下方 0.6 m 以下时,日间室外温度波动可忽略不计。窑洞无疑是中国传统建筑中利用土地蓄热能力维持室内冬暖夏凉的优秀实践。其中土坑窑是在地面上 5~8 m 深的方形大坑中,在坑内削成崖面的四面挖出窑洞,实质相当于地下建筑,因此冬暖夏凉的效果更为显著。现代建筑大师弗兰克·劳埃德·赖特设计的合作家园(Cooperative Homesteads)以及雅各布斯 Ⅱ 住宅采用土壤覆盖建筑周边围护结构的方式,利用下沉花园挖出的土壤覆盖建筑,保护其免受冬季冷风的侵袭并且起到保温作用。利用覆土减少建筑围护结构热量损失并利用庭院内部太阳得热，更加提高了建筑对环境的应变能力，使建筑在采暖和降温方面尽可能多地利用气候环境资源。

3. 使用需求应变性空间

建筑介于人和自然之间，一方面应满足与自然环境之间的顺应和谐关系，另一方面需要考虑人的因素，即建筑使用者动态变化的使用需求。

早在原始社会的居住遗迹中，就有人们通过空间布局利用自然资源满足需求的例子。例如，半坡村仰韶文化烛照中的圆形住房，就是利用了地面上弧形浅坑的火塘来做饭取暖。有的火塘位置靠近门口，能加热流入室内的冷空气；有的火塘位于室中央，结合入口处的短墙减少室外冷气的灌入，以达到保持室内温暖热环境的目的[55]。

现代主义建筑大师勒·柯布西耶在 1926 年提出的"新建筑的五个特点"①是现代主义建筑摆脱传统形制和结构束缚之后的建筑设计创新，也体现出建筑空间动态变化的状态。灵活自由的平面、立面、底层的架空空间，连续的空间设计、面向自然的屋顶花园，都体现出现代主义建筑适应周围环境并满足使用者需求的思维革命。

另一位现代主义大师密斯·凡·德·罗（Ludwig Mies van der Rohe）提出流动空间的概念，其主旨是把空间看作一种积极的、动态的力量。流动空间的理念正是借助流畅的、极富动态的、通透无阻碍的空间形态，一方面满足使用者在形体感知方面的室内空间体验，另一方面从动态变化的角度，强调建筑空间的四维属性。他还提出了全面空间（或称为通用空间、一统空间）的概念，密斯认为"人的需求是不断变化的，而建筑的形式可以不变。为了满足不同人的需求，建筑就需要有一个整体的、大的空间，通过改变内部的布局和装饰来满足各种变化的需求"②[82]。著名的范斯沃斯住宅和巴塞罗那国际博览会德国馆是密斯流动空间和全面空间的最好诠释。

---

① "新建筑的五个特点"包括：

　　底层架空，主要层离开地面，由独特支柱支撑；

　　屋顶花园，将花园移往视野最广、湿度最少的屋顶；

　　自由平面，各层墙壁位置由空间的需求决定；

　　横向长窗，大面开窗，可得到良好的视野；

　　自由立面，独立存在的楼层间不互相影响。

② 资料来自中国建筑报道网：http://www.archreport.com.cn/show-30-404-1.html。

　　随着信息时代的到来,使用者对空间的使用需求也逐渐发生了变化,智能技术提供的虚拟空间,降低了人们对物质性空间形态的依赖程度。例如,传统固定模式的办公空间形态已经被流动办公和自助办公的方式取代,建筑空间的形态应变变化的功能需求打破了原有的空间格局而转向了动态变化的适应性、多样性空间形态。

2.1.4　适应性空间形态

　　如果说短期的应变性体现为建筑因变而变的应激反应能力,那么长期的适应性则体现在建筑全生命周期中,包括时间维度和空间维度的生长能力。

　　建筑的全生命周期[①][83](life cycle assessment,LAC)包括了一座建筑从建筑原材料的采集、材料加工、建筑规划设计和详细设计阶段到建筑的营造和使用维护阶段,再到建筑的拆除、再利用阶段的全部过程。具有适应性的建筑空间在建筑全寿命周期维度中大致可以分为三种类型:一是设计和建造在建筑全生命周期中体现出多适、耐久、长寿的特点,能够适应当地资源条件和气候变化,适应使用者的生活习惯和动态变化的使用需求,并能够提供系统更新维护的便利性。二是形成空间的各部分系统,包括结构体系、围护结构、空间类型、功能设置、景观系统、暖通空调系统、照明系统和给排水系统等共同组成的建筑整体或部分,在建筑全生命周期的各个阶段具有多元化的可持续性能特征。三是具有自然生长特征和维持继续生长变化发展特性的空间结构形态,能够适应发展中的使用需求和各种潜在变化。

1. 长寿多适

　　可持续建筑理念的倡导者——马来西亚建筑师杨经文(Ken Yeang)认为“延长生态建筑设计系统资源的生命周期,需要设计综合考虑,审慎利用能源和材料并尽可能减少对自然环境的影响”[84]。他所坚持的可持续建筑理念包含了两层含义,其一是减少对环境的影响,适应地域环境和当地资源;其二是尽可能地延长建筑的生命周期,体现为建筑设计和系统资源的长寿耐久性能。

　　空间的适应性体现在弹性(flexblity)、可变化(convertibility)和可增长

---

　　① 建筑的全生命周期指某一产品(或者服务)从取得原材料,经生产、使用直至废弃的整个过程,即从摇篮到坟墓的过程。

(expandability)三个方面。弹性指空间对应需求做出调整的可能,可变化指空间使用方式和状态的可变更,可增长指空间在量上的增长。

从长期的角度看建筑的适应性,其不仅仅是由空间形态单方面决定的,而是建筑各个系统综合作用的结果。勒·柯布西耶在 1914 年提出的多米诺体系构想,通过把建筑结构和非结构部分分离来提高建筑的工业化发展并满足不同居住者灵活多适的个性需求。其建造过程是先建造一个开敞、独立的建筑框架,建成后购置装配室内部分的构件产品,建筑如同多米诺骨牌一般标准化建造,灵活分隔的室内空间表现了建筑的适应性特征[85]。贝沙克居住区的十栋建筑即是多米诺体系和五原则理论的实践。

20 世纪 60 年代,荷兰学者约翰·N.哈布拉肯(John N. Habraken)提出了 SI 住宅体系的概念[86]。住宅的楼板、顶棚、柱和墙体是建筑的骨架结构(skeleton),装饰和设备管线是填充体(infill),骨架结构和填充体之间各自独立,老化的管线和设备可以方便地维修、保养,甚至是替换,不受限于建筑的围护结构。此外,这种住宅体系采用通用的结构形式,可以方便地改变内部格局,自由地实现不同功能而满足变化的需求。20 世纪 90 年代末,这个理念在日本、新加坡得到了实现,发展成为新型的 SI 住宅,具有品质高、寿命长、适用于使用需求变化的特性。

2. 系统多元化

建筑空间调节作用需要利用现代科学、量化的手段加以评判,从某一个或某几个积极作用评判其有效性,忽视其可能带来的负面、消极的影响。因此各国可持续建筑(绿色或生态建筑)评价体系通常能够建立起一个较为全面的框架,以建筑综合性能的好坏来评价建筑的可持续性能。

国际现行的大部分绿色建筑评价体系都是从建筑全生命周期的角度综合考虑可持续(绿色)建筑设计-建造-运行的全过程性能表现。例如,美国 LEED 中九大类评估认证①涉及建筑全寿命周期的设计、建造及运营三个阶段,其中除第二项既有建筑之外的其余八项均涉及绿色建筑全寿命周期中设计与建造阶段的评价方法,第二项既有建筑运营与维护是对其余八类

---

① 目前 LEED 把建筑分为九大类进行评估认证,共九个评估分册:LEED-NC,适用于新建和重大改建工程;LEED-EB,Existing building operations,适用于既有建筑;LEED-CI,Commercial interiors projects,适用于商业室内装修项目;LEED-CS,Core and shell projects,适用于建筑核心和外观;LEED-H,Homes,适用于住宅;LEED-ND,Neighborhood development,适用于社区开发;LEED-School,适用于学校;LEED-Retail,适用于零售建筑;LEED-Healthcare,适用于医疗。

建筑在建造与运营阶段的补充,评价内容包括七个方面,下设若干得分先决条件选项和得分项,各个分册评价内容侧重不同。

中国绿色建筑评价标准(ESGB)以"四节一环保"为核心,分为设计评价和运行评价两个类型,主要包括节地与室外环境、节能与能源利用、节水与水资源利用、节材与材料资源利用、室内环境质量、施工管理和运营管理七个方面[87]。

3. 生长性设计

生物界中的自然生长进程中,机体不断地发生着适应性的变化。建筑借用生物体生长的概念,以类比的方式反映出建筑在全生命周期内变更和调整的适应能力。正如勒·柯布西耶在《难以表达的空间》中所说:"建筑包含着有生命的机体,它们就像树木或植物一样向空间、向光呈现自身,分割并扩展自身。因而它们的每个部分都是自由的。"[88]

新陈代谢派的倡导者提出的理论即是基于建筑适应性的研究成果。"新陈代谢"这一生物学名词是为了表达建筑的设计或者技巧犹如人的生命力的延伸,体现着生物体生长、繁殖的生命过程,并认为建筑不应自然地承受新陈代谢,而应该积极地去促进[89]。新陈代谢理论创始人、日本建筑师丹下健三在建筑创作中强调事物的生长、更新与衰亡,主张利用新技术解决发展问题[89]。他的代表作——山梨县文化会馆较为全面地诠释了新陈代谢派的观点。建筑平面组合仿照植物的能量运送传递方式,垂直的圆形交通塔内汇聚了包含电梯、楼梯与各种服务设施的核心空间,所有办公空间围绕在核心筒四周,预留出的可扩展空间可以根据使用者的需要不断扩建或者减少。

生长性的建筑空间还体现为模块化的建筑结构支撑体或模数化的结构单元。模块采用拼贴装卸的方式,易于根据需求增加或减少模块单元,如同生物一般有机生长。新陈代谢派理论的代表人物日本建筑师黑川纪章认为"建筑是以增长和扩张的基本方式存在的变化过程"[52]。基于此理论,黑川纪章在东京中银舱体楼的设计中,引入了可插入的框架体系。大楼由 140个正六面舱体组成,居室、设备、储藏等空间各自形成一个单元,围绕建筑中心竖向电梯和楼梯的交通核。每个单元以悬挂的方式固定在混凝土的井筒上,这样每个舱体可以根据使用者的需求变化被容易地移除或者更换。该建筑的设计隐喻着新陈代谢的理论,象征着生物学中的物质交换,体现着可持续建筑中动态的、重复利用的和适应使用需求的设计理念①。

此外，自由的平面和灵活的空间布局提供了功能变化的可能性，结构的设计易于改建和扩建，以满足建筑未来发展的需要。例如，诺曼·福斯特（Norman Forster）设计并建造的香港汇丰银行总部大楼，采用矩形钢架悬挂系统，整个结构完全由巨型桁架作为支撑，大跨度的无柱空间解放了平面，开阔了视野并拓展了新空间的可能性[90]。

2.2　大型公共建筑中介空间类型及调节作用探索

本研究基于大型公共建筑中几种常见的具有气候调节作用的空间类型，按照空间在建筑中的位置和尺度的类型属性归类，将空间类型分为较大尺度、能够提供使用者活动的室外或半室外院落空间，较大尺度、能够提供使用者活动的室内中庭空间，较小尺度的室内井道空间和较小尺度的室内界面空间四类（见表 2-2）。

表 2-2　大型公共建筑中四种中介空间类型属性比较

空间类型	空间尺度	供使用者活动	位　　置	空 间 类 型
院落空间	较大	是	室外、半室外	公共空间
中庭空间	较大	是	室内	公共空间
井道空间	较小	否	室内	公共空间
界面空间	较小	否	室内	公共空间/私密空间

本节的分类研究依照以下三个方面展开，依次介绍上述四种空间在大型公共建筑中的调节作用。

（1）空间类型；

（2）空间中的元素，包括自然元素和人工元素；

（3）被动调节作用类型。

2.2.1　院落空间

院落是建筑空间的基本组织形式之一，具有独特的构成特征，是传统的建筑空间布局中的典型空间构成模式。从过去到现在，院落一直伴随着建

---

①　虽然中银舱体大楼在实际建成后没有践行其"更新""增长"的设计理念，但其"新陈代谢"的思想对建筑的可持续发展影响是深远的。

筑存在,不论是古埃及民居还是中国传统园林,也不论是建筑单体还是大型建筑群落,庭院的本质是为了调节气候,并作为人精神感受上的表达而存在。利用自然、庭院和建筑的组合给寒冷的月份以温暖,给炎热的月份以清凉。一棵落叶树或者一株藤蔓的简单设计就可能达到夏天遮阳和冬天引入充足阳光的效果。伊恩·麦克哈格(Ian McHarg)认为所有古典园林都仅仅是住宅的美学附属物,是将几何和秩序"施加于无知觉、冷漠的自然"而创造出的简单却巧妙的产物。与麦克哈格的思想相反,奇普·沙利文重新审视了庭院在形式、功能和节能方面的作用,认为"历史上伟大的环境设计是玄学、被动式设计和艺术三者微妙而又彻底的结合……过去伟大的微气候是设计师通过直觉、常识和与自然的密切关系创造出来的……我们需要对太阳如何运动进行理解和评价"[78]。

院落空间的形态广泛存在于现代建筑中,并结合新需求、技术、观念呈现出多样化的趋势。这种空间的形式已经超越了时代的限制,作为一种有效的空间符号具有广泛的适用性。大型公共建筑由于体量大、流线多、功能复杂,院落空间是其通常采用的空间组织方式之一。受到能源和环境危机的影响,大型公共建筑中的院落空间更需要从比例、功能、舒适、节能、可持续设计的交织中取得平衡,而不仅是满足功能的使用需求。

区别于欧洲常见的公共广场及内广场,本节讨论的院落空间尺度更小,是为建筑主体空间服务而非公众集会的场所。也不同于中国南方建筑中的天井空间,其院落尺度较大,是能够供使用者活动而非单纯的采光或者通风的通道。与中庭空间的区别在于,院落空间属室外或半室外空间,与自然光、空气直接联通。

1. 大型公建中常见的院落空间类型

院落空间按照空间形态来分,可以分为围合式院落和半围合式院落。围合式的庭院具有封闭的界面属性,以口形、△形、○形为主;半围合式的庭院分为半封闭半开敞和开敞两种界面属性,以 U 形、L 形、Ⅱ 形、异形几种形态为主。院落空间按照垂直方向的标高关系,可以分为水平式(L/H 大于 1)、垂直式(L/H 小于 1)、嵌入式(有顶)、下沉式(地下)、空中花园(屋顶层庭院、中间层庭院)、底层架空和综合群落等类型。在大型公共建筑中,常见的院落空间类型和形态如表 2-3 所示。

表 2-3　大型公建中常见的院落空间类型及形态特征

类型	口形	U 形	L 形	Ⅱ 形	异形
水平式					
垂直式					
嵌入式					
下沉式					
空中花园					
中间架空层					
底层架空					
群落式					

2. 院落空间中的元素

院落空间中的自然元素包括土、木（植物）、水、阳光、空气（风）和声音。院落中的人工元素包括廊、亭、座椅、墙、步道、台地。利用院落空间的空间调节策略并通过人工要素的合理建造，可以引入并借助自然元素创造舒适、宜人、节能的室内外环境，各元素的作用如表 2-4 所示。

表 2-4　院落空间中人工元素与自然元素作用产生的空间调节策略①

自然元素	人工元素					
	廊	亭/棚	座椅	墙	步道	台地
土	凉廊:地下廊道,促进通风,遮阳降温	洞室:遮阳降温	土质座椅:丰富景观,舒适降温	挡土墙:围护,降温	地下步道:促进通风,遮阳降温 冷巷:促进通风,遮阳降温	草地:降温,丰富景观,净化空气
木(植物)	凉廊:植物遮阳	凉亭:植物遮阳	座椅遮阳:植物遮阳	遮阳墙:植物遮阳墙	林荫路:景观,植物遮阳	树林,树丛:降温遮阳,净化空气
水	凉廊:水汽降温	凉亭:水汽降温	凉爽的座椅:水汽降温	动水:瀑布或垂直水幕达到降温效果,丰富景观	湿步道:水汽降温	水池,喷泉:丰富景观,水汽降温
阳光	暖廊:预热空间;缓冲廊:遮阳	暖亭,阳光间:预热空间;缓冲空间:遮阳	热座椅:蓄热座椅	遮阳墙:遮阳;景观墙:视线阻挡,丰富景观	温暖的步道:步道材质蓄热辐射热量,丰富景观	晒台,阳光台地:接受阳光照射
空气(风)	缓冲廊:过滤空气,促进通风	凉棚,缓冲空间:过滤空气,促进通风	凉爽的座椅:利于通风的座椅,人体降温	挡风墙:阻挡寒风;导风墙:通风降温	狭窄的通道:促进通风,遮阳降温	活动场:丰富景观,过滤空气
声音	缓冲廊:隔声	缓冲空间:隔声	无	隔声墙:阻隔噪声和污染	巷道:具有一定的隔声作用	开敞空间:阻隔噪声

3. 院落空间的被动调节作用类型

根据表 2-4 的分析,院落空间的被动调节作用是人工元素和自然元素综合作用的结果,因此具有被动调节作用的院落空间的调节能力可以总结如下:

(1)景观调节。在大型公建中,空间品质在很大程度上影响着建筑的受欢迎程度,继而影响到建筑的使用效率。院落空间的设计能够将自然环境融入人工环境中,这种可变的建筑空间可以和其他被动式设计相结合,从

---

① 笔者汇总了《庭园与气候》一书中各项庭园的调节作用,再将其人工属性和自然属性一一对应于表 2-4 中。

而创造一种宜人的、四季都能用的室外活动空间。植物、阳光、空气和水创造了属于建筑自己的微气候环境，设施、座椅、挡墙、廊道和亭这些人工建设的景观小品，能够丰富室内、外环境，消减建筑庞大的体量和给人的压抑感，对人的精神感受和舒适度产生积极的作用。此外，多样化的景观环境有利于营造良好的生态环境，维持场地环境的生态平衡。

（2）视线与视野。院落空间的插入为大型公共建筑，尤其是办公类的公共建筑提供了更多的良好视野，朝向院落的门窗或洞口可以舒缓人们紧张工作的情绪。依照美国 LEED 评价体系中对室内环境视野方面的条款要求，"良好的室内设计应保证 90% 的工位都有能够看到室外的良好视野"①。

（3）采光。院落空间将巨大的建筑体量化整为零，形成较小的进深尺度，因此在提供良好视野的同时，也有益于室内空间的自然采光。充分的自然光可以大大减少室内人工照明的需求，因而减少建筑运行期间的照明能耗。对于多种类型的大型公建，如酒店和交通站房候车厅等对工作面照度要求不高的建筑类型，良好的自然采光一方面可以减少运行的能源消耗，另一方面能提高室内环境品质。

（4）气候缓冲。院落空间中的廊、棚、墙和台地等人工元素作为建立建筑微气候的空间调节策略，在建筑周围形成缓冲层，阻隔不利的室外环境因素对建筑主体空间舒适度的影响。如在 2.1.3 节对气候应变性空间形态的分析中提及，遮蔽是气候防御的手段之一。

（5）采暖加热。阳光对于庭院里各种设计合理的人工元素来讲都会起到温暖空间的作用。尤其在寒冷的冬日，热座椅、温暖的步道、阳光台地、暖廊、神秘园②和暖房等设计策略可以使室外空间因沐浴阳光变得温暖，设计合理的暖廊、暖房（阳光间）和蓄热的围墙能够预热室内空间，起到调节室内环境舒适度的作用。

（6）通风降温。从理论上来讲，院落的插入破解了大型公共建筑的巨大体量，使内部空间有了自然通风的可能③。另一方面，凉廊、凉亭、洞室、

---

① 参见 USGBC 所制定的 LEED 评价体系中，室内环境质量，8.2 日照和视野，视野。

② 神秘园（giardino segreto）通常是一个远离主要景观元素有围墙和围合的院落。遮阳的庭园通常下沉到地下，便于获得土壤隔热带来的好处，同时还要与冬日太阳的轨迹平行。庭园的围墙由一种能吸收太阳热能的材料建造，迫使冬日寒风从上空吹过，不进入院落内部。院中沿着墙设座椅，人们可以坐在那儿晒太阳。选自：奇普·沙利文.庭园与气候［M］.沈浮，王志姗，译.北京：中国建筑工业出版社，2005.

③ 取决于建筑是否采用自然通风，大多大型公共建筑采用集中式的新风系统。

导风墙、林荫道、覆土、植物遮阳和水体等元素的纳入可以调节夏日炎热的气候,使建筑周围的微气候得以改善,从一定程度上减少建筑夏日制冷的运行能耗[①]。此外,受到城市热岛效应的影响,院落中的植物和水体对建筑甚至城市环境有着积极的缓解作用。

(7) 净化空气。大型公共建筑的使用密度通常较高,会导致室内 CO_2 的浓度大幅升高,过高的 CO_2 浓度[91]可以使使用者产生如情绪低落、头昏和生产效率低下等生理反应。植物无疑是净化空气最好的手段之一。庭院中植物的光合作用具有吸收 CO_2 并释放 O_2 的作用,可以净化从建筑内部排出的空气以及城市中的污浊空气,通过自然通风或者集中新风系统置换室内外的空气。

(8) 污染物隔离。城市中还包括诸多污染物,如空气中的沙尘和颗粒。带有良好景观设计和充分植物绿化的院落空间能够过滤城市中的污浊空气,尤其是在大型公建较多的城市环境中,植物防护对于使用者来讲是一层天然屏障,对于建筑周围的微气候环境有着过滤和吸附的作用。

(9) 噪声隔离。缓冲廊、隔声墙、巷道、开敞空间和植物绿化通过空间隔离和屏障隔离的方式阻止来自街道的噪声靠近建筑,是隔绝城市噪声的手段之一。

(10) 降低城市热岛效应。高密度的城市建筑加剧了城市热岛效应。根据研究统计,高密度城市的平均温度较周围乡村温度高 2℃(1～5℃)。大型公共建筑占地面积大,建筑体量大,对城市热岛效应的影响更为显著。在大型公共建筑中的院落空间和屋顶种植绿化,可缓解城市热空气的聚集,利于夜间通风,减轻人工环境对自然环境的威胁。

(11) 减少水土流失。庭院中的植物种植和具有渗透材质的硬质铺地具有固定水土、减少风扬起的土和沙尘、减少水土流失和储蓄雨水的作用,此外天然草坪还具有过滤雨水中污染物和重金属的作用。

(12) 生长预留。院落空间中的开放空间,如架空、空中花园以及开敞的庭院空间,能够为长期环境下建筑满足不同需求的适应性发展提供空间。开放空间可根据使用需求改变功能,适应动态变化的需求状态,并可结合必要的加建改建手段进行空间改造。

(13) 功能组织。院落空间是建筑组织功能的一种典型方式。对于大

---

① 根据大型公共建筑的定义,大型公共建筑应采取集中式供暖或制冷,通过空间调节策略的调节,使建筑微气候环境更趋于舒适度范围从而减少主动系统的工作负荷。

型公共建筑来讲,其体量大、功能复杂、流线多,利用一个公共空间来组织多个功能组团的方式有利于空间的合理布局,避免流线交叉和穿行。此外,一些公共建筑采用多个院落组团的方式将大体量的建筑化整为零,并利用廊道空间将它们串联起来,这种手段常用于规模较大的酒店等旅游建筑当中,利于组织功能和管理。

(14) 地域及文化传达。院落作为古老的建筑空间构成元素之一,不论是古代还是现代,中国还是西方,民居还是宫殿,不同时间、地域、文化和建筑类型展现出不同的院落空间形态特征。而这一元素也是当地人民对传统记忆的唤醒,作为地域特性的一种符号传达出当地积淀的历史人文因素。

(15) 交流共享。开敞的空间、小品设施、植物绿化和阳光空气为人们提供了户外活动的可能,促进了人与自然以及人与人之间的交流。院落作为公共空间,提供了社交平台,并能够创造休憩游玩的私密空间,对于提高建筑的空间品质起到积极作用。

2.2.2　中庭空间

利用中庭来营造宜人舒适的室内环境的做法早在 19 世纪初期就已经被采用。人们把植物和水体等自然元素引入带有玻璃顶的庭院就是注意到了温室效应给建筑带来的影响。从最早的小尺度柱廊温室到如同水晶宫(帕克斯顿,1850 年)这样大尺度的工业化温室,人们虽然在随后的一百多年间有意无意地利用着中庭空间为建筑内环境带来调节效应,却从没有将中庭与生态设计直接挂钩。20 世纪 70 年代以后,受到能源危机和环境恶化的影响,建筑设计思想有了显著变化,节能、环保的设计理念逐渐被更多的设计师接受。作为当时已经随处可见的中庭类建筑,其中庭空间的节能环保作用以及设计方法成为人们研究和实践的主要对象之一。在这期间,人们总结了以往的经验,逐渐认识到中庭起到的缓冲器作用——一个将室外温度、风雨、辐射、灰尘和噪声等不利因素隔离在外,同时又能选择性地将阳光和自然通风等有利因素吸收进建筑里的过渡空间。这一理论被英国建筑师泰瑞·法瑞尔(Terry Farrell)和工程师诺阿夫·里斯本(Nora Lisbon)总结成"缓冲设想"并发表于 1980 年的《卫报》上[92]。在文章中他们给出了温带和寒带地区建筑的通用设计方法,如南北朝向,背阳面可以覆土或者种植植物,受阳面开辟出温室缓冲区,对于不同盛行风的地区采用不同的窗户开法等。

中庭建筑作为一种建筑形式,相对传统的现代建筑存在很多优势。一方面,中庭建筑将建筑内外空间相联系,为使用者提供了使用上的便利还有心理上的慰藉。通过将自然光和新鲜空气引入室内,中庭建筑营造了比传统建筑更大更有效的空间,同时由于自然光和外部环境的引入,使中庭空间拥有更加宜人的工作环境。虽然中庭的生态效应早在古代就被人所知,然而直到现代中庭出现的 20 世纪 70 年代,中庭的生态设计一直都停留在过往工程经验的总结和建筑师的主观判断上。对中庭生态效应进行定量分析始于 20 世纪 70 年代末,在风洞试验逐渐成熟后,有建筑师将中庭建筑的模型放入风洞或者类似设施中进行风热效应模拟。从 20 世纪 80 年代末期开始,各国的建筑生态节能标准愈加严格。住宅建筑的设计只要注意墙体的保温性能即可以大大降低建筑能耗,但是中庭建筑多出现在大型公共建筑中,对中庭空间围护的保温性能要求过高会极大影响建筑造型,同时也会影响建筑功能。因此人们发现需要对中庭空间进行合理定位,它不应该是个全年恒温的空调空间,而应是一个夏天稍热,冬天略冷的自然缓冲空间。这样的设计理念可以大大降低中庭能耗,同时最大限度地发挥中庭空间对建筑内环境的被动调节功能。20 世纪 90 年代至今,伴随着新建筑材料和设备的出现,中庭建筑有了长足的发展,被动式太阳能利用、自然通风、伴随着季节变化的可变式设计等在中庭内被广泛应用。一些在中庭中发挥生态节能效应的物理原理,如温室效应、烟囱效应也在被更多地定量研究。特别值得注意的是 20 世纪 90 年代以后,计算机模拟技术的迅猛发展使得设计更加生态的中庭建筑成为可能。之前的很多中庭设计由于受测试条件和经验的限制而出现了很多负面效应,在冬天被用来给建筑加温的温室效应到了夏天却使室内酷热难耐,而某些通风设计又在冬天把中庭变得寒风刺骨。要排除这些负面效应往往需要很长的设计周期和充足预算。当计算机模拟技术应用于生态设计之后,设计师们可以通过计算机模拟来定量地对中庭建筑进行生态改进,对中庭空间的室内环境设计起到了一定的改善作用。

1. 中庭空间的类型

中庭空间的类型比较多样,按照中庭空间与主体空间的关系,可以总结为五种类型:单向中庭,双向中庭,三向中庭,四向中庭和线性中庭。

由于大型公建体量大,通常情况下形体复杂,有时以群落的状态存在,因此,除了基本的五种类型之外,还可再归纳出四种衍生中庭形态:链接式(多个主体空间围绕一个或几个中庭组织功能)、水平复合式(多个中庭平行并列排列在一个较大的建筑体量中)、垂直复合式(多个中庭垂直分布在建筑的不同高度中)、环绕式(中庭空间环绕部分建筑主体空间)(见表 2-5)。

表 2-5　大型公建中常见的中庭空间基本类型及实例

空间基本类型	平面	轴测图	实例 1	实例 2
单向中庭			温哥华法院	哥伦布市欧文银行改建
双向中庭			剑桥历史图书馆	加州 Monolithe 理财大厦
三向中庭			联合国难民署总部	法国布伦市政大楼
四向中庭			加州林肯广场	IMF 华盛顿总部大楼
线性中庭			曼彻斯特大学图灵楼	艾斯大学办公楼
链接式			多伦多伊顿中心	多伦多皇家银行
水平复合式			伍斯特市图书馆历史中心	乌克兰卫生防护中心
垂直复合式			MAX 大厦	法兰克福银行

续表

空间基本类型	平面	轴测图	实例 1	实例 2
环绕式			大英博物馆	洛杉矶好运旅馆

2. 中庭空间中的元素

中庭空间中的自然元素包括土、木(植物)、水、阳光、空气(风)和声音。

中庭中的人工元素包括表皮(围护结构)和空间(包括空间形态和内置物)两个部分,从物质实体上来看,中庭中的建造元素包括顶棚、幕墙、楼板、墙、景观设施和内部功能空间等。

中庭空间的空间调节策略同时在建筑运行能耗和建筑空间品质方面起着至关重要的作用,因此影响建筑可持续性性能的元素一方面涉及人工要素的合理配置,即借助自然元素创造舒适、宜人和节能的室内、外环境[93],另一方面涉及中庭空间的使用效率,即中庭空间功能、尺度配置的合理程度以及使用者在空间中主观体验的满意程度。

3. 中庭空间的被动调节作用类型

中庭空间的调节作用是自然元素和人工元素综合作用的结果(见表 2-6),此外,其调节作用还体现在建筑空间环境的营造方面,根据中庭空间存在的价值属性归类,可以总结出中庭空间调节能力的如下作用(见表 2-7)。

表 2-6　中庭空间中人工元素与自然元素作用产生的空间调节策略

自然元素	人工元素	
	表皮(围护结构)	空间(空间形态及内置物)
土	覆土建筑:利用土壤使围护结构降温或蓄热	地下建筑:利用土壤的蓄热能力包裹建筑空间
木(植物)	植物遮阳:净化空气,夏季遮阳	室内花园:利用植物、景观小品净化室内空气,营造多样生态系统并优化室内环境品质

续表

自然元素	人工元素	
	表皮（围护结构）	空间（空间形态及内置物）
水	水墙：水汽蒸发降温或利用水的热惰性提高围护结构的保温隔热性能	水体景观：水汽蒸发降温，丰富室内景观环境
阳光	天窗：促进自然采光和热压通风 围护结构的材料：增强围护结构的保温隔热性能 窗墙比：促进自然采光	温室效应：利用太阳辐射热量加热室内空间，提高冬季室内温度 气候缓冲：防止过剩的阳光辐射对室内热环境的影响 气井效应：综合利用热压和风压促进建筑内部自然通风
空气（风）	开窗率、窗墙比及窗户位置：促进风压通风 围护结构气密性：减少热渗透损失 围护结构材质：过滤空气污染物	烟囱效应：利用空间垂直高度的温度差促进自然通风 气候缓冲：防止室外剧烈气候变化如雨水、风暴、高温及低温气体对室内空间环境的影响
声音	吸声材料隔声：减少室外噪声环境污染	空间隔声：减少室外噪声环境污染

表 2-7　中庭空间的价值属性

属性层	价值层	作　用　层
基本属性	适用价值	主要功能空间、辅助功能空间
扩展属性	观赏价值	交通、共享、休息、交流、娱乐、集会等
特殊属性	生态价值	室内空间品质、促进通风、自然采光、遮阳、预热、预冷、精神感官、视觉共鸣等

　　（1）营造景观环境。中庭空间作为大型公共建筑的公共活动空间，相对开敞的空间形态、使用人群及功能的复杂性，为营造良好的室内环境提供了机会也提出了需求，因此通常是建筑设计和室内设计的重点。有的中庭空间借助景观绿化、小品、植物和水体等营造室内景观花园，利用自然元素优化室内空间环境，调节使用者在人造建筑环境中的压抑感和紧张感，有利于使用者的心理健康和舒适度调节，提高工作效率，同时良好的室内环境能够提高空间的使用效率，降低建筑运行阶段的能源消耗。

　　（2）空间体验。兼具使用价值和观赏价值的中庭空间在很大程度上决定了整个建筑带给使用者感官上的空间体验，因此，从使用者主观感受角度来讲,中庭空间也在一定程度上决定了对建筑空间品质好坏的判断。大型公共建筑中,公共空间设计在满足使用者基本需求的前提下,还可能需要创造精神感官上的刺激、惊喜、共鸣、趣味和归属感,并尽可能满足更高层次的需求。

(3) 采光。采用天窗或者玻璃幕墙作为围护结构的中庭空间有利于促进中庭自身的自然采光,围绕中庭的建筑主体空间间接受益于中庭自然采光,因而能够减少建筑运行期间人工照明的能源消耗。

(4) 烟囱效应——通风降温。烟囱效应利用热压通风的原理,利用建筑底部入风口和顶部出风口的温度差带动室内空气流动。垂直方向的中庭空间能够促进夏季夜晚的冷空气进入建筑内部,在建筑的内部利用烟囱效应对中庭空间和相邻的主体空间进行通风,从而降低建筑结构的温度。

(5) 风压通风。合理设计的中庭立面开窗,如合理的窗墙比、窗户位置、开窗率和开启方式等可以形成良好的室内空气对流,利用建筑外侧立面受到的不同风压差促进建筑内部自然通风。此外,带有绿化、水体等景观环境的中庭空间,在室内自然通风的条件下,能够进一步降低夏季室内温度,从而减少夏季制冷能耗[94]。

(6) 温室效应——采暖加热。具有大面积开窗的中庭空间常被用来兼做阳光间,利用冬季太阳辐射热量的聚集效应加热中庭空间,再将预热的空气传递给建筑相邻的主体空间,从而提高主体空间的空气温度,达到节约冬季采暖负荷的作用。

但是,由于这种中庭经历了白天巨大的温差变化,因此其内部并不总是具有良好的舒适度,夏季往往会过热,而夜间或者冬季有可能过于寒冷。因此,具有温室效应的中庭空间是季节性的临时可用空间,不应每日使用或者长期使用[93]。

(7) 气候缓冲。中庭空间通常被认为是建筑的气候环境缓冲层,一方面,它作为中间过渡空间降低了室内、外的温差,并使建筑室内免受室外高温、低温、雨水和风暴等气候因素的影响。另一方面,中庭空间作为空间遮阳,可以阻止夏季过剩的阳光照入室内而引起室内过热或者眩光问题。此外,中庭空间还可以利用植物起到净化空气、降低室内 CO_2 浓度的作用。

(8) 污染物隔离。与院落空间隔离污染物的作用相同,中庭空间将室外或半室外的公共空间纳入室内,带有良好景观设计和充分植物绿化的中庭空间能够过滤城市中的污浊空气,尤其是在大型公共建筑较多的城市环境中,植物防护不仅对于使用者来讲是一层天然屏障,而且对于建筑周围的微气候环境,有着过滤和吸附能力。

（9）噪声隔离。开敞的空间、植物绿化和功能设施等通过空间隔离和屏障隔离的方式阻止来自街道的噪声靠近建筑,是隔绝城市噪声的手段之一。

（10）生长预留。大型公共建筑的中庭空间,通常为了保证人流集散而又相对开敞,并且兼顾多种功能,需要为长期环境下满足不同需求提供空间上的可能。综合性的功能空间和相对开敞的空间环境可根据使用需求调整功能,适应需求的动态变化,并可结合必要的加建改建手段进行空间改造。

（11）功能组织。中庭空间往往是大型公共建筑公共活动的集散地,通常兼有门厅、交通、接待、售卖、等待、集会和临时展览等复杂的空间功能,因此也常作为整个建筑的核心被主体功能空间围绕。

（12）交流共享。中庭作为室内公共空间,开敞的空间、小品设施、植物绿化和阳光空气为人们提供了共享交流的社交平台,促进了人与自然以及人与人之间的交流,并能够创造休憩游玩的私密空间,对于提高建筑的空间品质具有积极作用。

2.2.3　井道空间

古代罗马人就会利用井道空间创造更加舒适的居住环境,地下廊道——古代罗马的一种空气冷却系统——就是非常好的创造。文艺复兴时期的建筑师发展了这种空间,使地下廊道不仅在夏日提供穿越园林的通道,同时也为与其相连的建筑送去凉气。地下廊道通过开口的方向和空间形态设计,利用地下空间形态加快空气流动从而获得一种简单的空气调节系统并获得循环的新鲜空气。在罗马建筑里,这种空间可以形成地下走廊的网络结构,供使用者在住宅里走动①。

中国传统的井式空间源于中国阴性文化②影响下的建筑空间形态[95]。井空间源于穴,人们先学会挖穴,然后才知道掘井。穴分为两种：横穴和竖

---

① 如2.1.3节中谈到气候应变性空间形态中空间对气候的利用时所举案例：罗马蒂沃利的哈德良别墅。

② 《老子》傅奕本《道德经·古本篇》里"冲"作"盅",《说文·皿部》："盅,器虚也。"其实是以"虚器"（中空的器皿）象"虚",并与"盈"（满,实）相对来图解："空间"的本质在于"虚器"如"渊",容纳万物。"丘陵为牡,溪谷为牝",用雄雌两性生殖器官牡牝象形中实高凸的阳性空间和中虚低凹的阴性空间,中西建筑空间性态,恰巧分别属之。体现"阴性文化"的中国建筑空间原型,最先出现的是"穴";由此而后派生的则是"井"。"井空间"是典型的阴性文化建筑现象之一。引自：陈纲伦."阴性文化"与中国传统建筑"井空间"[J].华中建筑,1999：17(1)：21-28.

穴。横穴的原形一直被保留,延续到近代成为黄土地带民间常见的窑洞。竖穴原形也同样保留下来,其形体被加以扩大,形成了内井式与外井式两种井空间的原形。所谓外井式指井底在户(室)外,如坑井和天井;倘若井底在室(厅)内,则为内井式,它是外井式空间形态的发展。井的空间形态受到地域气候的影响,如皖南天井中的四水归堂说明的是传统天井空间与自然中雨水和阳光之间的关系;南方天井一般狭长高深,且横向布置以减少日晒;北方天井窄长且纵向布置,主要应对北方风沙大、雨雪少和西晒酷烈的气候环境。不论南方还是北方,传统建筑中天井的意义在于汇聚天水,藏风聚气。从建筑物理的角度来讲,天井的作用是采光、通风、御风和汇聚雨水。

张良皋先生曾经说过:"院落和天井是中国建筑的精髓。"[96] 天井与院落或庭院辨异,最主要的标志之一正在于连檐或不连檐,即组成建筑是毗连式或是分散式。也可以通过尺度和功能来区分院落和天井,通常情况下,院落空间具有一定的功能性并且尺度较大。井道空间与中庭空间的区别则在于前者是建筑中一条与室外直接连通的管道,平面尺度小,开口直接开向天,属半室外半室内空间,后者实质上属于室内空间范畴。

现代建筑常借用这种古老的空间调节策略来提高建筑的环境表现性能,并在原有的基础上,根据现代建筑的形式和功能有了新的发展,主要体现在建筑与气候环境的利用和防御关系中。在湿热或干热的气候环境下,井道空间利用烟囱效应促进夜间通风,降低围护结构表面温度,从而减少夏季夜间制冷能耗,或是通过土壤的蓄热隔热能力降低地下管道内的空气温度,将冷空气引入室内。在寒冷地区,井道空间一方面提供室内环境必要的自然采光,另一方面防止风沙侵袭并汇聚雨水。日本将这种在建筑中的井道空间称为吹拔(tube 的音译),在日语中意为让风通过,有通风口的意思,现多指在建筑空间中的通高空间,是井道空间的一种衍生形式。高层建筑中利用狭小的天井空间提高室内的自然采光和通风的做法在我国北方地区的高层住宅中非常常见。

1. 井道空间的类型

井道空间按照井道体和井道端口与地面的位置关系可以分为垂直式、水平式、垂直和水平相结合的复合式三种。垂直式的井道空间较为多见,空间形式包括风塔、采光井、捕风窗、拔风楼梯和导风墙等形式。水平式包括廊道、地道风井和水平通风腔等形式(见表 2-8)。

表 2-8　垂直式井道空间及实例

空间形式	空间形态	实例 1	实例 2
风塔		巴格达传统房屋的风塔	英国议会大厦
采光井		日本北九州市立大学国际环境工学部办公楼	美国华盛顿市中心建筑
捕风窗		海德拉巴的捕风窗	deMongfort 大学皇后大楼
拔风楼梯		仙台媒体中心	英国诺丁汉大学 Jubilee 校区
导风墙		中国凉山捕风墙	清华大学建筑设计研究院
地下廊道		罗马蒂沃利哈德良别墅	北京市动物园水禽馆

续表

空间形式	空间形态	实例 1	实例 2
地道风		英国诺丁汉大学 BASF	上海自然博物馆新馆
水平腔		麻省理工学院学生宿舍	西交利物浦大学行政信息楼
通风腔		伊朗 Dowlat-abad	德国法兰克福汉莎航空中心

2. 井道空间中的元素

井道空间中的自然元素包括土、木(植物)、水、阳光、空气(风)和声音。

井道空间按照井道体和井道口与地面的位置关系分为垂直式的井道空间和水平式的井道空间,其人工元素(井道体和井道口)与自然元素发生关系对建筑起到的调节作用如表 2-9 所示。

表 2-9　井道空间中人工元素与自然元素作用产生的空间调节策略

自然元素	人工元素	
	垂直井空间	水平井空间
土	垂直地道:利用土壤隔热蓄热能力,夏季避暑降温 地源热泵井:利用土壤恒定温度,将冷却的空气运送到室内	地下廊道、洞(穴):利用土壤隔热蓄热能力,夏季避暑降温 地下送风盘管:利用土壤恒定温度,将冷却的空气运送到室内
木(植物)	天井种植:净化空气,景观优化	植物种植:净化空气,景观优化
水	蓄水池:雨水收集	蓄水池:景观优化,水汽降温
阳光	采光井:促进自然采光 热压通风:阳光照射井顶引起空间垂直高度的温度差,促进自然通风	洞(穴):空间遮阳,避免阳光直射

续表

自然元素	人工元素	
	垂直井空间	水平井空间
空气(风)	烟囱效应：利用空间垂直高度的温度差促进自然通风 气井效应：综合利用热压和风压导风作用	风压通风：利用水平井洞口形成穿堂风
声音	空间隔声：减少室外噪声环境污染	

3. 井道空间的被动调节作用类型

（1）空间体验。井道空间常被用作建筑空间设计中的一种元素，用来传达建筑希望给予人的空间体验或感官刺激。例如，在里伯斯金设计的犹太人博物馆中，狭小的天井漏出一线天空，隐喻战争的压抑和人们对光明的向往；再如北京天文馆中三个异形的玻璃天井贯穿整个建筑，给参观者尤其是孩子们带来惊喜，激发游览兴趣。

（2）采光。井道空间的主要功能属性即其生态属性，体现在采光和通风两个方面。建筑中的天井、采光管为建筑室内空间提供自然采光，从而减少建筑运行期间人工照明的能源消耗。

（3）烟囱效应——通风降温。烟囱效应是垂直式井道空间典型的空间调节策略，受到比例尺度和开口形式的影响，井道空间比中庭空间和院落空间的拔风效果更好，通风效率更高。利用井顶端与底端温度差促进热压通风，有利于带动与井道空间相邻的主体空间的通风降温作用，对于炎热地区夏季夜晚的通风降温具有重要的意义。

（4）风压通风。利用水平式井道空间，有利于建筑体内的风压通风，促进空气对流。水平式的井道空间在建筑同一标高处形成通风的管道，环境风经过缩小的建筑截面加速了风的流动，带走室内的热空气和围护结构表面的热量。一些建筑在水平井道空间架设风力发电系统，利用可再生能源进一步节约了建筑运行期间的能源消耗。

（5）气井效应。利用热压和风压的共同作用，结合井道空间垂直式和水平式的空间形态，形成混合式的井道空间。气井分为两种，一种是在建筑体内的水平式井道，有利于结合垂直风井连接的室内空间获得更加高效率的通风；另一种是布置在地下的水平式井道，利用土壤的保温隔热能力冷却空气温度,再将冷却的空气通过垂直竖井利用烟囱效应向上抽拔,从而降低建筑室内的空气温度。

(6) 地道风降温。实际测试数据显示,夏季室外温度为 28℃ 时,土壤覆盖 4 m 下的空气温度可稳定保持在 10℃;而当冬季室外温度下降至 -5℃ 时,土壤覆盖 4 m 下的空气温度仍稳定保持在 10℃[97]。在大型公建中,地下送风系统常用在大型超市和商场等空间中。

(7) 净化空气。井道空间中植物的光合作用能够吸附 CO_2 并排出 O_2,净化从建筑内部排出的空气以及城市污浊空气,通过自然通风或者集中新风系统置换室内外的空气。

(8) 噪声隔离。不论是垂直式还是水平式井道的空腔,井道空间内部种植的植物都具有隔离来自城市或者室内噪声的作用。此外,在井道壁上采用复合吸声材料有助于减小管道传声的不利影响。

(9) 水循环。传统天井的另一个主要作用就是汇集雨水,不论是干旱地区还是多雨地区,结合找坡屋面和天井空间收集雨水的方法在民居中被广泛利用。水资源的再生和利用是可持续建筑设计的一个重要部分,在各国的绿色建筑评价体系中针对灰水的收集、过滤、再利用都有明确的指标要求。

(10) 功能组织。井道空间与院落和中庭空间相比尺度相对狭小,空间内复合功能的能力较低。在功能方面,常有结合通风塔设置楼梯间的做法,称为拔风楼梯间。拔风楼梯间不仅实现了交通空间的功能需求,还能够在界面设计上借用通风塔的做法,促进室内空间的热压通风,带动空气流动,降低室内空气温度。

(11) 地域文化传达。井道空间的生态属性主要体现在采光和通风两个方面,以通风为主,目的在于借助空气流动降低室内的空气温度,因此传统的井道空间通常出现在干热或湿热的环境下。例如,埃及住宅中通风塔和捕风窗的形式已经成为当地建筑的一种元素,代表着当地的地域文化。

2.2.4　界面空间

界面空间有两种气候调节特性:气候防御和气候利用。气候防御体现出辅助功能空间的缓冲区策略,气候利用体现出建筑表皮与空间共同作用下的动态调节性能。

建筑设计中,有些空间由于对使用性质要求不高(如储藏),或使用时对温度没有严格的要求(如交通空间),或者只有在一天的某个特定的时间内有温度的要求，因此这些房间往往可以作为环境与温控房间之间的热缓冲区。不仅是热环境，建筑使用功能的配置中，那些辅助性的空间都可以通过合理的设计，作为与主体使用空间之间的光、声、空气的缓冲空间。

界面空间可以说是建筑缓冲空间最为直观的一种空间形态。利用次要的辅助空间将建筑主体或者核心功能区块包裹起来，减少其受到不利自然因素影响的可能。在气候炎热的亚利桑那州的菲尼克斯，弗兰克·劳埃德·赖特（Frank Lloyd Wright）在 Pauson 住宅中就利用了界面空间的设计方法，将建筑中未装玻璃的交通空间和储藏室作为缓冲区，保护起居室免受下午阳光的照射。我国北方地区的传统民居，将仓储等辅助空间设置在建筑北侧，利用建筑空间阻隔冬季寒冷的北风对卧室的侵袭，这种方法在我国冀北地区的住宅中非常常见，不受建筑材质的限制，在土坯、砖和混凝土建筑中都可以起到非常好的效果。

界面空间一方面起到了气候防御的缓冲作用，避免建筑主体空间受到不利气候因素的影响；另一方面，界面空间还可以利用气候，通过空间形态利用气候环境的积极因素创造更加舒适的室内环境，并节约建筑运行期间的能耗。罗马人曾经创造出"speculari"的原始温室，特殊的格架结构支撑半透明的云母片，提供冬季围护。暖房是温带气候区的人们为了帮助柑橘植株越冬而创造出的最早利用太阳能的空间。通过大面积的玻璃围合以接受充足的阳光，利用温室效应调节室内温度。借用暖房利用太阳能的策略，阳光间是被动式太阳能采暖中最广为人知的一种，也是应用范围最广的一种，既有缓冲空间的供热性能，又有直接和间接的被动式太阳能供热系统的特性。

我国南方的重庆武隆地区的农宅，通常采用双层屋面的做法。为了充分利用建筑的净高，当地人在屋顶下增设一层阁楼用于堆放粮食和杂物，阁楼在夏季起到了隔热层的作用，一方面避免太阳辐射直接照射屋面而产生大量热量，另一方面，通透的阁楼架空在屋面下部形成了通风层，利用空气流动带走积聚在阁楼层的热空气。

依靠材料和技术的发展，现代建筑中出现了双层皮幕墙和房中房等空间形态，这些空间形态兼具气候防御和气候利用的复合特性，能够被高效地运用在建筑当中，节约运行期间的能源消耗。

1. 界面空间的类型

以方形平面为例，界面空间按照界面在平面中与各个建筑立面的位置关系把建筑简化为与环境接触的六面体,可以分为垂直式的南向界面空间、东西向界面空间、北向界面空间和水平式顶部界面空间、底部界面空间,以及兼有垂直和水平的混合式界面空间(见表 2-10)。

表 2-10 界面空间类型及实例

空间类型	位置	作用	形态	实例
垂直式	东、西侧	遮阳、利用烟囱效应促进自然通风		赖特设计的 Pauson 住宅
	南侧	利用阳光预热空间		德国柏林 Solarhaus Lutzowstrasse
	北侧	利用辅助空间防止冬季寒风		清华大学 O-house 实验住宅
水平式	顶层	遮阳、利用风压促进自然通风		深圳建科院大楼
	底层	防潮、利用风压促进自然通风		
混合式	各个界面	以上皆可有		藤本壮介设计的 N 住宅

2. 界面空间中的元素

界面空间中的自然元素包括土、木(植物)、水、阳光、空气(风)和声音。

界面空间在整个建筑中的不同位置决定了该空间对自然元素的利用方式,按照建筑界面的六个表面与地面的关系,分为垂直式和水平式。人工元素与自然元素发生关系对建筑起到的调节作用如表 2-11 所示。

表 2-11　井道空间中人工元素与自然元素作用产生的空间调节策略

自然元素	人工元素	
	垂直式 (界面空间位于建筑四周立面)	水平式 (界面空间位于屋顶层或底层)
土	下沉空间:防晒降温,形成通风廊道并避免阳光直射	地下半地下夹层:地面防潮,通风,通行或兼用车库、储藏
木(植物)	植物遮阳:防晒降温,净化空气 暖房:植物种植	植物遮阳:防晒降温,净化空气
水	水墙:利用水体优良的蓄热能力加强围护结构的蓄热性能	屋顶蓄水池:利用水蓄热能力防止屋顶过热,夜间通风降温
阳光	阳光间:利用太阳辐射热量预热空间空气,送入室内 特伦布墙:利用太阳辐射热量预热空间空气,送入室内	双层屋顶:防止阳光直射屋顶导致室内过热
空气(风)	双层皮幕墙(呼吸式幕墙):促进通风、保温隔热,预热空气 特伦布墙:促进通风、保温隔热,预热空气 门斗:气温缓冲 空间防护:利用辅助空间布局保护建筑核心空间抵御寒风	双层屋顶:促进夏季夜间通风降温 地下半地下夹层:促进夏季夜间通风降温
声音	空间隔声:减少室外噪声环境污染	

3. 界面空间的被动调节作用类型

界面空间的调节作用是自然元素和人工元素综合作用的结果。此外,根据界面空间存在的价值属性归类,可以总结出界面空间的调节能力如表 2-12 所示。

表 2-12　界面空间的价值属性

属　性　层	价　值　层	作　用　层
基本属性	适用价值	辅助功能空间
扩展属性	观赏价值	交通、共享、休息、交流等
特殊属性	生态价值	室内空间品质、促进通风、自然采光、遮阳、预热等

（1）营造景观环境。在大型公共建筑中,双层屋顶的形式常与屋顶花园相结合,不但营造了景观环境和使用者半室外的活动空间,而且双层屋面起到了遮阳、促进通风的作用,在过渡季节中可以构建良好的物理环境。也有通过地下半地下夹层空间结合景观湿地设计,不但丰富景观环境,而且可以收集雨水以便灰水的再次循环利用。

（2）空间体验。界面空间是一种复合化的建筑表皮系统,辅助空间和动态可变的表皮带给界面空间设计更多自由度,是建筑师展开创作的出发点之一。擅长发挥建筑材料特性和建筑表皮效果的建筑师雅克·赫尔佐格(Jacques Herzog)和皮埃尔·德梅隆(Pierre Demeuron)在其多个作品中运用了界面空间策略。例如,位于瑞士巴塞尔的铁路控制信号站,美国加利福尼亚州多明莱斯葡萄酒厂,Rue Des Suisses 公寓等建筑,均利用建筑独特的表皮形态、材质与辅助空间的空腔形成界面空间,在建筑传达给人的视觉效果和可持续性能方面有着卓越的表现。

（3）风压通风。双层屋面和双层地面(地下半地下夹层)中的空腔,促进内部空气流动,带走热空气,为建筑围护结构降温。尤其在湿热和干热地区的夏季夜晚,空腔通风对节约夏季制冷能耗起到了显著的效果。

（4）蒸发降温。水空调是利用水的蒸发降温和保温隔热性能调节建筑室内热环境的一种传统做法,多用于中国南方住宅。大型公共建筑中,在双层屋顶或者双层地面(地下半地下夹层)中的空腔内结合景观花园设置蓄水池,在夏季白天利用水体的热惰性隔离太阳辐射热量并蒸发冷却,使围护结构降温,或在冬季夜间将水体积蓄的热量传递给室内空间。但是为了防止夏季夜晚蓄水屋面造成热延迟现象的不利影响,需要根据不同的气候条件合理选择蓄水屋面的形式。例如,夏季需要隔热而冬季不需要保温的地区选择开敞式蓄水屋面和中水层厚度(200～350 mm)并在水面上培植水浮莲等水生植物可以使围护结构降温 5℃左右。在冬季需要保温的地区,则可以选择封闭式蓄水屋顶,水池上附固定或活动盖板,冬季白昼开启盖板蓄热,夜间关闭盖板向室内供暖;夏季则相反,白昼关闭盖板,夜间开启盖板或用冷水置换水池水以起到夜间降温的作用。

（5）温室效应——采暖加热。界面空间类型中包含的双层皮幕墙（呼吸式幕墙）、特伦布墙、暖房、阳光间等空间均利用温室效应原理，提高界面空间内的温度，然后将预热的空气运送进室内。格哈特·豪斯拉登（Gerhard Hausladen）在垂直方向上分段（幕墙外侧逐层有出气口）和未分段（幕墙外侧整体通高无开口）的双层皮幕墙的调研测试中，对两种类型的双层幕墙的温室作用进行了对比，其中分段的双层皮幕墙较室外升高 6℃（室外 30℃），而未分段的双层皮幕墙中间的空腔温度则能够升高 20℃（室外 30℃）[98]。

（6）气候缓冲。包裹建筑主体空间的界面空间，其表皮和空腔共同组成的复合体形成对建筑主体的缓冲层，避免其受到不利气候因素的侵袭。气候缓冲包括两个方面：一是气候防御，双层表皮起遮蔽作用。例如，前文提及的将辅助空间设置在建筑北侧抵御冬季寒风，南侧双层表皮遮挡夏季过剩直射阳光，双层屋面防止太阳辐射直射建筑屋面。二是净化空气，利用在界面空间中的植物降低室内 CO_2 浓度。

（7）污染物隔离。界面空间的双层表皮和中空腔体能够隔离城市中空气中的沙尘、颗粒等其他污染，给建筑增加一层防护。带有景观绿化的界面空间能够进一步过滤城市中的污浊空气，尤其是在大型公建较多的城市环境中，植物防护对于使用者来讲是一层天然屏障，对于建筑周围的微气候环境有着过滤和吸附的能力。

（8）噪声隔离。格哈特·豪斯拉登也同样指出了垂直方向上分段（幕墙外侧逐层有出气口）和未分段（幕墙外侧整体通高无开口）的双层皮幕墙在噪声隔离方面的效果。当室外噪声为 60 dB（A）时，经过界面空间对噪声的过滤，分段幕墙可以将噪声减少至 20～35 dB（A），未分段幕墙可以将噪声减少至 15～30 dB（A）。

（9）功能组织。位于南侧的界面空间具有阳光间的作用，在功能上有时会兼做室内花园、交流大厅等。位于其他立面的界面空间可能会结合交通核、廊道、楼梯间和坡道等交通空间组织室内空间功能。位于顶层的界面空间可能兼做屋顶花园、太阳能光电板的铺架层或者仓储空间等。

（10）交流共享。界面空间除具有主要的生态属性之外，良好的空间设计对满足使用者的满意度需求，从而提高建筑空间的利用率也有积极的作用。在可以容纳小品设施、植物绿化和阳光空气的界面空间类型里，促进人与自然、人与人之间的交流，创造休憩游玩的私密空间，有利于提高建筑的空间品质。

2.3　具有被动调节作用的空间策略作用效果实例验证

2.3.1　实验测试目标

一方面由于计算机模拟的局限性和可能存在的不确定因素,另一方面空间调节设计策略的实践往往建立在经验基础上,缺乏长期有效的验证数据证实或证伪其作用效果,因此,本节通过对四个典型建筑案例为期一年的长期监测,验证在这四座典型案例建筑中,中介空间设计策略的有效性和其对周围主体空间的影响程度。

四个典型案例建筑中,实验平台一和实验平台二是笔者研究期间幸遇的两座建造于北京市的低能耗实验项目。两座建筑均建造于 2013 年,均以零碳为设计目标,由同一设计团队经过反复研究验证,采用相同的钢结构体系并配有多种主动、空间调节策略手段。笔者全程参与到两座建筑从设计到运行的各个阶段中,并深度参与空间气候调节的设计策略和运行阶段的长期监测验证。平台三和平台四建造于同一时期,由同一建筑设计团体设计,是坐落于清华大学校内的两座公共建筑,一座为我国早期的绿色生态建筑实践示范办公项目,另一座为普通的公共餐饮服务中心,两座建筑含有几乎相同的空间元素,但由于该空间围护结构开窗位置和大小的差异,显现出完全不同的室内空间环境。

四个测试平台面积虽达不到大型公共建筑的标准,但通过小比尺的实验室测试方法,抽取典型空间验证空间调节策略的作用效果。研究基于实际建筑环境测试且尽可能排除其他干扰因素,研究因系对比测试,测试具有一定的意义。

2.3.2　实验平台

1. 平台一:清华大学 O-house 零能耗实验房

清华大学 O-house 零能耗实验房[99](以下简称 O-house)是笔者与清华大学团队经过两年的时间在清华大学校内设计并建造的一座完全依靠太阳能自给自足的零能耗实验房。建造完成后对该座建筑的各项主动式、被动式性能展开了历时一年的运行工况检测,整个研究持续了三年时间(见图 2-4)。

O-house 以住宅为原型,为了研究的可拓展性,设计之初该建筑被定义

图 2-4   O-house 建成效果

为一个集住宅、办公、娱乐、会议和局部功能模块为一体的可自由划分的大空间标准化模块模式。

零能耗建筑的开源与节能体现为可再生能源的利用和最大可能地减少能量消耗，以最优化的空间设计策略和最高效的主动式系统设备实现节能为目标。在建筑设计层面上，将建筑使用空间中与人的活动关系最为密切的空间置于整个建筑最核心的部位，周围则被功能性空间和中介空间层层包围。舒适度的核心区在功能上布置客厅、餐厅和卧室，可以根据使用需求的变化而调整。整个区域的北侧为入口、厕所和厨房的功能区，厚实的墙面和空间的分隔能够抵御冬季北风的侵袭。建筑东、西两侧设置集成的设备墙，利用建筑围护结构的厚度阻隔不利的自然条件。建筑南侧为阳光廊道，起到中介空间的作用，设计之初，希望通过这条阳光廊道实现冬季空气的预热和夏季过剩日光的遮挡作用。建筑最外层为一个 16 m×16 m 的院落，一方面起到围合作用，体现中国传统民居的空间意境；另一方面起到一层气候缓冲作用，为建筑创造更好的微气候环境[100]（见图 2-5）。

图 2-5   三重空间的气候调节策略

2. 平台二：北京市动物园水禽馆

北京市动物园水禽馆[101]（以下简称水禽馆）坐落于北京市动物园内，整个园区拥有着优越的自然环境，植被覆盖面积达到 90% 以上。场地南侧有大面积的生态湿地，是可以利用的鸟禽活动场地。为了不破坏场地的生态现状，为鸟类提供自然宜居的生存环境，项目计划将此展馆深度密切结合绿色低碳的理念，建造一座零能耗的示范建筑。

建筑的主要空间分为两个部分：一是鸟类生活栖息的场馆。由于鸟类的耐候度范围较大，这部分的室内温度范围相对较大，从 16℃ 到 30℃。考虑到与自然环境的贴合，并为了保证鸟类栖息环境有充足的日照，将鸟舍部分放在建筑的最南侧。二是与人相关的空间，这部分空间包括展厅、会议室和服务用房等。为保证人体的舒适度，这部分的温度控制在 20～25℃。因此建筑形体在兼顾了体型系数和功能组织关系的情况下，形成了两层嵌套空间。鸟舍和会议室面南，充分利用自然光和太阳能，展厅及其他辅助设施面北。

水禽馆技术策略系统包括建筑层面和技术层面。从建筑层面来说，空间调节策略包括生物走廊、地下空间和竖向绿化系统。从技术层面来说，策略应用主要分为空间调节策略、主动式策略、新材料新技术利用以及可再生能源利用。

被动式技术包括：地道风与热压通风组合利用，南立面真空玻璃与可调节遮阳；主动式技术包括：温湿度独立控制、干式风机盘管、冷热辐射空调、仿自然风喷口、地板采暖和新风余热回收；新材料新技术利用包括：无水厕所、无挥发性有机化合物材料、透水砖、雨水收集系统、钢结构等（见图 2-6）。

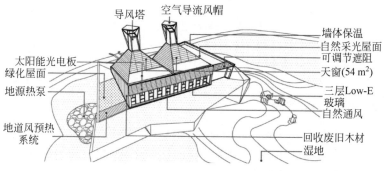

图 2-6　水禽馆中所整合的可持续建筑技术

　　水禽馆空间调节策略的一项重点是风资源的利用(见图 2-7)。风塔的设计利用热压通风的原理,在建筑顶部设置两个通风塔,尺寸为 2 m×2 m×3.5 m,每个顶部开口面积为 50%(2 m^2),计算出春秋太阳辐射热 302 W,夏季 356 W,冬季 261 W(见图 2-8)。

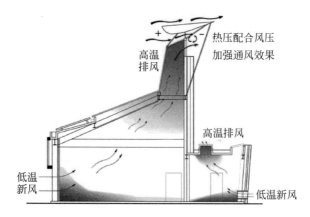

图 2-7　风塔的通风作用

(资料来源:孙菁芬绘制)

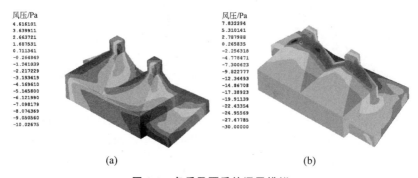

图 2-8　冬季及夏季的通风模拟

(资料来源:彭勃绘制,见文后彩图)

(a) 夏季建筑表明风压分布(东南风 2.5 m/s);(b) 冬季建筑表明风压分布(北风 3.5 m/s)

3. 平台一 vs. 平台二

　　从表 2-13 两个测试平台的基本信息对比来看,两座建筑建于同一时期,由同一团队设计建造,坐落于同样的气候区域,拥有几乎相同的周围微环境,并采用同样的结构体系。此外,两座建筑空间布局的拓扑关系相同,均因气候因素,东、北、西三侧利用辅助功能性空间环绕建筑的核心空间,核心空间均为大空间无分割设计(见图 2-9)。南侧为大面积玻璃门扇,窗墙比分别为 0.6 及 0.52,产品由同一厂家提供。相较之下,两座建筑空间布局的差异在于平台一(O-house)在南侧大面积玻璃门扇外层追加了一层可自由开启的阳光间;平台二(水禽馆)在建筑垂直方向上利用通风塔的热压通风替代空气对流的自然通风;平台二(水禽馆)结合鸟类近距离拍摄功能需求,在建筑外侧建造地道空间,形成了 30 m 长地道风井。

表 2-13　实验测试平台一、二基本信息对比

类　别	清华大学 O-house 零能耗实验房	北京市动物园水禽馆
所处气候分区	寒冷地区	寒冷地区
建成时间	2013 年	2013 年
周围环境	雕塑园内,绿地环绕	动物园内,90% 绿地,水系环绕
建筑面积/m²	74.9	390.6
建筑层数/层	1	1
建筑结构体系	钢结构	钢结构
中介空间类型	阳光间	通风塔、地道风井
围护体系构造做法及参数	• 南侧两侧门窗采用"四层 Low-E 双真空中空玻璃 5 mm/42 mm"导热系数为 0.48 W/(m²·K);遮阳系数为 0.443 • 墙体材料采用 80 厚岩棉＋HIP 超薄真空保温板双层保温,整个墙体的导热系数为 0.2 W/(m²·K) • 屋顶材料采用 130 厚岩棉＋HIP 超薄真空保温板双层保温,整个屋顶的导热系数为 0.1 W/(m²·K)	• 南侧"三层 Low-E 低辐射中空 5 mm/42 mm"玻璃,导热系数为 0.7 W/(m²·K);遮阳系数为 0.443 • 墙体保温导热系数为 0.3 W/(m²·K) • 屋顶保温导热系数为 0.3 W/(m²·K) • 地板保温导热系数为 0.35 W/(m²·K)
其他技术策略	光电:70 m² 太阳能光电板,光电装机容量为 11.5 kW,薄膜光电板 光热:太阳能光热系统 空调系统:水源热泵(cop＝6)＋空气源热泵 水处理:MBR 膜生物反应器作为中水处理技术	光电:110 m² 太阳能光电板,光电装机容量为 18kW,薄膜光电板 光热:太阳能光热系统 地源热泵:额定冷量 20 kW,功率 3.7 kW 空调系统:冷热辐射空调

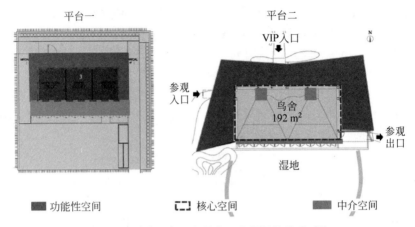

图 2-9　测试平台一和平台二空间拓扑关系对比

为尽可能减小其他因素的干扰,两座建筑在测试期间内均未开启主动式系统设备及照明等其他用电设备。

4. 平台三：清华大学建筑设计研究院

清华大学建筑设计研究院大楼(以下简称设计院)于 1997 开始策划,2000 年竣工。建筑平面为矩形,东南角为一圆形报告厅,地上 5 层,建筑面积总计 8500 m²,采用框架结构形式[102]。被动式设计策略包括外墙构造、设置南侧遮阳板、西侧挡风板、屋顶架空层、绿色中庭、太阳能的利用等方面,为使用者提供一个健康、舒适的工作环境。

建筑南侧大空间为两层通高的边庭,缓冲室外气候环境带给室内空间的不利影响,并且边庭中的植物和水体能够为使用者提供一个良好的景观环境,缓解使用者的压力和疲劳[103]。设计预期冬季时在温室作用影响下,太阳长波辐射进入室内,预热边庭中的空气并起到缓冲作用,从而减少能源消耗。过渡季节开启边庭的天窗与玻璃幕墙的开窗形成良好的自然通风效果。

5. 平台四：清华大学照澜院综合服务中心

清华大学照澜院综合服务中心(以下简称照澜院)建于 2001 年。建筑平面呈长方形,地上 3 层,总建筑面积约为 5200 m²,框架结构。1～3 层功能分别为农贸市场、集中式餐饮和校内公共食堂。

该建筑东侧设置 3 层通高边庭作为建筑的主要交通空间,内含自动扶梯和 3 层步行直跑楼梯,两者通过隔墙划分为两个独立区域。3 层通高中庭顶部为全玻璃天窗,尽可能实现公共活动空间自然光的利用。

6. 平台三 vs. 平台四

同样位于清华大学校内的两座建筑——清华大学建筑设计研究院与清华大学照澜院综合服务中心建造于同一时期,建筑设计同由清华大学建筑设计研究院负责,采用同样的围护体系构造做法。为了达到良好的室内空间视觉体验,两座建筑均利用交通空间,在建筑中采用直跑楼梯结合通高边庭的形式丰富室内环境并尽可能多地利用自然资源(见图 2-10 和图 2-11)。所不同的是,前者边庭朝向南侧,南侧立面配有固定遮阳系统的全玻璃幕墙,并在顶部靠中心位置局部开启天窗,天窗与地面比例为 0.15;后者边庭朝向东侧,该空间的东侧、南侧、北侧、屋顶均为无遮阳系统的全玻璃幕墙,整个空间为一个透明的玻璃体,天窗与地面比例为 0.94(见表 2-14)。

图 2-10　平台三顶部天窗

图 2-11　平台四顶部天窗

表 2-14　实验测试平台三、四基本信息对比

测 试 平 台	平　台　三	平　台　四
所处气候分区	寒冷地区	寒冷地区
建成时间	2000 年	2001 年
建筑面积/m²	8500	5200
建筑层数/层	5	3
中介空间类型	南侧单向边庭	东侧单向边庭

续表

测试平台	平 台 三	平 台 四
开窗位置及面积/m²	南侧：334 天窗：132	东侧：240 天窗：480
建筑结构体系	框架结构	框架结构
其他技术策略	太阳能光电板 遮阳板系统 引入绿化 楼宇控制 绿色照明	顶部采光

2.3.3　实验测试方案及仪器

1. 测试方案

　　由于研究选取的四个测试平台在建筑建造年代、设计者、建造地点、结构体系、构造做法和空间布局等多方面存在一致性，因此将四个平台两两划分为一组展开对比研究。通过平台一和平台二的对比，验证阳光间、通风塔和地道风的作用效果；通过平台三和平台四的对比，验证单向边庭天窗开窗位置和面积的作用效果。

　　为了验证各个中介空间在全年时间周期内的作用效果，测试自 2013 年 12 月底起至 2015 年 1 月结束，历时一年，分四个阶段。测试四个建筑在冬季、过渡季、夏季工况下典型中介空间与其相邻主体空间的温度、湿度、气流速度、风温、CO_2 浓度值、光环境及室内舒适度，研究室内环境品质（IEQ）中热环境、光环境及室内空气品质的影响（见表 2-15 和表 2-16）。

表 2-15　测试周期内时间节点及实际测试项

测试平台	测试时间			
	2013 年 12 月—2014 年 1 月 冬季工况	2014 年 4—5 月 过渡季工况	2014 年 6—7 月 夏季工况	2014 年 12 月—2015 年 1 月 冬季工况（补充）
平台一	温度	温湿度、PMV（空气温湿、风速、黑球辐射温度、舒适度评价）	温湿度、PMV（空气温湿、风速、黑球辐射温度、舒适度评价）、光照度	温湿度、PMV（空气温湿、风速、黑球辐射温度、舒适度评价）、光照度

续表

测试平台	测 试 时 间			
	2013 年 12 月—2014 年 1 月冬季工况	2014 年4—5 月过渡季工况	2014 年6—7 月夏季工况	2014 年 12 月—2015 年 1 月冬季工况（补充）
平台二	温度	温度	温湿度、CO_2 浓度、光照、风速风温	温湿度、CO_2 浓度、光照度、风速风温
平台三	温湿度、PMV（空气温湿、风速、黑球辐射温度、舒适度评价）、CO_2 浓度、风速风温	温湿度、PMV（空气温湿、风速、黑球辐射温度、舒适度评价）、CO_2 浓度、风速风温、光照度	温湿度、PMV（空气温湿、风速、黑球辐射温度、舒适度评价）、CO_2 浓度、风速风温、光照度	光照度
平台四	—	温湿度、CO_2 浓度、光照度	温湿度、CO_2 浓度、光照度	温湿度、CO_2 浓度、光照度

表 2-16　测试周期内时主动式控温系统运行情况

测试平台	测试时间			
	2013 年 12 月—2014 年 1 月冬季工况	2014 年4—5 月过渡季工况	2014 年6—7 月夏季工况	2014 年 12 月—2015 年 1 月冬季工况（补充）
平台一	无	无	无	无
平台二	无	无	无	无
平台三	集中空调供暖	无	集中空调制冷	集中空调供暖
平台四	边庭内：无主体空间：暖气	无	独立空调制冷	边庭内：无主体空间：暖气

2. 测试仪器

除照度计外，测试选用的仪器均带有自记功能，可长期记录被测环境参数以排除不稳定因素干扰。测试点高度选择使用者的工作高度，即地面以上 0.7～1.5 m，每台仪器的测试间隔均为 2 min。室内外温度测量取环境温度值，仪器探头采用通风遮光措施，避免阳光直接照射（见表 2-17）。

表 2-17　测试仪器参数

仪器名称	仪器数量	仪器型号	主 要 指 标	测试周期	提供厂家
温湿度自记仪	15	WSZY-1A	温度测量范围：$-20\sim80℃$，分辨率 $0.1℃$ 湿度测量范围：$0\sim100\%$ RH，分辨率 0.1% RH	连续 1 周 168 h	北京天建华仪科技发展有限公司
温度自记仪	6	WZY-1A	测量范围：$-20\sim80℃$，分辨率 $0.1℃$		
风速仪	4	FB-1	量程：$0\sim10$ m/s，分辨率 0.01 m/s		
CO_2 自记仪	2	EZY-1	量程：$0\sim0.005$，$\pm7.5\times10^{-5}$	连续 54 h	
环境自记仪	4	HCZY-1	量程：$0\sim0.005$，$\pm7.5\times10^{-5}$		
热舒适度仪（PMV）	2	SSDY-1	测量空气温度、黑球温度、空气风速、空气湿度四参数		
照度计	2	DT-1301	量程：$0\sim5000$ lx，分辨率 0.1 lx	<2 h	Reggiani

2.3.4　实验测试结论

1. 阳光间

　　测点分别布置在两座建筑南侧玻璃门窗的东门和西门室内、O-house 阳光间中部和室外。测试期间两座建筑门窗关闭，各项主动式系统不运行，无人员活动干预。O-house 阳光间外围护为深色太阳能薄膜光电板，测试期间关闭不密封。设计之初预想该空间作为缓冲空间，在冬天时起到向室内提供预热空气的作用，夏季遮阳，维持室内温度（见图 2-12）。

图 2-12　O-house 阳光间建成照片

　　然而从实际测试的结果来看,设计者在设计之初的主观判断与建筑实际呈现出来的作用效果差异较大。由冬季的测试对比曲线(见图 2-13)可见阳光间受到室外温度波动影响很大,随室外温度的变化而大幅度变化,并且阳光间内测试期间的平均温度仅仅比室外高 0.9℃,几乎没有起到任何的预热作用,室内温度受到其自身围护结构的保温作用,比室外平均温度高 1.6℃(见表 2-18)。对比之下,没有设置阳光间的水禽馆冬天受到大量的太阳辐射,阳光直接照入室内空间,室内平均温度高出室外 7.2℃,并在 12:00—17:00 的多数时间温度超过 16℃,达到了舒适度范围的标准值[①]。

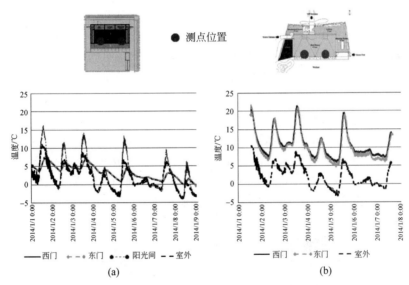

图 2-13　冬季工况下测试平台一、二温度曲线对比

(a) 平台一;(b) 平台二

表 2-18　冬季各项测试结果的平均温度　　　　　单位:℃

测试平台	冬　季			夏　季		
	$\overline{T}_{室外}$	$\overline{T}_{室内}$	$\overline{T}_{阳光间}$	$\overline{T}_{室外}$	$\overline{T}_{室内}$	$\overline{T}_{阳光间}$
平台一	1.9	3.5	2.8	24.7	27.5	25.9
平台二	1.9	9.1	—	27.9	28.9	—

①　本次测试的舒适度范围设定为 16~26℃。

　　冬季工况下阳光间表现出的性能与设计之初预想的结果大相径庭,究其原因主要在于设计者虽然有利用阳光间在冬季预热室内作用的基础知识(如2.2.4节中论述,双层皮的界面空间一方面加强围护结构的保温性能,起到阻隔寒冷空气的缓冲作用;另一方面引导大量红外线进入该界面空间,大幅提高空间内温度,以减小室内的能量负荷),但是在实际操作中,设计者由于兼顾了南侧立面垂直式光电板的布置需求,光电板的深色玻璃阻隔了太阳光谱的红外线进入阳光间,使得预热作用无效。此外,光电板百叶的不密闭性以及室内门窗没有配合上下的通风换气装置,是导致该阳光间在冬季工况下既没有提高围护结构的保温性能并隔绝冷空气,又没有预热空间空气交换给室内空间的主导原因。

　　从夏季温度曲线的对比来看(见图2-14),阳光间的温度依然随室外温度的波动而大幅波动,虽然最高温度没有超过室外温度,但测试期间空间内的平均温度高出室外1.2℃,说明阳光间的热环境并没有受益于自身的围护结构,关闭但不气密的南侧遮阳百叶使该空间内遮阳效果与太阳辐射渗透的热量相互抵消,阳光间自身与外界发生实时热交换,温度保持基本一致。然而阳光间为建筑的室内空间提供了良好的遮阳作用,从6月5日的数据来看,室外温度最高值出现在正午12:26,温度达到38.8℃,阳光间温度达36.6℃,而此时室内东西两侧门内温度仅分别为29.2℃和29.9℃,比室外温度低了近10℃,室内温度的最高值出现在17:00前后,温度升高至

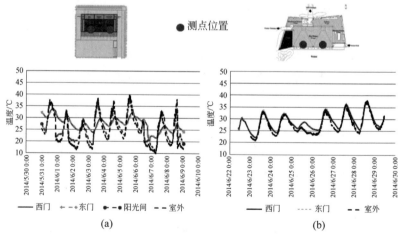

图2-14　夏季工况下测试平台一和平台二温度曲线对比

(a) 平台一；(b) 平台二

32.7℃,室内温度的峰值与室外温度峰值相比出现明显滞后。室内温度长期保持在较为稳定的范围内,波动幅度随室外温度变化较小。

　　比较水禽馆的温度曲线,便可证明 O-house 室内温度稳定变化的 90% 以上受益于南侧阳光间的空调调节策略。从水禽馆夏季工况的温度曲线可清晰地看到室内南侧温度与室外温度同步变化,即使在门窗闭合的情况下,室内温度与室外温度变化也几乎一致。结论一方面证明了对于同样窗墙比的南侧立面,阳光间的缓冲和遮阳效果显著,可减小室内外温差近 10℃;另一方面也说明即使在北方寒冷地区,大面积无遮阳的南侧幕墙立面在夏天也会增加室内的热负荷,增加建筑的制冷能耗。

　　由此针对阳光间的对比研究可总结如下:

　　(1)并非存在即有用。与设计之初的预想不同,阳光间玻璃幕墙的颜色、幕墙的气密性、阳光间与室内空间的通风换气措施可能导致在冬季工况下阳光间的缓冲、预热毫无作用。因此,单纯就阳光间在冬季工况下的作用来看,空间的设计并非“存在”那么简单,而更需要的是空间自身和主体空间多方面的协同作用。

　　(2)优势需最大化。O-house 是一个典型的例子,阳光间南侧深色百叶幕墙无气密性的连接能够阻隔室外红外线进入并且维持良好的自然通风,室内温度几乎完全受益于这一设计,在测试期间最多比室外降低 10℃。遮阳与通风的双重作用使这一缓冲空间在夏季工况下的优势得以最大化。

　　(3)利弊需要权衡。在全年的气候条件下,是发挥冬季阳光间预热的作用还是发挥夏季遮阳通风的作用,依据不同的气候条件,需要权衡利弊。但二者并非非此即彼,进一步精细化的设计与研究可以实现双赢的效果。

　　(4)重视夏季遮阳作用。即使在北方寒冷地区,大面积无遮阳的南侧幕墙立面在夏天也会增加室内的热负荷,增加建筑的制冷能耗。利用空间的缓冲作用遮阳比单纯的遮阳百叶遮阳效果更佳。

2. 地道风

　　为了给观鸟爱好者提供一个近距离拍摄的隐蔽场所,水禽馆特别设计了一个长约 50 m 的圆弧形地道空间,地道位于室外地面以下 3 m 处,顶板上部覆土深约为 0.8 m(见图 2-15)。设计之初,设计者希图利用地道空间的地道风结合主体空间通风塔的拔风作用实现室内的被动式降温,但因其他诸多因素实际建造时未能完成,最终只能实现地道风和通风塔两个分别

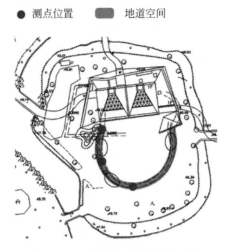

图 2-15　水禽馆地道空间测点位置

独立的空间。测试期间地道空间两端门窗开启，与外界联通，测点布置在地道风口部、距入口 10 m 处和地道空间中部 25 m 处，测点高度为地道空间地面高度以上 1.5 m 处。

根据图 2-16 曲线和表 2-19 的数据，测试期间室外温度最高值为38.1℃，最低值为 20.8℃，测试期间温度振动幅度为±17.3℃。位于地道口 10 m 处，温度振幅明显减小，平均温度降至 24.8℃，测试期间温度振幅为±11℃。距离地道口 25 m 处的温度几乎完全不随室外温度变化而变化，稳定地维持在 20℃上下，测试期间温度振幅不超过 1℃。

表 2-19　地道空间不同测点的温度数据

测　　点	平均温度/℃	温度波动幅度/℃	温度衰减/%
地道入口（室外）	27.9	±17.3	—
10 m	24.8	±11	40
25 m	20.3	±1	95

由此针对地道空间的测试可总结如下：

（1）地道风资源在北方寒冷地区夏季工况下可以被利用，用于室内降温和减少建筑夏季制冷能耗的效果良好。具备一定条件的地道空间被动式降温效果作用稳定。

（2）地道空间温度随距离入口的远近变化而显著变化。因此地道风的利

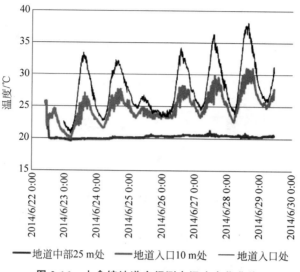

图 2-16　水禽馆地道空间测点温度变化曲线

用要保证一定的长度和覆土深度,在本次测试中,当覆土深度大于 0.8 m,地道空间长度大于 25 m 时,地道空间出现稳定的温度值。

3. 通风塔 vs. 自然通风

从剖面关系上看,O-house 与水禽馆的北侧虽均被另一辅助空间包围,但水禽馆在垂直高度上增设东西两个通风塔,通风塔上顶标高 12.3 m,下底标高 7.8 m。塔体成四棱锥形,最大截面 3.24 m²,最小截面 2 m²,塔顶开侧窗,开窗面积为 1.8 m²。而 O-house 采用传统的对流通风方式(见图 2-17)。测点布置在两座建筑主体空间南侧门扇处、O-house 主体空间北侧、水禽馆风塔下 5 m 高处。分别测量环境温度、湿度、风速和风温。重点测试夏季工况下两座建筑自然通风的情况,测试分为开启扇(通风塔)开启和关闭两种模式,分别研究对比对流通风开启与关闭状态、热压通风开启与关闭状态以及对流通风与热压通风开启状态下的热环境和通风效果。

图 2-18 是对 O-house 门窗开启前后自然通风效果的分析,由于 6 月 5 日正午 12:00 至 6 月 7 日正午 12:00 室外天气经历了晴—大雨—多云的变化,大雨期间,6 月 6 日 17:00—20:30 室内门窗均开启,实现了自然通风,因此,对该 48 h 内的室内外温度变化测试与分析另具意义。根据 6 月 6 日 17:00—20:30 的曲线来看,室内温度在 17:00 门窗开启后骤降,门窗开启前室内最低温度为 26.9℃,门窗开启后室内温度最低为 20℃,门窗开启前

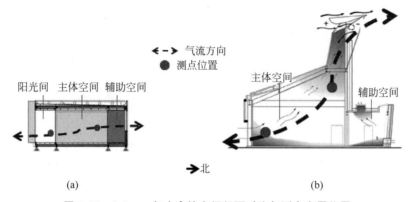

图 2-17　O-house 与水禽馆空间剖面对比与测点布置位置

（a）O-house，对流通风；（b）水禽馆，通风塔热压通风

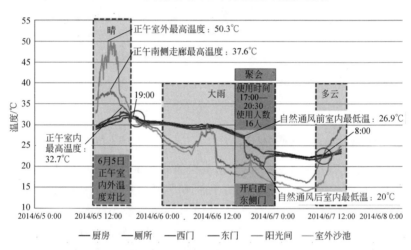

图 2-18　O-house 夏季 48 h 内气候变化及自然通风前后室内外温度变化曲线分析（见文后彩图）

后室内温差达到 6.9℃。然而在此期间由于室外大雨，温度持续偏低，室内温度的最低值仅能和室外温度保持一致。20:30 过后，室内门窗关闭，阻断自然通风，室内温度快速上升，稳定维持在 23℃上下，此阶段室外平均温度为 16.5℃，室内平均温度高出室外 6.6℃。由此不难发现，对流通风后室内温度快速大幅下降，说明 O-house 的建筑设计能够很好地实现自然通风的效果，为通过对流通风降低室内温度提供了可能。但是对流通风只能起到散热的作用，通风后的热环境由室外温度决定，通风后的温度不会低于室外环境温度。

表 2-20　实现自然通风前后室内外温度对比数据　　单位：℃

时间节点	室内		室外		室内外平均温度差
	最低温	$\overline{T}_{室内}$	最低温	$\overline{T}_{室外}$	
门窗开启前 10 h	26.9	28.6	17.8	23.0	5.6
门窗开启期间	20.0	21.7	17.3	19.7	2.0
门窗关闭后 10 h	21.2	23.1	14.2	16.5	6.6

在水禽馆连续两日测试期间，室外全天温度变化趋势和幅度基本相同。测试采用对比方法，前 24 h 关闭南侧门窗及通风塔天窗，后 24 h 开启两处，实现热压通风。从表 2-21 和图 2-19 的对比数据来看，通风塔开启后南侧门扇处的平均风速是开启前的 12.4 倍，通风塔下 5 m 处平均风速是开启前的 4.6 倍，可见通风塔的热压通风效果显著。通风塔开启后，测试期间南侧门扇处最大风速达到 2.16 m/s，人体能够感受到明显的吹风感。

表 2-21　水禽馆实现热压通风前后测点风速对比数据　单位：m/s

状　态	测 点 位 置	最大风速	最小风速	平均风速
通风塔关闭	南侧门扇处	0.10	0	0.019
	通风塔下 5 m 高	0.12	0	0.017
通风塔开启	南侧门扇处	2.16	0.03	0.236
	通风塔下 5 m 高	0.76	0	0.079

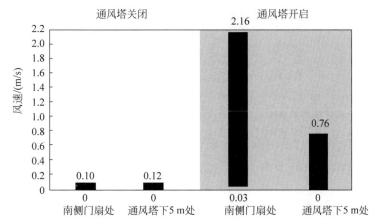

图 2-19　水禽馆测试 48 h 内热压通风前后不同测点风速变化范围对比

表 2-22 和图 2-20 是测试 48 h 期间，开启和关闭通风塔前后温度变化的数据。门窗开启前室内最低温度为 26℃，室外最低温度为 23.9℃，全天平均温度相差 1℃，温度差异微小①。通风塔开启后，室内外温度变化几乎完全同步，室内温度随室外温度的变化而变化。测试结果表明，水禽馆的通风塔能够很好地实现自然通风的效果，提供通过热压通风降低室内温度的可能。但是通风只能起到散热的作用，通风后的热环境由室外温度决定，通风后的温度与室外环境温度一致。

表 2-22 实现自然通风前后室内外温度对比数据   单位：℃

时 间 节 点	室内		室外		室内外平均温度差
	最低温	$\overline{T}_{室内}$	最低温	$\overline{T}_{室外}$	
门窗开启前 24 h	26.0	30.4	23.9	29.4	1.0
门窗开启期间	26.1	30.6	25.9	30.9	−0.3

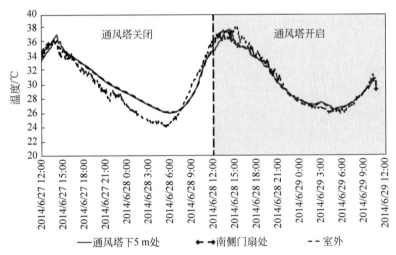

图 2-20 水禽馆测试 48h 内热压通风前后不同测点温度变化曲线对比（见文后彩图）

根据舒适度仪（SSDY-1）在测试期间测试的环境温度、相对湿度、风速和黑球温度的数值，带入人体代谢量及着衣指数后，依据热舒适度的计算公

① 根据前文针对阳光间的分析，水禽馆因南侧大面积门窗没有设置遮阳措施，故测试结果显示室内温度随室外温度的变化而变化，变化幅度基本相同。

式得出 O-house 与水禽馆测试期间的平均 PMV-PPD 指标[①]。O-house 由于自然通风开启后,室内温度随室外温度大幅下降,风速增大,门窗开启前后 PMV 值由 1.11 降至 0.40,不满意率(PPD)由 31%降至 8%,趋近舒适度范围。水禽馆通风塔开启后,虽然室内温度下降不明显,但由于风速大幅增加,PMV 值由开启前的 1.78 降至 1.36,PPD 也由 66%降至 44%(见表 2-23)。

表 2-23　O-house 与水禽馆自然通风前后人体舒适度 PMV-PPD 指标

测 试 平 台	自然通风状态	PMV	PPD
O-house	开启前	1.11	31%
	开启后	0.40	8%
水禽馆	开启前	1.78	66%
	开启后	1.36	44%

由此针对通风塔与对流通风的对比研究可总结如下:

(1) 有效的对流通风和热压通风都能够迅速调整室内温度,使室内温度与该时刻室外温度保持一致。但通风只能起到散热的作用,通风后的室内温度由室外温度决定。当夏季室外温度超过人体舒适范围时,无法通过自然通风降低室内温度至舒适范围。

(2) 自然通风能够促进人体汗液蒸发,降低体表温度,优化高温环境下人体的热舒适度。在高温环境下[②],当平均风速达到 0.2 m/s 时,热舒适度的不满意率可降低 10%~20%。

(3) 在本次测试中,当通风塔塔体高 5 m,上顶标高距地面 12 m,塔体截面面积为 2~3 m²,塔顶开侧窗面积为 2 m²,进风口面积为 2 m² 时,能够利用热压通风实现室内良好的自然通风。

(4) 自然通风的空间调节策略在调节室内温度方面存在一定的局限性,其受限于室外温度的变化,但如果建筑设计结合其他空间调节策略,如结合地道风提供冷源,自然通风并降低室内温度的效果将显著提高。

4. 边庭空间

清华大学建筑设计研究院与清华大学照澜院服务中心的边庭与建筑主

---

① 由于 O-house 测试时间为 2014 年 6 月 6 日前后,水禽馆测试时间为 2014 年 6 月 27 日前后,环境温度存在 7℃左右的温差,故此处 PMV-PPD 比较数据仅作为单一建筑自然通风开启前后热舒适度的比较,两座建筑之间的热舒适度数据无比较意义。

② 高温环境指黑球温度、环境空气温度及湿度的综合值高于人体热舒适范围的环境。

体关系、天窗开窗范围如图 2-21 的拓扑图所示。研究分别针对冬季边庭空间与周围主体空间的温度关系进行分析，并将不同天窗面积情况下，夏季两边庭间的温度环境和光照环境进行对比。

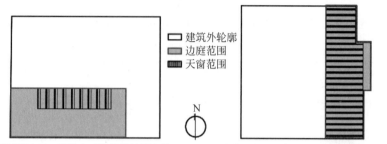

图 2-21　测试平台三和平台四空间拓扑关系

　　清华大学建筑设计院冬季工况下温度测点布置于室外、南侧边庭靠近开窗窗口处、边庭中部、与边庭紧邻的 2 层及 3 层大办公空间靠近边庭处和中部，共 8 个测点。从一周的整体数据来看（见图 2-22 和表 2-24），在水平和垂直方向均存在由室外至室内、由下至上逐渐升高的趋势，温度曲线几乎没有交叉。从垂直方向来看，室内空气温度受到空气动力学的影响，呈现垂直方向的梯度关系，2 层与 3 层室内中部位置在依靠空调系统主动调节时，两层温差在 0～3℃浮动，并且均呈现出稳定波动的趋势，受室外温度影响

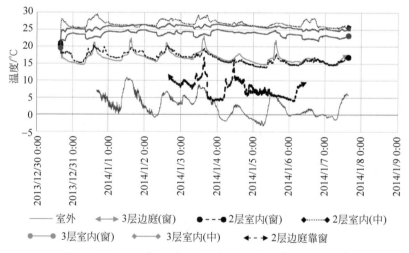

图 2-22　设计院冬季工况下一周内各测点温度变化曲线

不大。从 2 层与 3 层边庭中部空间的曲线可以看到,阳光对于提高边庭内部的温度起到了明显的作用,温度的提高对于紧靠边庭空间的室内来讲有着一定的积极作用,但对边庭的影响范围不大,靠近中部的测点几乎不受温度波动的影响(见图 2-23)。

表 2-24　一周内南侧各测点温、湿度

位　　置	最高温度/℃	最低温度/℃	平均温度/℃	平均湿度/%
室外	11.0	−3.3	2.6	38.6
2 层边庭靠窗	17.1	4.0	7.9	32.9
2 层边庭中部	22.1	10.8	13.4	37.3
2 层室内靠边庭	20.5	13.9	16.7	24.3
2 层室内中心	29.6	20.1	26.8	13.6
3 层边庭靠窗	23.2	14.6	16.8	23.6
3 层室内靠边庭	25.1	18.6	23.7	16.2
3 层室内中心	26.8	17.9	25.7	14.6

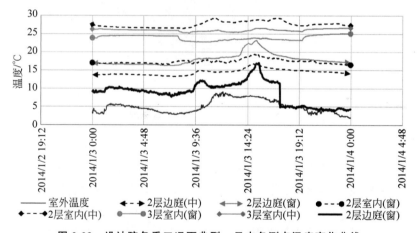

图 2-23　设计院冬季工况下典型一日内各测点温度变化曲线

冬季工况下南侧边庭受到太阳辐射的影响,温度波动较大,全天温度差值最大达 5.1℃(见图 2-24)。边庭的围护界面是影响该边庭全天受太阳辐射影响的主要因素,"透质"界面性质以及朝向会在冬季 12:00—18:00 提高中庭空间的温度(见图 2-25)。

值得注意的是,即使南侧全玻璃幕墙的单向边庭幕墙窗地比达到 1:1,冬季希望利用太阳辐射的热量预热中庭,影响室内空间温度环境,从而达到

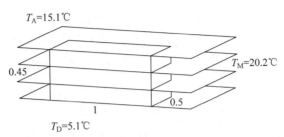

T_A：测试期间边庭空间平均温度
T_M：测试期间周围主体空间平均温度
$T_D = T_M - T_A$
边庭比例：1:0.5:0.45

图 2-24　空间的几何尺度比例与 $\overline{T}_D$ 之间的关系

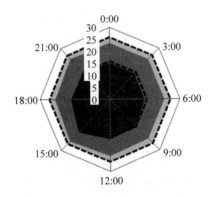

■舒适度范围　■主体空间　■南侧边庭

图 2-25　全天分时段边庭与主体空间温度对比

节能目的的空间调节策略，相较于主动式系统控制而言，中庭与室内空间的几何尺度、垂直高度的变化对室内温度环境影响甚小。过往研究表明，寒冷地区在主动式热源的控制影响下，室内温度的波动随层数增加，平均每层增加 2～4℃[104]，多层空间累积后垂直方向的温差更为显著；而利用中庭收集太阳辐射热量的策略毕竟受自然气候的影响，受益并不稳定。相对北方冬季均由主动式空调主导控制的室内环境而言，中庭作为调节室内垂直高度温度分布、平衡在热力学影响下冷空气下沉与热空气上升的作用则显得更为重要。

从夏季工况下的温度对比曲线，可发现两个边庭空间在夏季时间段室内热环境的惊人差异。照澜院在正午时刻边庭空间内最高温度达到 43.2℃，边庭内高温难耐，严重影响了使用者的用餐环境，而同一时刻室外最高温度仅

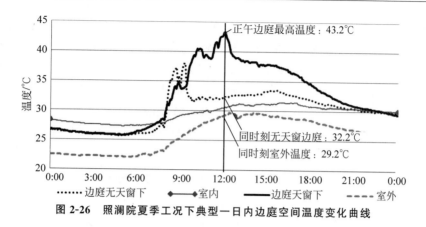

图 2-26　照澜院夏季工况下典型一日内边庭空间温度变化曲线

为 29.2℃,因边庭的温室效应作用,温度升高 14℃(见图 2-26)。受到边庭空间透质界面的影响,此刻边庭无天窗空间下部的温度也达到 32.2℃,高出室外温度 3℃,但相较于边庭天窗下部温度,仅一墙之隔的同一空间,温度相差达到 10℃。由此,不难推断天窗对边庭(中庭)空间在夏季工况下热环境的巨大影响。此外,边庭内不但出现过热现象,并且出现了过晒现象,诸多女性用餐者在从主体空间进入边庭空间后,都下意识地撑起阳伞,仿佛直接到达了室外空间。

　　对比一周后设计院边庭空间各测点温度环境的测试结果(见图 2-27),室外温度有所升高,午后最高温度达到 32.3℃,而同一时刻边庭天窗下也出现了室内环境的最高温度 27.3℃,无天窗下其次,室内主体空间最低,虽然边庭空间未出现巨大温度反差,但几个测点的温度梯度再一次证明了"天窗的贡献"。

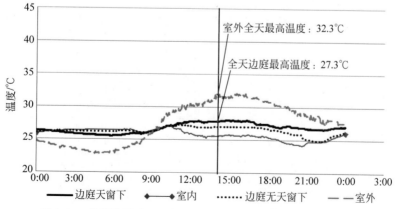

图 2-27　设计院夏季工况下典型一日内边庭空间温度变化曲线

受到夏季主动式空调制冷控制的影响,设计院边庭空间温度在可控范围之内,而照澜院则表现出失控的边庭空间热环境。对比两者之间边庭性质的差异,主要表现在:设计院边庭朝向南侧,南侧立面配有固定遮阳系统的全玻璃幕墙,并在顶部靠中心位置局部开启天窗,天窗与地面比例为0.15;照澜院边庭朝向东侧,该空间的东侧、南侧、北侧和屋顶均为无遮阳系统的全玻璃幕墙,整个空间为一个透明的玻璃体,天窗与地面比例为0.94(见表2-25)。

表 2-25　设计院与照澜院边庭空间界面性质参数对比

测试平台	设 计 院	照 澜 院
中介空间类型	南侧单向边庭	东侧单向边庭
开窗位置及面积/m²	南侧：334 天窗：132	东侧：240 天窗：480
窗墙比	南侧：0.66 天窗：0.15	东侧：0.39 天窗：0.94

天窗的贡献使照澜院在冬季工况下利用温室作用的热环境更加舒适,但是在夏季工况下天窗带来的反作用对应的是不舒适与高能耗。不仅是热环境,在室内光环境的测试中,也能找到对应的天窗的贡献。光照的测试采用网格式瞬时测量的方式,分别对照澜院、设计院两座建筑室内空间及边庭空间1层、2层、3层进行了正午13:00及日落17:00两个时刻的光环境照度测试,测试网格间距8 m,测点高度为0.75 m。照澜院两个测试时间室内、中庭均未采用人工照明(除少数局部测点外),设计院中庭空间未采用人工照明,室内办公空间有人工照明补给。测试数据如表2-26所示。

表 2-26　设计院与照澜院边庭空间光照参数对比　　单位：lx

测试平台	测试时间	测试楼层	室内空间			边庭空间			平均照度差
			最大值	最小值	平均值	最大值	最小值	平均值	
照澜院	13:00	1层	350	80	168	2000	130	537	369
		2层	101	8	38	1050	180	603	565
		3层	160	10	65	5200	250	1966	1901
	17:00	1层	325	28	195	990	85	482	287
		2层	59	10	31	1900	148	1438	1407
		3层	129	23	57	2420	221	1250	1193

续表

测试 平台	测试 时间	测试 楼层	室内空间			边庭空间			平均照 度差
			最大值	最小值	平均值	最大值	最小值	平均值	
设计院	13:00	1 层	730	4	210	1360	83	621	411
		2 层	861	5	215	2250	99	1186	971
		3 层	864	7	233	3110	105	1289	1056
	17:00	1 层	910	5	168	1050	20	223	55
		2 层	911	5	169	1061	40	440	271
		3 层	939	5	176	1060	45	461	285

根据《建筑采光设计标准》(GB/T 50033—2001)条文 3.2.2 及 3.2.5，一般办公室室内自然光临界照度标准为 100 lx，大堂、餐厅等空间室内自然光临界照度标准为 75 lx。两座建筑在 1 层、2 层、3 层的室内空间光照度相对合理，照澜院室内局部区域光线略微不足。但在边庭空间内，照澜院全天保持高照度的光环境，过强的光线一方面在边庭空间内产生眩光，另一方面由于边庭与主体空间的关联界面相对封闭，室内并没有很好地受益于边庭。

由此针对边庭空间的对比研究可总结如下：

(1) 在北方地区冬季工况下，传统认为利用太阳辐射预热中庭空间的温室效应作用与受主动式热源后温度垂直梯度分层现象相比，前者影响甚小。但冬季中庭空间的连通作用，能够平衡整座大楼内垂直高度的温度差异。

(2) 在北方寒冷地区冬季工况下，边庭空间围护界面的性质具有一定的影响，但作用不明显且不稳定。透质界面性质以及朝向会在冬季全天 12:00—18:00 提高中庭空间的温度环境，且依赖室外气候环境。

(3) 天窗的使用利弊需要权衡。利用天窗的温室作用加热室内有可能使室内空间热环境更加舒适，但是在夏季工况下天窗带来的是不舒适与高能耗。在本次对比测试中，天窗窗地比为 0.94 的空间表现出夏季高出室外 14℃ 的极端温度，且室内光环境过强，天窗导致了该空间夏季严重不舒适的感受。而天窗窗地比为 0.15 的边庭空间，热环境相对容易控制，光照度在边庭空间内 2~6 倍于室内空间且不至于产生眩光。

(4) 通过验证不难发现，边庭空间在不同的时间维度上时而产生积极作用，时而产生消极影响。优化空间突出优势，消减劣势，则需要有技术匹配的精细化设计。

2.4 本 章 小 结

本章遵循形态解析—作用探索—效果验证的研究途径，在时间维度上，解析了传统建筑空间调节策略以及现代建筑空间可持续性能优化策略的理论、实践的发展演变和类型研究；从空间的角度，深挖四种类型的中介空间的空间形态类型、影响空间可持续性能的元素类型、可能的调节作用的种类及程度，并通过实际案例加以佐证。

需要指出的是，其中任何一种设计理论和实践至今都不能说过时，即使是早期民间传统的空间策略手段，仍然能够对很多相关领域的设计实践起到一定的指导作用。这些不同的设计理念和策略手段的实用性建立在不同地点、不同时间的条件下，反映出人们对可持续建筑与环境设计理论和实践的探索过程。

但是，一个重要的问题在于：理论的总结和案例的归纳只能说明某类型的空间具有某种能力，如我们生活经验所知，并非所有的院落空间都会使人愉悦，并非所有的中庭都能够提高舒适度，未必所有采用了通风塔的空间都有舒适的自然通风，也未必所有的双层皮幕墙一定节约能源。本章的第3节就是对部分理论和经验的实际验证。验证的结论证明了空间可持续性能作用的复杂性，受到多方面因素的综合影响，往往在设计之初考虑周全的情况下，受不同的气候条件和使用状态的影响，也会产生使用环境品质或能源消耗不佳的效果。

通过对四个实验平台为期一年的物理环境测试，可以发现：
- 季节因素使空间调节策略存在相悖性，需要综合、量化平衡价值；
- 实际因素影响下作用结果更为复杂，与设计预期和模拟不同；
- 人的因素，如使用习惯、喜好、使用方式对空间的性能表现影响很大；
- 好的空间调节策略条件更为苛刻，可能导致千里之堤溃于蚁穴；
- 需要技术匹配、精细化设计和运营反馈。

因此，另一个重要的问题在于：在可持续发展思想背景下，如何整体地、全面地优化空间的被动调节性能，使空间更高效地发挥环境品质的调节作用，并且尽可能规避因气候、人为、地域等因素所致的阶段性或不稳定性表现，仍然需要进一步研究。本书的第3章将建立整体的研究方法框架，并在第4章至第6章通过综合的检验方法，基于建筑自身的空间信息、人对建筑的满意度、建筑对使用环境的舒适度影响三个方面，尝试通过综合的手段量化空间被动调节作用的效果。

第 3 章　空间被动调节作用效果验证与反馈的研究框架

　　空间方面的解释与其他方面的解释并非对立的,因为他们所作用的级别是不同的。它是一种超级解释,或者,你也可以说他是一种根本的解释。[105]

　　建筑的社会内容、心理的作用和形式的效果却体现为空间形式。要解释空间,必然意味着要笼括一座建筑的所有实际存在的东西。[105]

——约翰·罗斯金《建筑的七盏明灯》

3.1　全过程的 IDePER 可持续建筑研究架构

　　清华大学建筑学院可持续建筑理论、设计及技术的研究团队遵循可持续建筑设计和建筑学研究的科学规律,从中国本土需求出发,以建筑使用者和建筑自身环境性能表现为对象,多年来秉承实地调研的实证研究方法和工程实践结合的研究思路,确立并逐步完善"调研(I)—设计(De)—实践(P)—影响(E)—反馈(R)"(见图 3-1)的可持续建筑研究体系。在注重跨学科协作与国际学术合作的环境下,寻求切实影响城市与乡村的中国本土化可持续建筑路径[106-107]。

　　研究路线一端集中于城市中可持续建筑的使用后实测追踪调查、注重建筑空间原型在工程实践中的策略整合和以城市公共建筑为目标的建筑综合性能表现的提升研究(见图 3-2)。对于公共建筑而言,空间调节设计策略的技术体系是进行可持续建筑实践和研究的重要组成部分,其相关影响因素及相互关联性更为复杂。研究以城市公共建筑的空间调节设计的技术策略为对象,采用实地调研和实测追踪调查的手段,通过建筑空间参数信息与建筑使用者满意度和建筑物理环境舒适度的关联性分析,优化建筑设计

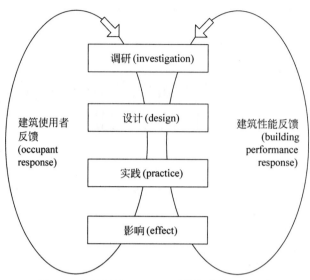

图 3-1 全过程的 IDePER 可持续建筑研究架构

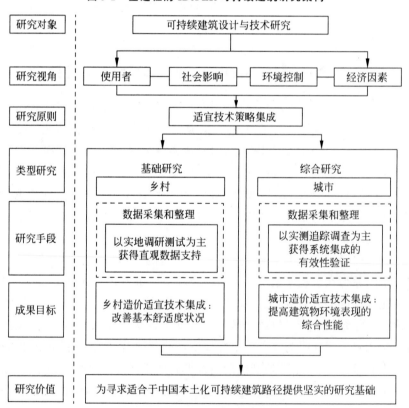

图 3-2 可持续建筑设计与技术的研究框架

策略,提高建筑的使用效率,节约建筑用能,提高使用者对建筑空间环境品质的满意度和舒适度。

3.2　城市类型建筑可持续性能表现综合研究框架

城市公共建筑的研究需要建立以系统性、综合性和动态性为原则的研究框架。系统性指研究应关注公共建筑决策设计的全过程;综合性指研究要以全局视角审视问题,既有城市层面的思考,也有整体设计观的建立;动态性指研究需要形成能指导设计全程的机制和标准[108]。

城市类型建筑可持续性能的综合研究从现状中存在的问题出发。通过广泛对不同气候区的建筑和建筑师的社会学调研,寻找城市公共建筑的共性问题,首先建立研究的基础数据库,为今后进一步的研究工作做储备。通过大量考察中国当代(大型)公共建筑,整理和剖析目标对象类型种类、设计方法手段、技术策略体系和存在问题。再通过社会学调研对在一线从事建筑设计和建筑技术的建筑师与暖通工程师展开针对其各自观点、认识程度和专业差别的观点调查和数据收集。经过对存在问题的细化,进一步界定研究核心,针对典型的个体问题进行深入的研究和剖析。研究选取具有典型技术策略的建筑类型展开较为细致的主观调查,考察建筑使用者对室内空间的主观感受,一方面修正客观物理性能检测中个体的差异性,另一方面从建筑设计的视角得到建筑使用对象的用后反馈。研究选取具有典型技术策略的建筑开展较为细致的物理环境测试,监测室内环境性能表现,包括对热环境、光环境以及室内空气品质、声环境、能源消耗的实际监测,对该建筑运营后的表现性能给予评价,也是对最初基于建筑学视角的可持续性能设计的反馈。最后是更为具体的验证和解决问题的阶段,在已初步搭建好的实验平台上,通过改变影响因素,测试检验理论成果,最终对整个研究进行验证,目标在于建立科学的监测验证方法,搭建创新的计算机整合检验平台,给予数据积累和实验测试结果,批判或反馈设计阶段。整个研究的框架是一个发现问题—界定问题—解决问题的过程,是逐步细化问题、不断反复和循环的过程,通过多次的反复和修正,实现对城市公共建筑可持续性能在设计阶段的评估和反馈(见图 3-3)。

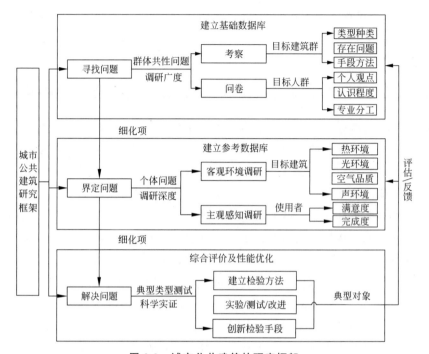

图 3-3   城市公共建筑的研究框架

3.3   中介空间作用效果验证与反馈研究框架

中介空间的作用效果验证与反馈包含于城市类型建筑可持续性能表现综合研究框架当中。正如沈福煦在论著《人与建筑》中认为多种先进的建筑技术在具体建筑中的应用须进行合理的多要素分析,建筑的"真"始终是一种选择和比较的结果,发挥每种建筑技术的最大优势需要建立一个真正科学的系统[109]。在心理学中,常把环境分为物理环境和心理环境两大类[110]。无论人是否看到或者感觉到物理环境,它都客观存在,是我们通常所指的环境。心理学环境也称为行为环境,这一类环境是人们可以看到或感觉到的环境。物理环境与心理学环境的关系,若从物理环境的角度来看,它是形成心理学环境的前提和基础,没有物理环境也就没有心理学环境;若从心理学环境的角度来看,它通过人的媒介作用而形成,没有人的媒介作用同样就没有心理学环境。

因此,本研究基于两个目标:其一是调查使用者对建筑空间和建成环境的满意度,以提高使用者对建筑环境的满意程度和空间的使用效率;其二是定量验证中介空间及周围空间的客观物理环境,以提高建筑整体物理环境性能,从而提高使用环境的舒适度并减少能源消耗。

3.3.1　中介空间作用效果验证与反馈的方法选取

依据目前科学评价的诸多方法[111-112],按其信息基础的来源,可以分为三大类:"①基于专家知识的主观评价方法;②基于统计数据的客观评价方法;③基于系统模型的综合评价方法[113-114]"(见表 3-1)。

表 3-1　按信息基础的来源区分的三类科学评价方法

方 法 分 类	方法性质	评价方式	主 要 代 表 性 方 法
基于专家知识的主观评价方法	定性评价	主观	同行评价法、德尔菲法、比较法、案例分析法等
基于统计数据的客观评价方法	定量评价	客观	文献计量法、经济计量法等
基于系统模型的综合评价方法	综合评价	主观与客观	层次分析法(AHP)、模糊数学评价法(FS)、灰色系统评价法(GS)、人工神经网络评价法(ANN)、数据包络分析法(DEA)等

资料来源:苏为华.多指标综合评价理论与方法问题研究[D].厦门:厦门大学,2000.

由于中介空间的作用效果验证与反馈不仅涉及建筑学及环境心理学范畴内建筑空间及内部设置的设计优劣,如建筑空间是否能够满足使用者的物质和心理需求,给使用者带来主观的愉悦感和满足感,还涉及建成空间的使用环境是否能为使用者提供健康、舒适的居住、工作等生活环境,并达到节约建造和运行能耗的目的。因此,本书的研究一方面基于建筑学视角,通过对使用者、建筑师关于空间调节作用的调查进行主观满意度评价,另一方面基于建筑环境学的视角,通过对建筑空间内客观物理环境性能检测进行舒适度表现评价,综合主观、客观因素,回溯分析建筑空间的基本信息的对应关系。由于研究涉及关联性多方评价,是一个多维信息的综合研究,因此采用多指标综合评价的研究方法。

在构建综合评价指数时需要解决两个问题,一是指标的无量纲化处理,二是综合时权数的构造[115]。评价是主观客观相结合的过程,是决策者进行决策的基础[116]。

3.3.2   多指标综合评价验证步骤

一个完整综合评价的物理过程分为 6 个阶段。第 1 阶段需确定评价的目的；第 2 阶段是建立评价的指标体系，包括评价目标分解，指标初选与精选、结构优化及量化；第 3 阶段选择评价方法与模型，具体包括评价方法选择、权数构造，确定参照标准值，确定评价规则；第 4 阶段是收集评价数据，实施综合评价，包括数据搜集、校验、必要的数据推算、模型参数求解等；第 5 阶段是对评价结果进行评估与检验，需要反复修改，甚至淘汰数据；第 6 阶段，生成评价结果分析与报告，还包括资料储备与后续开发利用[117]。

中介空间被动调节作用效果验证与反馈研究首先确立了以验证检测中介空间在建筑中的被动调节作用为目标，是源于一项普适性的社会调查，是一次面向广大在一线工作的建筑师和工程师展开可持续建筑观的问卷调查。在调查结果中发现建筑师和工程师在中介空间的认知和重视程度方面存在很大差别，中介空间的作用程度亟待证实或证伪。研究遵循发现问题—界定问题—解决问题的思路，形成了三类评价体系的构成并建立综合验证评价中介空间调节性能的方法与模型。

第 2 阶段是针对该问题的界定阶段，评价构成包括三个方面：其一是建立建筑信息获取逻辑框架，通过测量、计算和统计等方法获得可能影响空间性能的各项量化指标；其二是利用语义学解析（semantic differential，SD）法①建立使用者对建筑空间的感知判断以及满意度评价投票框架；其三是建立整体建筑的物理环境，包括热、光、声和空气品质等进行客观物理环境的测试框架，获得建筑运行阶段实际数据的各项指标。研究选取以院落空间、中庭空间、井道空间及界面空间为例的典型中介空间进行了深入的现场调研。解决问题的途径是通过实例验证，对获取的多种信息进行交叉分析，一方面找出建筑信息与使用者满意度之间的关系及影响程度，另一方面找出建筑信息与使用环境舒适度之间的关系及影响程度，分析中介空间在设计层面上对满意度-舒适度的优化途径（见图 3-4）。综合验证评价中介空间被动调节作用的方法与模型为满意度-舒适度矩阵，在多指标综合评价的原则基础上对建筑及建筑的中介空间做出综合判定并给出设计阶段或改造阶段的优化

---

①   语义学解析法是 C. E. 奥斯顾德（C. E. Osgood）于 1957 年作为一种心理测定的方法而提出的。它运用语义学中的"言语"为尺度进行心理实验，通过对各既定尺度的分析，定量地描述研究对象的概念和构造。

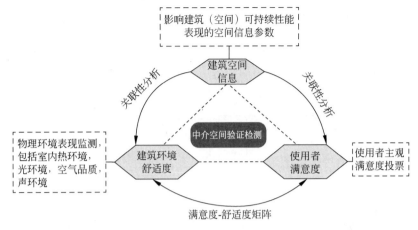

图 3-4 研究关系框架

方向[118],研究阶段 2 所包含的 3 方面信息获取情况如图 3-5 所示。

方面 1:目标建筑的建筑(空间)信息获取

对于空间的研究开始于空间有效信息的捕获,建立合理的获取逻辑和方法,是展开研究的第一步。针对空间研究手段采用层次分析法(analytic hierarchy process,AHP),将定性问题进行定量转化,将复杂问题分层级地分解为若干组成因子,并逐步细分形成子因子。将定性的建筑空间信息转化为逐层细分的定量参数,从空间性质上将建筑的中介空间划分为四个部分,分别是几何尺度、界面性质、内部容纳和外部关联[1],四类因素再细分为可以量化的若干项,通过研究人员实际的测量、计算和统计等手段获取建筑空间的定量化信息。

方面 2:基于空间感知分析的使用者满意度主观评价

借助心理学量化指标量度的语义解析法,对目标空间进行使用者满意度的判断评价。由于研究涉及中介空间对整座建筑环境在使用者满意度方面的影响程度验证,因此研究根据建筑空间信息中与各项子因素对应的主观体验进行了较大范围的调查,将调查结果采用统计学中常用的因子分析法将多项因子降维至四个主因子,包括空间品质、未来扩展、功能组织和交流共享四个组成部分,并再次利用调研数据建立建筑空间信息与使用者满意度公因子的关联性分析,以便找出决定使用者主观评价的关键因子[2]。

---

① 建筑空间信息的四项主因子的解析请见本书 4.2 节的内容。
② 使用者主观满意度评价的方法和结论详见本书第 5 章内容。

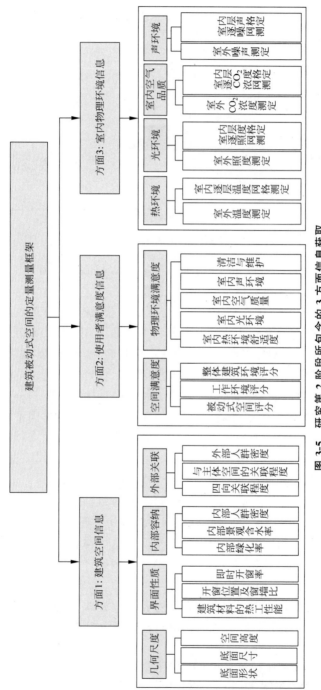

图 3-5　研究第 2 阶段所包含的 3 方面信息获取

方面 3：基于室内物理性能的客观环境舒适度评价

城市中的人平均一天中有 80%～90% 的时间处于建筑当中，建筑与人类的关系，特别是建筑室内环境健康程度对人的影响既是人类健康生存的可持续发展需要，也是人工环境的可持续建设前提之一。本研究将室内物理环境的测试框架梳理为人体舒适度的各项感知，主要包括建筑被动式空间和主体空间的热环境、光环境、声环境及室内空气品质四个部分。为了更加直观准确地反映建筑空间内各种物理环境的分布情况，可视化地将楼内空间布局与物理环境分布之间的对应关系展示给使用者及设计者，研究采用网格测试方法对整座建筑进行实际调研测试，获取的数据依据插值算法，基于 rhino＋grasshopper 的程序开发平台，绘制某项物理环境在整座楼内水平及垂直方向上的分布云图[①]。

基于多指标途径的中介空间影响验证不但涉及各项量化建筑信息与建筑物理环境、使用者主观满意度的参数对应关系，还包括了对目标建筑的舒适度和满意度综合评价及检验。SCTool（Satisfaction-Comfort Tool）是嵌入式 HTML 网页程序，供在线用户实时评价建筑（目标空间）室内环境品质表现程度的评价工具。SCTool 主要包括四方面内容，一是建筑空间参数信息库；二是基于使用者对空间满意度的综合评价，采用用户满意度罗盘表达评价结果；三是基于实际物理环境测试数据的舒适度评价，采用物理环境舒适度罗盘表达评价结果；四是采用满意度-舒适度矩阵进行分析，兼顾建筑与人及建筑与环境的关系，从建筑设计和建筑环境控制两个角度综合评价建筑空间的环境特征，并指出建筑空间的优势与劣势及可能的改进方向。

3.4　本章小结

本章建立了整个研究方法的框架，该框架是清华大学可持续建筑设计与技术研究团队研究体系中的一个分支，是基于 IDePER 可持续建筑研究体系中针对城市类型建筑可持续性能表现综合研究的一个部分。研究首先确立多指标综合评价的方法验证建筑空间的被动调节作用的手段，将建筑本体、建筑与人、建筑与环境的关系对应于建筑空间信息参数、使用者满意度的主观感受和客观物理环境舒适程度三个方面。在此基础上继续分解影

---

① 室内物理性能的客观环境舒适评价的方法和结论详见第 6 章内容。

响各项主因素的分支因素，并将其进行无量纲化处理和综合时权数的构造处理。借助因子分析法、关联性分析法等统计学方法建立多因子间的影响程度。

　　研究方法的建立不仅需要面对设计层，也要面对验证层（见图 3-6）。成果对于设计层的指导作用在于，通过大量数据累积所得的空间参数信息、使用者满意度因子矩阵和物理环境舒适度矩阵的数据关联性分析，得出影响空间被动调节作用的关键因子，从而对建筑空间的可持续性设计给予参考。研究成果对于建筑运行阶段验证层的指导作用在于，通过使用者满意度、客观物理环境舒适度两者的综合数值，利用满意度-舒适度矩阵判定建筑建成环境中目标空间的室内环境品质表现。框架的优势避免了极端不均衡的情况发生，以使用者满意度和物理环境舒适度两者的综合表现判定建筑空间环境品质。

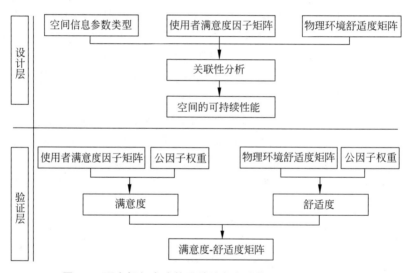

图 3-6　研究框架在建筑设计阶段和建筑运行阶段的作用

第 4 章 影响建筑空间使用环境品质的信息参数

整个自然基于两种东西,即物体与物体所占有的场所,它又是可以移动的虚空。

——卢克莱修(Lucretius,公元前 94—前 55 年,古罗马诗人和哲学家)

4.1 建筑师及工程师建筑可持续观调查

2013 年 12 月至 2014 年 12 月,笔者采用网络问卷[①]的调研方法对全国各地从事一线设计工作的建筑师和工程师展开了关于"建筑行业可持续性设计观现状调查"的问卷调研工作,调查问卷设计见附录 A。共收集全国各地答卷 403 份,其中有效答卷 356 份,包括针对建筑师的有效问卷为 302 份,针对(暖通)工程师的有效问卷为 54 份,有效问卷的回收率为 88.34%。问卷调研的目的首先是研究基础信息收集工作,一方面是对行业内正在一线从事生产研究工作的建筑师、工程师在可持续建筑理念见解、策略手段和未来趋势观点的异同进行对比;另一方面是对于"基于建筑学视角,从建筑设计的原型上改善建筑的可持续性能,从而降低能耗,提高舒适度"有认同感的建筑师和工程师展开进一步关于空间认知、空间调节作用利用、空间调节策略优化主观判断的认知调查。

由于问卷的目标对象主要是从事一线设计工作的建筑师和工程师,因此 77.5%的调研对象的年龄集中在 40 岁以下,80.9%的调研对象在建筑行业执业 5~15 年,工作岗位主要分布在国有大中型设计院(56.6%)、地方中小型设计院(12.6%)、高校/研究所(10.9%)和独立建筑设计工作室/事务所(10.9%)(见图 4-1)。

---

① 网络平台借助"金数据"表单设计和数据收集分享工具支持,问卷链接地址: https://www.jinshuju.net/f/GxelAn.

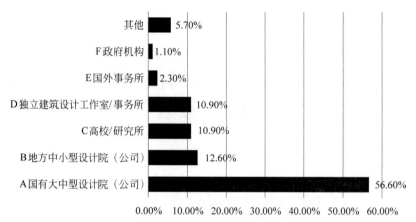

图 4-1　调研问卷题 3 数据统计（您现在的工作地点？）

　　调研问卷共设置 25 道单选题及多选题，采用"跳转规则"逐层筛选调查对象，以保证问卷对调研对象的针对性和有效性。第一层跳转是问卷的第 4 题，根据调研对象专业背景不同筛选建筑师和工程师两种类型，并设置存在一定差异的两条题目路线，以便分析建筑师与工程师在可持续观点方面的异同。第二层跳转是问卷的第 7(S)题，题目为"在改善建筑可持续性能方面，您认为以下两个方面哪个更重要？"选项 A 为"基于建筑学视角，从建筑设计的原型上改善，从而降低能耗，提高舒适度"；选项 B 为"提高建筑的技术体系性能，如优化系统效率，合理配置系统，使用新能源等"（见图 4-2）。该题目确定了一线建筑师和工程师对于"设计优先"还是"技术优先"的认同程度。

　　经过筛选后的受访者将会参与问卷第三层面的答题，即对"建筑设计原型的角度优化建筑可持续性能"有认同感的建筑师及工程师进行课题研究——建筑中介空间的利用程度和价值评价的主观判断考察。这部分被访者是本次调研的重点对象，他们的观点在一定程度上说明了一线建筑师、工程师在建筑中介空间设计方面的观点态度和利用程度。第三层面的调研首先针对四类中介空间（院落空间、中庭空间、井道空间、界面空间）分别进行主观空间潜力调节作用和客观物理环境调节作用预测的双重判断机制调查，再基于不同的气候分区条件下各类中介空间的使用程度和关注重点进行逐一判断，问题选项的设置与研究 8 类评价因子对应，即主观层面的空间品质、未来扩展、功能组织、交流共享①及客观层面的热环境、光环境、自然

①　主观判断四项因子的分类方法详见本书 5.2 节内容。

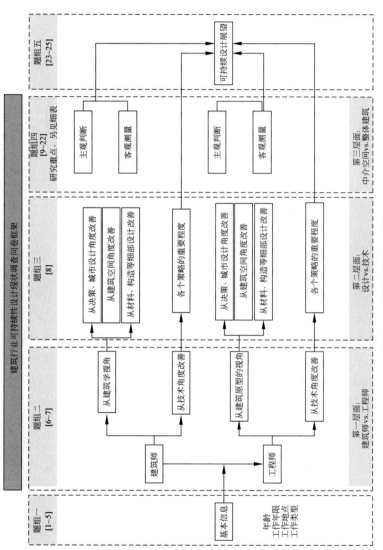

图 4-2　问卷题目设计框架

通风、空气品质[①]（见图 4-3）。

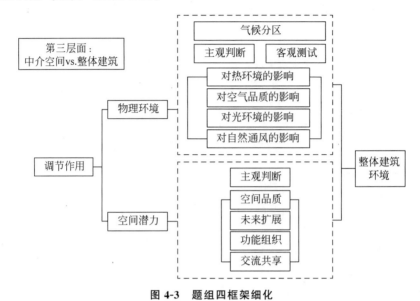

图 4-3　题组四框架细化

4.1.1　第一层面：建筑师与工程师

　　对从事一线工作的 302 位建筑师及 54 位工程师调研的数据结果表明，建筑师和工程师对于"设计优先"还是"技术优先"能够更好地提高建筑的可持续性能的观点中并没有特别明显的压倒性观点。近 60％被访建筑师与超 40％被访工程师认为建筑设计的优劣程度可能更多地影响建筑建成环境的可持续性能，相反超 40％建筑师与近 60％工程师认为技术体系的性能则是决定建筑建成环境可持续性能的首要因素（见图 4-4）。可见各个专业受到其专业背景的影响，一方面体现出被访者对待自身专业应承担建筑可持续性能份额的社会责任感，另一方面体现出从自身专业角度改善可持续性能的信心。

　　另一项交叉分析是在题目为"作为建筑师，您对您到目前为止的设计风格和作品是否满意？"选项中选择"非常明确，非常满意"及"基本明确，基本满意"的部分建筑师的个人设计风格定位类型与可持续侧重点的关系探讨。

　　在建筑师设计风格的自我定位中，31.1％的建筑师选择"尊重环境，以人

① 物理环境四项主因子的分类方法详见本书 6.1 节内容。

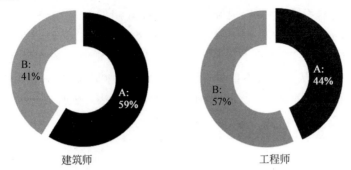

图 4-4　建筑师与工程师：在改善建筑可持建筑续性能方面，
您认为以下两个方面哪个更重要？

为本的可持续性设计"为个人设计的首要理念。其中 76.9％的人群持"可持续设计应该是从建筑的原型方面改善以提高舒适度并降低能耗"的观点。在尊重本土设计的建筑师当中，绝大多数（81.8％）的建筑师认为可持续设计重于技术。而一半以上设计风格多元化，依项目不同需求而改变的建筑师则认为可持续设计的提升依托高性能的技术体系更为重要。由此可以得出，尊重环境、地域、人文的建筑师比擅长多样性设计、参数化、高技术的建筑师更认为可持续建筑应从建筑原型方面改善舒适度并降低能耗（见图 4-5）。

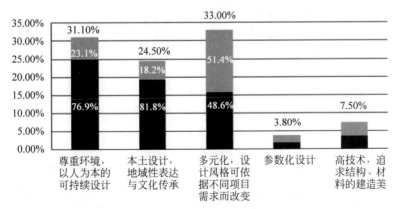

图 4-5　建筑师：您将自己的设计风格定位在？/在改善建筑可持续性能方面，
您认为以下两个方面哪个更重要？

4.1.2　第二层面：设计与技术

　　问卷的打分方式采用国际上目前比较常用的 7 分制语义差示尺度 (7-point semantic differential scale)[①]，评分尺度的一端表示"不重要"，另一端表示"非常重要"（见图 4-6）。为了方便比较，假定重要程度的变化呈线性指数，其变化从 -3（最不重要）至 3（非常重要）顺序变化，0 分为中立值。问卷的题目内容如表 4-1 所示，调研结果的数据如表 4-2 所示。

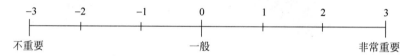

图 4-6　问卷中典型 7 分重要程度打分标尺

表 4-1　建筑师与工程师：可持续策略的重要程度评价

类　　别	题 干 分 项	最不重要	一般			非 常 重 要		
宏观：城市尺度	A 建筑与城市布局的关系，如结构形态、功能效率	-3	-2	-1	0	1	2	3
	B 建筑的选址、平面布局、朝向	-3	-2	-1	0	1	2	3
中观：建筑尺度	C 建筑的体型系数、窗墙比	-3	-2	-1	0	1	2	3
	D 建筑中是否使用了能够调节气候的开放空间，如庭院、中庭、天井	-3	-2	-1	0	1	2	3
	E 建筑中是否使用了能调节室内环境的技术性空间，如通风塔、采光井、地道风、阳光间	-3	-2	-1	0	1	2	3
	F 建筑围护结构的构造做法和气密性	-3	-2	-1	0	1	2	3

---

　　① 语义差别（semantic differential）法简称 SD 法，是美国心理学家 Chades Egerton Osgood (1916—1991) 于 1957 年在其论文"The measurement of meaning"中提出的一种心理测定的方法，又称感受记录法，通过语言尺度进行心理感受的测定。目前常用于空间感知研究、对使用者的满意度的调查、对使用空间的舒适度评价等方面，被建筑学及建筑环境学广泛使用，用于评价使用者的主观感受，也作为各种科学模型、物理方程的一种基于实际经验的校验手段。

续表

类　　别	题干分项	最不重要	一般				非常重要	
微观：细部尺度	G 建筑屋顶、立面的绿化率	−3	−2	−1	0	1	2	3
	H 建筑采用材料的可回收率和污染排放程度	−3	−2	−1	0	1	2	3
	I 建筑使用的设备系统类型和效率	−3	−2	−1	0	1	2	3
	J 建筑是否利用了太阳能等可再生能源	−3	−2	−1	0	1	2	3
	K 建筑是否节约并循环利用水资源	−3	−2	−1	0	1	2	3

表 4-2　建筑师与工程师：可持续策略的重要程度分值计算结果

设计/建造一座能耗低、舒适度高的公共建筑,您认为以下措施的重要程度如何?	建筑师	工程师
A 建筑与城市布局的关系,如结构形态、功能效率	1.50	1.86
B 建筑的选址、平面布局、朝向	1.84	2.14
C 建筑的体型系数、窗墙比	1.44	1.65
D 建筑中是否使用了能够调节气候的开放空间,如庭院、中庭、天井	1.23	0.45
E 建筑中是否使用了能调节室内环境的技术性空间,如通风塔、采光井、地道风、阳光间	0.77	0.54
F 建筑围护结构的构造做法和气密性	1.56	1.55
G 建筑屋顶、立面的绿化率	0.41	0.38
H 建筑采用材料的可回收率和污染排放程度	0.76	0.64
I 建筑使用的设备系统类型和效率	1.07	1.59
J 建筑是否利用了太阳能等可再生能源	0.56	0.41
K 建筑是否节约并循环利用水资源	0.78	0.95

　　从图 4-7 的对比中可以总结以下三条结论。第一,建筑师与工程师均普遍重视建筑设计宏观层面即在城市尺度下的可持续决策与设计,工程师比建筑师更加认为建筑的原型决定了建筑的可持续程度。第二,建筑师与工程师存在明显认同差异的问题在于"建筑中是否使用了能够调节气候的开放空间"及"建筑中是否使用了能调节室内环境的技术性空间",往往建筑师主观上认为具有重要调节作用的空间类型与工程师的认同程度大相径庭。尤其是庭院、中庭、天井等类型的开放空间,建筑师认为的重要程度达 1.23,相较于工程师给出的 0.45 来讲,差异非常明显,可见这一策略的有效

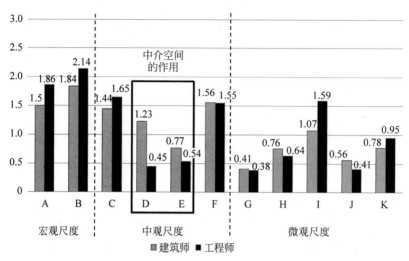

图 4-7　设计与技术：可持续策略的重要程度分值计算结果对比曲线

性需要进一步验证。第三，建筑师与工程师在可持续设计理念方面已经逐步转变，可持续性能不再是"绿色"或者"技术"的标签，建筑屋顶、立面的绿化率，可再生能源的利用程度被视为重要程度最低的策略。

上述结论二是本书研究的核心问题：建筑师普遍认同的具有调节作用的庭院、中庭、井道等空间，在实际的使用过程中对建筑的可持续性能到底是如建筑师认为的"重要的积极作用"，还是如工程师认为的"并没有那么重要"？这个问题值得通过实际的检测验证进行深入的探讨。

4.1.3　第三层面：中介空间与整体建筑环境

第三层面的调查分别针对四种中介空间的类型展开，被访对象均是认同"从建筑的原型上改善建筑的合理性，从而降低能耗，提高舒适度"观点的199 位建筑师及工程师。调查针对每个类型的空间形式设计四道题目。首先通过题目"公共建筑设计时如果不使用以下空间的原因？"判断主观层面上该类空间的主导性缺陷或者该空间利用的受制因素。题目二"公共建筑设计时若采用××空间，您所关注的重点是？"判断主观层面上目标空间的优势及设计的重点。题目三是"请为××空间的调节作用的重要程度打分"，是主观的空间潜力调节作用和客观物理环境调节作用预测的双重判断机制，问题选项的设置与研究 8 类评价因子对应，即主观层面的空间品质、未来扩展、功能组织、交流共享及客观层面的热环境、光环境、自然通风、空气品质。题目四"请为××空间在不同气候区的气候调节作用重要程度打分"基于不同的气候分区条件下各类中介空间的使用程度和关注重点进行逐一判断。打分方式同样采用 7 分制语义差示尺度,评分尺度的一端表示"不重要",另一端表示"非常重要"。为了方便比较,假定重要程度的变化呈线性指数,其变化从 −3(最不重要)至 3(非常重要)顺序变化,0 分为中立值。

　　题组三的调研是根据被访对象现有的知识体系与经验积累进行的主观判断,是研究对象的其中一端,即通过问卷调研的形式考察建筑师、工程师在现有的知识背景和经验积累基础下对空间调节性能的理解;研究对象的另一端则是针对使用者满意度和空间物理环境的客观验证。研究的目的是通过两端研究对象的真实性验证,判断两者之间的一致与差异,以及主观判断与客观事实的关联程度。本章的主观问卷调研只能反映出被访对象基于自身背景和经验积累的主观判断,不能作为空间评判的绝对标准。空间性能调节价值的评判方法另见本书第 5～第 7 章所述。

　　针对不同空间类型,问卷调研结果分析如下。

1. 院落空间

　　大部分被访者认为在建筑中不使用院落空间一方面因为会影响空间的使用效率(占 27%),另一方面因为该空间类型与建筑风格形式不匹配(占 36%)。对于被访对象而言,院落空间的设计并非一项技术难题,决定是否采用此类空间主要受到经济效率和项目性质的影响(见图 4-8)。

　　院落空间的关注重点中各个选项的票数居多,说明被访对象对此类空间的设计比较熟悉。在院落空间的设计中,建筑师(工程师)主要的关注重点相对平均,设计重点放在院落的空间形态、比例尺度、功能扩展、交通组织和气候调节作用等多个方面。相比较而言,院落空间的界面形式,即开窗方式位置以及围护界面的材质是设计师主观判断上认为最不重要的环节(见图 4-9)。

　　图 4-10 是被访对象基于 8 类评价因子给出的重要程度分值(−3 表示最不重要,3 表示非常重要,0 分为中立值),8 类评价因子包括主观层面的空间品质、未来扩展、功能组织、交流共享及客观层面的热环境、光环境、自然通风、空气品质。首先,从被访对象对建筑物理环境的主观判断来看,院落空间对整体建筑的物理环境中的光环境贡献最大(2.26 分),并能保证良好的自然通风,提高室内空气品质。相对而言,院落空间对建筑室内的热环境(1.56 分)的调节程度较小,在夏热冬冷、夏热冬暖及温和地区具有一定

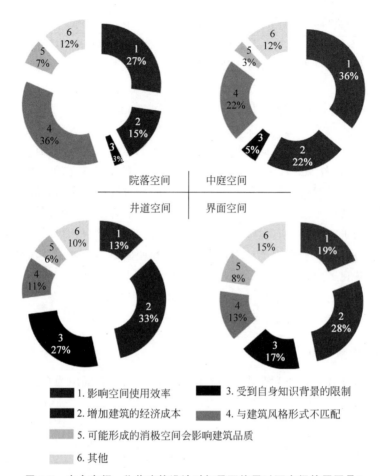

图 4-8 中介空间：公共建筑设计时如果不使用以下空间的原因是？

的调节优势，而在北方寒冷地区，尤其在严寒地区，院落空间的重要程度呈现负值（－0.1 分，见图 4-11）。说明被访者普遍认识到院落空间在寒冷地区及严寒地区可能对热环境造成消极影响。建筑设计如果基于采光通风等因素的影响，当需要利用院落空间时，建筑整体的热环境是薄弱环境，反而更需要关注。其次，从空间的使用环境品质来讲，主要体现为使用者、设计师的主观感受评价，包括空间体验的舒适度、空间灵活度、空间的利用效率和空间的满意度等方面。从被访者给出的分值来看，院落空间的使用环境品质占有很大的优势，四项评价均较高，尤其是在提供交流空间、改善人际关系（1.84 分）、合理组织功能区块和提高空间利用率方面（1.78 分）的认同度有显著的积极作用。

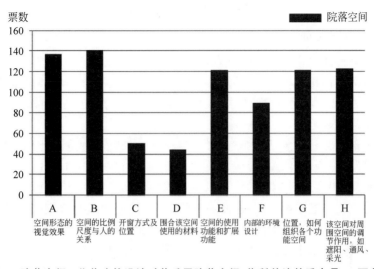

图 4-9　院落空间：公共建筑设计时若采用院落空间，您所关注的重点是？（可多选）

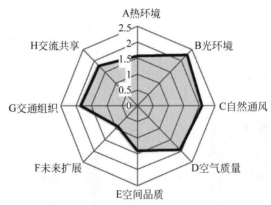

图 4-10　院落空间：调节程度评分

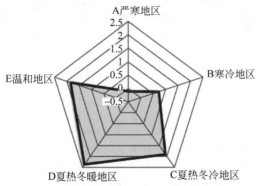

图 4-11　院落空间：不同气候区重要程度评分

2. 中庭空间

中庭空间的主导性缺陷或者该空间利用的受制因素主要是有可能影响建筑空间的使用效率（占 36％）。此外，"在一定程度上会增加建筑的经济成本"（占 22％）和"与建筑风格形式不匹配"（占 22％）也是影响中庭空间利用的主导因素之一（见图 4-8）。

大部分被访对象认为"空间形态的视觉效果"以及"空间比例尺度与人的关系"是中庭设计过程中应当关注的重点。与院落空间关注重点的趋势基本相同，中庭组织功能的作用以及对周围主体空间采光和通风的气候调节作用也受到建筑师与工程师的广泛关注。然而，"围合中庭使用的材料"以及"中庭开窗方式及位置"是被访者认为最不重要的部分（见图 4-12）。在本书的 2.3 节中，笔者通过清华大学建筑设计院和清华大学照澜院食堂两座建筑在夏季工况下实际物理环境测试的对比，证明了具有同样类型的中庭（边庭）空间，开窗方式的不同会使建筑室内环境的热环境、光环境以及使用者的舒适度等方面产生巨大差异。被建筑师和工程师忽视的界面形式以及开窗位置与方式往往是决定建筑室内环境品质的关键因素，也是决定建筑可持续性能的重要内容。

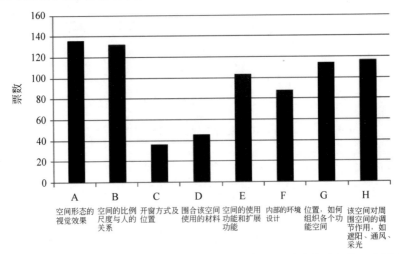

图 4-12　中庭空间：公共建筑设计时若采用中庭空间，您所关注的重点是？（可多选）

从被访对象对中庭空间 8 类评价因子的评分来看，中庭空间的营造有利于提高建筑感观品质的特点显然被普遍认可，重要程度的评分最高（1.92分），可见良好的中庭空间设计对整个建筑空间使用品质具有提升作用。然而中庭空间设计的灵活性,即为未来功能扩展提供可能的可变性设计被设计师认为是相对不重要的环节,评分仅 0.97。对应前文所述题目"公共建筑设计时如果不使用中庭空间的原因是?"的分析结果(见图 4-8,中庭空间),36%的被访者认为中庭空间最大的弊端是影响空间的使用效率,可以看出为了满足建筑的感观体验、交通组织以提高空间品质,建筑师一方面以牺牲空间的使用效率为代价,另一方面又较少采取积极措施增强空间的利用率,忽视了空间的复合性能和灵活应变能力。

在被访对象对建筑空间物理环境调节作用的主观判断中,中庭空间对光环境的改善仍起到最大的贡献度(1.86 分),其次是能够较好地实现室内空间的自然通风、提高室内的空气品质,而对建筑整体的热环境影响度最小(1.32 分)(见图 4-13 和图 4-14)。这些判断将会在本研究的第 5 章基于实际物理环境的测试中给出证实或者证伪。

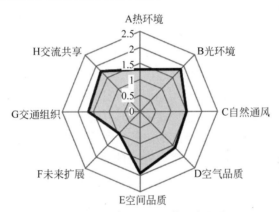

图 4-13　中庭空间:调节程度评分

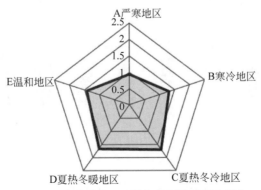

图 4-14　中庭空间:不同气候区重要程度评分

3．井道空间

井道空间的主导性缺陷或者该空间利用的受制因素，一方面是由于井道空间在很大程度上增加了建筑的经济成本（占 33％），另一方面是由于建筑师和工程师自身的专业背景知识不足（占 27％，见图 4-8）。

被访对象对井道空间设计关注重点的投票结果证明了建筑师和工程师受制于自身专业背景知识，在投票中显示出不自信和不确定的现象，在整体的投票数中票数总计最少。相较于前两类空间，除了"对周围主体空间的调节作用"一项之外，井道空间的各项指标被普遍认为都不是设计所关注的重点。投票结果表明井道空间在建筑中具有气候调节性能方面的绝对优势，其存在的目的就是改善建筑物理环境的性能，投票结果反映出其与设计的关联程度较弱（见图 4-15）。在图 4-16 的分析中也有所印证，井道空间对建筑的自然通风重要程度的评分最高（1.86 分），光环境其次（1.49 分），空气品质第三（1.31 分），热环境最低（1.03 分）。在分析结果中，还能看到另一个现象：对应全国气候的热工分区，井道空间普遍被认为能够更有效作用于温度较高的气候区（夏热冬暖地区、夏热冬冷地区与温和地区），说明井道空间被认为是缓解建筑高热环境的手段（见图 4-17）。而本书的 2.3 节表明，在高热的气温环境下，自然通风或利用热压通风并不利于降低建筑室内的温度，反而会导致建筑室内温度随室外温度的波动而波动，通风使室内达到室外温度的最高值，进而降低室内环境的热舒适度。而在寒冷地区和严寒

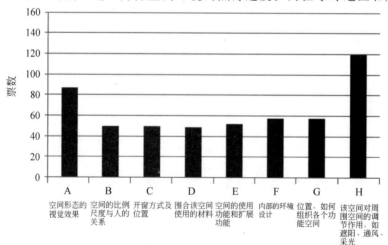

图 4-15　井道空间：公共建筑设计时若采用井道空间，您所关注的重点是？（可多选）

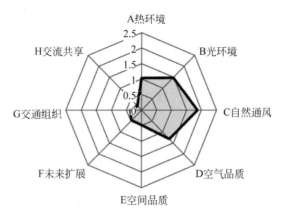

图 4-16　井道空间：调节程度评分

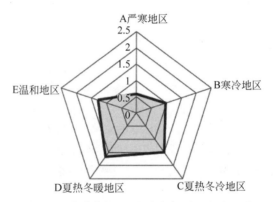

图 4-17　井道空间：不同气候区重要程度评分

地区的夏季，在室外温度相对不高、湿度较低的气候条件下，井道空间的通风降温效果反而更加明显，更有利于建筑节能。

　　因此调研结果表明，被访对象对井道空间的利用方法和作用的认识存在误区，尤其是在不同气候区的温度变化幅度与井道空间能够调控的温度变化范围之间的平衡关系，需要通过实际物理环境测试进行验证。

　　此外，井道空间在被访对象主观使用环境品质的四项评分中，得分均低于 0.5 分，其中"提供交流空间，改善人际关系"一项得分最低，仅 0.19 分。那么由于既"在很大程度上增加了建筑的经济成本"，又对建筑整体空间使用环境品质的贡献度较低，井道空间的气候调节作用所显现出的性能优势价值是否与创造该空间的代价成正比，是设计井道空间时需要重点权衡的问题，避免出现"为建筑的可持续性能买单"的虚假现象。

4．界面空间

界面空间的主导性缺陷或者该空间利用的受制因素主要是增加建筑的经济成本（占 28％）。此外，在一定程度上受到建筑师和工程师专业知识背景的局限（占 17％）、降低空间的使用效率（占 19％）也是影响界面空间利用的主导因素之一（见图 4-8）。

被访对象认为界面空间应重点关注的设计内容包括该空间对周围主体空间的气候调节作用以及该空间形态的视觉效果。而界面空间的界面仍然不是建筑师、工程师关注的重点，开窗的方式及位置和围合该空间所使用的材料两个能够直接反映界面性质的选项投票数依然最低。可见建筑师与工程师在选用此类空间时存在一定的随机性和盲目性，往往是基于自身的假设或者知识背景的模糊印象判断此类空间"有调节之用"，但对于具体如何调节与如何优化调节效果缺乏论据。

在对界面空间的 8 类评价因子的评分来看，界面空间的物理环境品质优势明显优于使用环境品质。界面空间对建筑整体的热环境作用程度最高，作为建筑的缓冲层，缓解室内冬季昼夜温度变化（1.89 分）；对光环境贡献度其次，体现为夏季遮阳，防止直射阳光影响工作环境（1.59 分）；空气品质第三（1.32 分），自然通风最次（0.96 分）（见图 4-18～图 4-20）。

与井道空间趋势相同，投票结果表明界面空间在建筑中具有气候调节性能的优势，其存在的目的就是改善建筑物理环境的性能，与设计的关联程

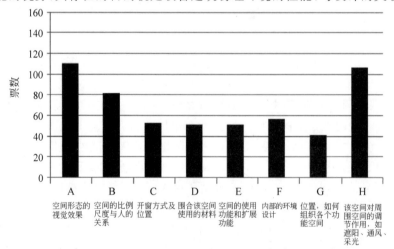

图 4-18　界面空间：公共建筑设计时若采用界面空间，您所关注的重点是？（可多选）

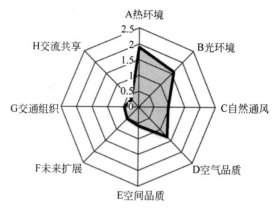

图 4-19　界面空间：调节程度评分

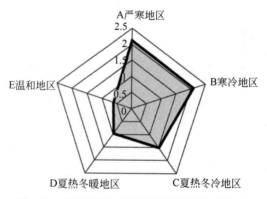

图 4-20　界面空间：不同气候区重要程度评分

度较弱,对建筑整体空间的使用环境品质贡献较小,四项使用环境品质的评价因子在"提高调节建筑室内环境的灵活性""营造建筑空间气氛""提供交流空间,改善人际关系""组织周围各个功能空间"方面得分均在 0.5 上下。与井道空间相同,界面空间一方面可能增加建筑经济成本,降低空间的使用效率,另一方面可能不利于提高建筑使用的环境品质以及建筑的舒适度、满意度和灵活扩展度,那么利用界面空间的气候调节作用降低的建筑能耗成本与创造该空间的投入成本相比,其价值的正负则需要在设计过程中进行综合判断。理性的舍弃或者通过合理的设计手段提升综合价值是选用此类空间的重点。

5. 综合分析

从整体的投票趋势来看,四种类型的中介空间对于周围主体空间的气候调节作用被建筑师与工程师认同和重视，其空间形态的视觉效果也是被访者普遍关注的重点之一。从投票结果来看，表现出一线建筑师对"从建筑原型提高建筑的可持续性能"的信心，但又表现出对空间调节能力了解的不足。主要体现在以下几个方面。

（1）四类中介空间中，开窗方式位置以及围护界面的材质是设计师主观判断上认为最不重要的环节（见图 4-21）。但实践证明开窗方式的不同造成建筑室内环境的热环境、光环境以及使用者的舒适度等方面的巨大差异。被建筑师、工程师忽视的界面形式以及开窗位置、方式往往是决定建筑室内环境品质的关键因素，也是决定建筑可持续性能的重要环节。

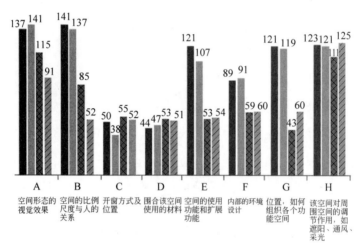

图 4-21　中介空间：公共建筑设计时若采用该空间，您所关注的重点是？（可多选）

（2）院落空间在北方地区，尤其在严寒地区的重要程度呈现负值（−0.1 分），说明被访者普遍认识到院落空间在寒冷地区及严寒地区可能存在热环境方面的消极影响，建筑设计如果基于采光通风等因素的影响需要利用院落空间时，建筑整体的热环境则是薄弱环节，反而更需要关注。

（3）良好的中庭空间设计对整个建筑空间使用品质有提升作用，然而中庭空间设计的灵活性，即为未来的功能扩展提供潜在的可变性被设计师认为是相对不重要的环节。对应绝大多数被访者认为中庭空间最大的弊端是降低空间的使用效率，可以看出为了满足建筑的感观体验、交通组织以提高空间品质，建筑师一方面以牺牲空间的使用效率为代价，另一方面又较少采取积极措施增强空间的利用率，忽视空间的复合性能和灵活应变能力方面的不足需要被重视（见图 4-22）。

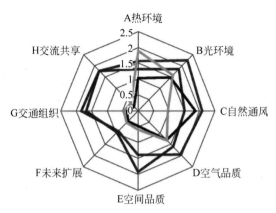

图 4-22　中介空间：调节程度评分

（4）从被访对象的调研结果分析来看，对井道空间的利用方法和作用的认识存在误区，尤其是在不同气候区的温度变化幅度与井道空间能够调控的温度变化范围之间的平衡关系，需要通过实际物理环境测试进行验证。对于既"在很大程度上增加了建筑的经济成本"，又对建筑整体空间使用环境品质的贡献度较低的井道空间，其气候调节作用所显现出的性能优势价值是否足以抵消该空间的代价，是设计井道空间时需要重点权衡的问题，避免出现"为建筑的可持续性能买单"的虚假现象（见图 4-23）。

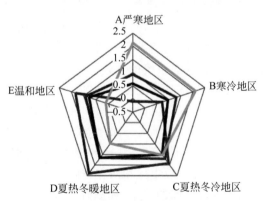

图 4-23　中介空间：不同气候区重要程度评分

（5）与井道空间相同，界面空间一方面增加建筑经济成本，降低空间的使用效率，另一方面又不利于提高建筑使用的环境品质、提高建筑的舒适度、满意度和灵活扩展度，那么利用界面空间的气候调节作用降低的建筑能耗成本与创造该空间的投入成本相比,其价值的正负则需要在设计过程中进行综合判断。理性的舍弃或者通过合理的设计手段提升综合价值是选用此类空间的重点。

4.2   建筑空间信息参数的类型解析

18世纪末,法国人 J. N. L. 迪朗(J. N. L. Durand)以分类作为基本方法来讨论空间的图构学①。基于建筑的实用主义和经济意义,强调理性、排除形而上的论调,把建筑定义为隶属于自身逻辑过程的封闭图示体系。他把有机类型学转化成为建筑实践的一种词汇——迪朗的图构系统。迪朗的图构系统从二维角度将构成空间形态的平面元素进行图形化的归类,利用平面形态的拓扑关系归类空间,反映出建筑空间类型在建筑平面形态的点、线、面的同一性和重复性。

埃德蒙·N. 培根(Edmund N. Bacon)在《城市设计》(*The Design of Cities*,1974)中指出室内空间与室外空间的建筑形式是体量与空间联系的关键,"建筑形式、质感、材料、光与影的调节、色彩等是决定空间品质的关键因素,表达空间品质或精神"[119]。布鲁诺·赛维(Bruno Zevi)认为:"建筑不仅是面域呈现出长和宽的空间形态,更是一个三维的空间。当我们站在空间当中,其间有很多点、线是相互交错存在的。"[120]赛维将建筑的外部空间认为是城市空间,强调建筑内部空间是建筑的主角,忽视外部空间的存在,而芦原义信以"外部空间"为名加以研究,从建筑空间实践的角度,把空间分为内部空间和外部空间,而后着重对外部空间的概念、要素、设计手法和秩序建立等问题做了深入而系统的论述。芦原义信在其著述《外部空间设计》中,将限定建筑内部空间的"地板""墙""天花板"定义为"限定空间的三要素"。以三者为限可以区分出内部空间和外部空间的所属领域。此外,按照其空间的类型属性,他继而提出了如"空间秩序""积极空间""消极空间""加法空间""减法空间"等具有启发性的概念[121]。萧默先生在其主编的《中国建筑艺术史》中,在比较中国和西方空间观念的差异中,说明了中国空间中的内部空间和外部空间的关系,如庭院空间是露天的、二度的,只有长、宽两个尺度;在中国人的观念中,这种主要体现为庭院的、相对单体可称为"外部空间"的空间,对于围墙所限定的整个建筑群而言,又成了内部空

---

①   王丽君. 类型学建筑[M]. 天津:天津大学出版社,2003.

间[122]。这种内部空间与外部空间的转化被黑川纪章称为"灰空间"。他认为两个极端之间的边缘地带上温和荡然无存,牺牲于理性[123],为此他提出介于室内和室外之间的空间类型,即灰空间。事实上,这种空间类型在中国传统的建筑空间,如檐下、亭廊、室外走廊等多样化的空间处理方法中明显可见,代表了一种典型的东方式的空间观念。

对于一个单一空间来讲,可以将其简化成一个三维的几何体,这个几何体可能是一个具有体量感的实体或是一个包含了面域和限定空间的虚空。

由此可以总结出一个单一的空间体所包含的元素[124]:

(1)点、线、面——限定空间的要素;

(2)内部空间;

(3)灰空间(半内部、半外部空间);

(4)外部空间。

彭一刚在《空间组合论》中,将单个空间中功能对空间的需求归纳为大小形态、性质和容量三个方面,对于多个空间组合,除了上述三个方面之外,还应当加上功能之间的联系这一因素[125]。戴志中进一步对此四个因素进行了分类描述和解释,将空间的要素分成四个方面,即形、质、量、构(联系)。

(1)空间的形指空间的形态、大小,即空间的几何尺度;

(2)空间的质指围合空间的点、线、面的实体的特性,也就是空间界面的性质;

(3)空间的量是空间的容积,即内部空间所包含容纳的物质;

(4)空间的构指多个空间之间的联系,即外部空间的关联状态。

在此分类的基础上,按照本书第 3 章所阐述的建构指标指数,需要解决的两个核心问题是无量纲化处理和综合权数的构造,那么对空间这个模糊的四维形态则首先需要进行分层级的因子化处理,依照逻辑的层级分类将空间进行参数信息化的描述。在建筑空间的参数信息处理的过程中,研究采用系统工程分析方法中的层次分析处理(analytic hierarchy process,AHP)法①,将复杂问题简化,该手段能够将定性问题进行定量转化,同时可以实现定性与定量相结合。

---

① AHP 法是将与决策总是有关的元素分解成目标、准则、方案等层次,在此基础之上进行定性和定量分析的决策方法。针对多层次结构的系统,用相对量的比较确定多个判断矩阵,取其特征根所对应的特征向量作为权重,最后综合出总权重并且排序。该方法的可靠度比较高,误差较小,但评价对象的因素不能太多(一般不多于 9 个)。

4.2.1 空间的形：几何尺度

贺勇在《空间的背后》一书中，将空间的属性分为了几何属性、物质属性和时间属性[126]。一个单一空间的几何尺度除了包含三维立方体的形状特征以及长、宽、高等几何信息之外，作为建筑空间，还应包含建筑所特有的空间尺度信息，如空间所容纳的建筑层数、各层的层高，空间内的结构体系，如柱网的尺寸，空间相对于地面的标高等建筑信息（见图4-24）。

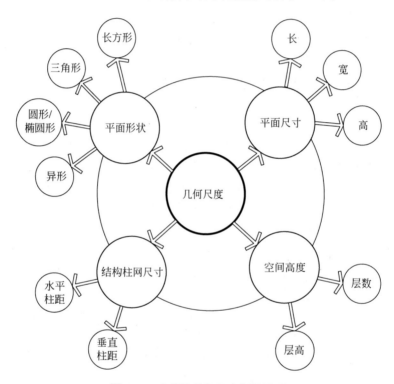

图 4-24   空间的几何尺度与因子项

几何属性在"形"与"体"的层面上限定了空间的边界，确定了空间的类型，规定了流线，从而在很大程度上决定了一个建筑的视觉感知与空间体验。例如，电影院和剧院同样是观演空间，有着几乎相同的舞台、观众坐席，但是由于受到不同声学要求对室内空间的限制，两者在几何尺度方面存在差异，比较之下，电影院的电声空间进深较狭长，而剧院等语言类空间的开间则较宽。室内空间的几何尺寸也同样影响人们在空间内的活动方式。英国建筑评论家布莱恩·劳森（Bryan Lawson）认为在人类关系的空间距离分类方法中，最权威的研究为爱德华·特威切尔·霍尔（Edward Twitchell Hall）将人类的关系距离分为"亲密""个人""社交""公共"距离。空间设计的挑战在于促进而不是抑制适合空间行为的设计目的的行为场景[127]。

不仅如此，几何尺度也是影响建筑被动调节作用的关键因素。在建筑的物理环境性能方面，几何尺度对室内的热环境、通风、采光和声环境都会产生影响。在相同体积的基本几何形体中，球体有着最小的表面积与容积比，具有最小的散热面积，圆柱形其次，正方形再次，三角形虽然最差，但做切角处理修正后，仍优于矩形截面。空间形态与布局方式关系到空间与外界的接触面积，从而影响空间对热量的需求。集中的形体有利于避免热量损失，形体越分散能量损失越大①。克劳斯·丹尼尔斯（Klaus Daniels）用图式语言表达出了建筑及空间的几何形体在寒冷、温和、干旱和炎热的环境下，建筑或空间适宜的几何形态和比例尺度，并在此基础上进一步对影响建筑受阳面有效面积的建筑朝向和辅助空间位置做出了优化说明[128]。

克劳斯·丹尼尔斯还列举了建筑不同平面的长宽比在冬季期间的热量需求和在夏季的得热率[129]，描述了不同体形系数对建筑热损失的影响并得出结论：建筑的表面积与空间所占体积的比值由 9∶1 变化至 1∶2，即在表面积减小，体积增大的过程中建筑相对热损失 Q_T 剧烈减少，到 1∶4 时 Q_T 达到最低值。而当体形调整至表面积继续减少，体积增大时，建筑的相对热损失 Q_T 又开始逐步增大。

笔者在对寒冷地区（北京和西安）选取的 8 座建筑②在夏季、冬季室内物理环境进行实际测试中发现，冬季受到主动式热源控制的影响，依据空气动力学原理，冷空气下沉热空气上升，室内温度的波动随层数的增加，平均

---

① Klaus Daniels. The technology of ecological building: Basic principles, examples and ideas [M]. Berlin: Birkauser Verlag. 1997: 63.

② 8 座建筑包括：清华大学建筑设计研究院（见附录 D No.10）、清华大学逸夫图书馆（见附录 D No.1）、清华大学照澜院食堂（见附录 D No.5）、西安浐灞商务中心（见附录 D No.13）、西安浐灞管委会办公楼（见附录 D No.12）、陕西省图书馆（见附录 D No.2）、西安交通大学教学行政主楼（见附录 D No.14）以及北京嘉铭中心办公楼（见附录 D No.7）。

每层增加 2～4℃，层数越高的建筑整体室内温度分布不均匀现象越显著[①]。过渡季和夏季在不受到任何主动式空调设备控制的情况下，室内逐层温度差别较小，但下层温度仍然低于上层温度，每层的温度差别为 0～2℃（见图 4-25和图 4-26）。夏季在主动式空调系统开启的状态下，室内温度受到空调设备的空气调节作用，室内温度在不同能源消耗的基础上，能够保持各层温度基本一致。

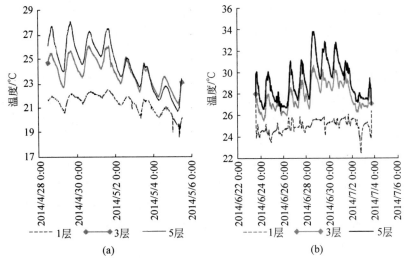

图 4-25　一周内室内各层温度分布曲线（清华大学建筑设计院）

（a）过渡季；（b）夏季（无主动空调控制）

　　空间的几何尺度不仅影响空间在全年气候条件下整栋建筑垂直温度场的分布情况，在中介空间特有的烟囱效应方面，空间的几何尺度也在很大程度上决定了其通风的效率。热压作用下的自然通风量 N 可以用式(4-1)计算：

$$N = 0.171 \frac{A_1 A_2}{\sqrt{A_1^2 + A_2^2}} [H(t_n - t_w)]^{0.5} \qquad (4\text{-}1)$$

---

　　① 李珺杰,宋晔皓,赵元超.基于公共建筑使用后物理环境测试的可持续建筑空间调节作用研究[C].第十届国际绿色建筑与建筑节能大会论文集,2014.

　　Yehao S, Junjie L, Ning Z, et al. A research on two types of buffer zone impact on surrounding office space environment in winter in cold climate zone[J]. Journal of Harbin Institute of Technology, 2014, 21(5): 33-39.

　　Yehao S, Junjie L, Ning Z, et al. Fieldwork test research of the impact on building physical environment on six types of atrium space in cold climates[J]. Journal of Harbin Institute of Technology, 2014, 21(4): 84-90.

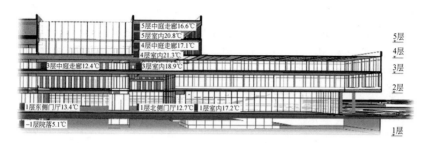

图 4-26　冬季建筑逐层平均温度分布（西安浐灞商务中心）

其中，A_1、A_2 分别为进风口、排风口面积（单位：m^2），t_n、t_w 分别为室内外温度（单位：℃），H 为进风口与排风口之间的高度差（单位：m）。

由式（4-1）可以看出，具有调节作用的空间其空间高度的平方根与热压通风的通风量成正比，即直接影响热压通风的效率。表 4-3 说明了在空间高度与进出口温差作用下，空间内垂直方向的压力差情况。高度越高、温差越大，则空气压力越大，能产生的烟囱效应作用效果也越强。但是，当室外环境温度高于室内时，可能在烟囱腔体内形成负压，从而产生逆向烟囱效应，即烟囱顶部的风口将空气吸入与其相连的建筑空间内部[128]。

表 4-3　烟囱效应作用引起的压强差

出风口与进风口的温度差/℃	垂直高度空气压力差/Pa				
	5 m	10 m	20 m	50 m	100 m
−10	−2.32	−4.64	−9.28	−23.2	−46.4
0	0	0	0	0	0
10	2.32	4.64	9.28	23.2	46.4
20	4.64	9.28	15.56	46.4	92.8

资料来源：姜冶.利用竖向空间实现大进深建筑通风设计研究[D].沈阳：沈阳建筑大学,2012.

从式（4-1）中可以看到，影响建筑空间烟囱效应的不仅是空间的几何尺度，还有该空间与室外环境直接交换的界面，即开窗洞口的尺寸、位置和形态特征（A_1、A_2）。如此引出可能影响建筑空间被动调节作用的建筑信息的另一类因素——空间的界面性质。

4.2.2　空间的质：界面性质

空间最基本的要求是能够遮风避雨、抵御寒暑，再进一步则是必要的视觉体验、采光、通风和日照的要求。空间的质指围合空间的点、线、面的实体特性，也就是空间界面的性质。对于建筑体来讲，界面为建筑的围护结构；对于单体空间来讲，界面为形成空间的边界实体。影响建筑围护结构性质的因素包括墙体、窗、孔洞以及遮阳措施（见图 4-27）。在此基础上可以再次细分为决定建筑界面性质的各类细分因子指标，如透质或不透质界面的材质种类、窗户的位置和窗墙比、可开启扇的比例、遮阳系统的方式、围护结构的厚度和热工性能等。

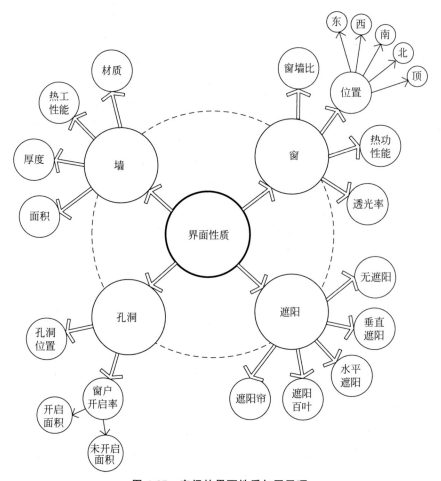

图 4-27　空间的界面性质与因子项

不同界面性质也可以引起人们不同的情感反应，从而与功能产生互动。不同建筑的界面设计，使建筑带有各自的特有属性，建筑立面往往是因功能自内向外的产物。巴拉干在墨西哥城自宅中设计了四分窗户，室外明亮的光线透过十字形窗户缝隙透入昏暗的室内,给室内带入一种神秘的宗教色彩,安慰着房间主人的内心(见图 4-28)。这种手法在安藤忠雄的光之教堂中被沿用,混凝土墙面上留出十字形切口,自然光束打在墙面的切口上,在较为黑暗的一侧呈现出光的十字架,平和而充满力量,带给人精神上的抚慰(见图 4-29)。

图 4-28　巴拉干自宅中的窗

图 4-29　安藤忠雄光之教堂的墙

生态建筑学中借用生物学的表皮来形容建筑的围护结构。表皮借鉴动物皮肤的保护和能量交换功能,形成一种基本的设计方法。雅克·赫尔佐格认为建筑所呈现出的形式如同人的皮肤,内部功能结构如同人的骨骼,而人穿着的不同样式和材质的衣服则表达出个体的多样性和社会的丰富性。人的衣服与建筑的表皮都是公共和私密的交界面[130]。建筑表皮的材料与建构方式不仅是建筑所特有的形态面貌,它也与其所处的环境以及所面向的使用者息息相关。美国加利福尼亚纳帕山谷的多名莱斯葡萄酒厂的表皮设计就表现出了建筑表皮视觉感受、安全、遮蔽、通风、采光和蓄热的多种作用。赫尔佐格和德梅隆考虑当地昼夜温差大和适应葡萄生长、酒的酿造与储藏之间的矛盾,利用当地特有的石材作为建筑表皮的基本元素。石材具有优秀的蓄热能力,白天吸收并储存太阳辐射能量,夜晚将热量释放至建筑内部。形状不规则的石头用金属笼子装盛,不同颜色的石头装点建筑的立面。建筑最底层靠近酒窖和库房的周围采用小尺寸的石材,保证围护结构的坚固性和密实性;中尺寸的石头位于底部防止响尾蛇穿过石缝爬入建筑;大尺寸的石头位于办公层,自然光和风透过石头缝被带入室内。

界面性质对建筑(空间)的影响不仅体现在上述使用者体验和物理环境等方面,建筑表皮的设计在很大程度上影响建筑的保温隔热能力,从而影响建筑运行期间的一次能源消耗。克劳斯·丹尼尔斯总结了窗墙比、朝向和空间年平均热量需求之间的关系[130]，说明了不同窗墙比情况下，位于南侧、东西侧和北侧在年单位平方米的能量需求之间的差异，并得出南侧最少，单位平方米的年均能耗约为 53 kW·h/m²，东西两侧次之，约为 61 kW·h/m²，北侧能耗最多，约为 67 kW·h/m²[①]。

建筑材料的热工性能对建筑使用环境的舒适度和运行期间的能耗也会有很大的影响。物体的导热能力以导热系数来衡量，材料的导热系数指示材料的导热性能，受到厚度、两端的温度、表面积和含水率等因素的影响。导热系数 λ 的意义指"热流在通过 1 m 厚的材料，当两侧表面温差为 1 K 时，在单位时间内通过 1 m² 表面积的热量"。通常情况下，导热系数小于 0.05 W/(m·K)的材料称为高效保温材料。

材料的导热系数 λ（单位：W/(m·K)）的表达式为

$$\lambda = \frac{Q\delta}{(\tau_1 - \tau_2)ST} \tag{4-2}$$

其中，Q 为通过材料的热量（单位：J）；δ 为材料厚度（单位：m）；τ_1，τ_2 为材料两边的温度，且 $\tau_1 > \tau_2$（单位：K）；S 为材料的表面积（单位：m²）；T 为热量通过材料的时间（单位：s）。

材料的热阻 R（单位：m²·K/W）与导热系数成反比，受到材料厚度的影响，其表达式为

$$R = \frac{\delta}{\lambda} \tag{4-3}$$

材料的传热系数（μ，单位：W/(m²·K)）与导热系数（λ，单位：W/(m·K)）、比热容（c，单位：kJ/(kg·K)）、干密度（ρ，单位：kg/m³）以及热流波动的周期（T，单位：s）相关。传热系数反映了材料对波动热作用的灵敏程度，是衡量保温隔热材料蓄热能力的重要性能指标。传热系数越大，材料的热稳定性越好。

材料的传热系数的表达式为

$$\mu = \sqrt{2\pi\lambda c\rho/T} \tag{4-4}$$

---

① 建筑能耗与气候环境、平面布局、体形关系、建筑材质、构造方法、系统构成、使用方式等多方面因素相关，决定能耗的因素相互影响，很难从剥离的单一变量进行考量。克劳斯·丹尼尔斯的能耗比较曲线以及数值是在欧洲气候环境下对建筑的数据分析，研究的是 20 世纪 90 年代的能耗构成，对于现今的建筑来讲能源构成可能会有较大出入，但作为比例关系研究不同朝向的窗墙比与能耗之间联系时，数据可以作为参考值辅助设计。

除表 4-4 所列具备保温隔热性能的建筑材料外[131]，还有很多新型的建筑保温材料。超薄真空保温板（high insulation panel，HIP）可用于复合建筑墙面，材料一方面采用属不良导热体的无机芯材，有效降低热量的传导；另一方面保温板内部能够形成高真空度的空腔抑制热对流，将气流的流动传热降到最低。此外，铝箔对热辐射进行反射，有效地阻隔了热量传递，其导热系数为 0.005 W/(m·K)。HIP 保温板还能够节约建筑空间，20mm HIP 超薄真空防火保温板与 200 mm 聚苯乙烯泡沫的导热系数相当①。较薄的保温构造节约了建筑空间，降低了单位面积的建造成本[132]。英国诺丁汉大学的 BASF HOUSE 底层采用了保温混凝土模板系统（insulated concrete forming，ICF），其传热系数均为 0.15 W/(m²·K)。具体做法为先通过保温板模板搭建出建筑形体，包括门窗洞口等，再利用泵送混凝土混合材料浇灌定型。即以双层可发性聚苯乙烯（expand polystyrene，EPS）保温板为搭接模板，内灌混合混凝土。此外，由于质量减小了 50%，厚度减小了 20%，这种保温板可以减少高达 50% 的原材料。由于泵送混凝土混合材料降低了天然颗粒材料的使用，如相对传统水泥来讲降低了超过 12% 的用沙量，因而达到了更低的碳足迹[133]。

表 4-4　集中建筑材料的热工系数对比

材　　料	密度 ρ/ (kg/m³)	导热系数 λ/ [W/(m·K)]	传热系数 μ/ [W/(m²·K)]	比热容 c/ [kJ/(kg·K)]
KP1 烧结多孔砖	1400	0.60	7.92	1.05
蒸压灰砂砖	1900	1.10	12.72	1.05
混凝土空气砌块	1200	0.68	7.21	1.05
加气混凝土	500	0.24	3.51	1.05
聚苯颗粒保温砂浆	200	0.60	0.95	1.05
EPS 保温板	30	0.042	0.36	1.38
XPS 保温板	32	0.030	0.32	1.38
PU 保温板	60	0.023	0.40	1.38

资料来源：陈福广. 新型墙体材料手册[M]. 北京：中国建材工业出版社，2011.

清华大学零能耗住宅实验建筑 O-house 中选用的四层中空复合 LOW-E 玻璃，其构造为 5 mm L+V+5 mm C+16 mm 百叶 + 5 mm L+V+5 mm C（双真空均为半钢化玻璃）。两组真空玻璃间的空腔间距为 16 mm，内嵌

---

①　数据来自九鑫建材官方主页：http://jxjc88.cn.china.cn/.

15 mm 宽电动遮阳百叶[99]（见图 4-30）。中空复合玻璃具有双层真空玻璃 3 倍、三层中空玻璃 1～2 倍的保温隔热性能计算值（见表 4-5 和表 4-6）。此外，隔声性能也大大提高[132]。

表 4-5   三种 LOW-E 玻璃的传热系数比较

类　别	$K/[\mathrm{W}/(\mathrm{m}^2 \cdot \mathrm{K})]$
双层真空 LOW-E 玻璃	1.5～2.4[①]
三层中空 LOW-E 玻璃	1.0～1.8[②]
四层中空复合 LOW-E 玻璃	0.48～0.65[③]

资料来源：威卢克斯（VeLux）公司及青岛亨达玻璃科技有限公司等。

表 4-6   O-house 中中空复合 LOW-E 玻璃的各项参数[④]

门（窗）类型	$K/[(\mathrm{W}/\mathrm{m}^2 \cdot \mathrm{K})]$	$A \cdot K/(\mathrm{W}/\mathrm{K})$
固定门（窗）扇	0.48	1.3
开启门（窗）扇	0.65	1.8

资料来源：青岛亨达玻璃科技有限公司等。

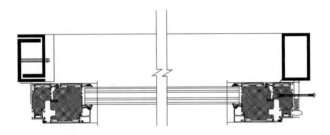

图 4-30   四层中空复合 LOW-E 玻璃的构造做法

4.2.3   空间的量：内部容纳

为了容纳一定的功能，满足使用者的需求，空间需要具有一定的容积容纳可能存在于其内部的环境、人和功能，满足各种活动的要求。若从定量的角度来衡量三个方面所包含的内容，那么可以再次将空间内所包含的实体进行量化分类。空间内的人造环境按类型不同，分为植物、水体、景观设施，

---

①　数据来自威卢克斯公司及青岛亨达玻璃科技有限公司等。

②　数据来自 ecotect 计算及自威卢克斯公司、青岛亨达玻璃科技有限公司等。

③　数据来自青岛亨达玻璃科技有限公司。

④　数据来自青岛亨达玻璃科技有限公司。

对应量化为绿化率、景观含水率和休息座椅数量；空间内的使用者按照存在状态来分，可以分为人群数量、停留时间和停留目的；空间内按功能的性质划分可分为主要功能和辅助功能，再根据建筑性质进行下一层次细分（见图 4-31）。空间内部容纳的物体一方面影响着空间使用环境的品质，满足人们精神和物质上的需求；另一方面也影响着空间的物理环境性能表现，对建筑的健康、节能、舒适度起到积极的作用。这些因素与建筑、人和环境密切相关，影响着空间的可持续性能表现。

空间除了在物理意义上满足人们活动的需求外，还应该在情感意义上满足人们的活动需求，或者说空间所容纳的功能不仅是物理意义上的，还包

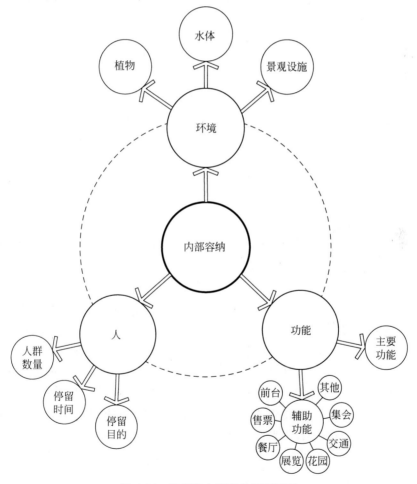

图 4-31　空间的内部容纳与因子项

括情感意义上的。布莱恩·劳森认为刺激性、安全感和标识性是三个重要的空间需求，但他们中间的某些性质可使其中一种因素超过其他的因素[134]。他举了一个最简单的例子来证明这一点，牙科门诊接待厅里熟悉的鱼缸就可以很好地抚慰病人的心情，从而分散其注意力，给紧张的病人带来一些心理上的安慰。交通中转站的候车厅不仅要乘客在考虑等待中的无聊感，而且应考虑害怕错过车次的焦虑感。

在研究空间内人群与使用环境之间的影响关系时，为了便于统计使用者在空间的使用情况，量化统计人群数量，因此引入 FTEs①（全时占有人当量，full time equivalents）和 ρ_O（occupied）两个物理量，作为量化空间信息要素的基础。

FTEs 计算方法为

$$FTEs = \sum_{i=1}^{\infty}(n_i T_i), \quad T \in [0,1] \tag{4-5}$$

其中，n_i 为同一段时间内在对象空间停留的人数，T_i 为 1 h 内在被测空间的停留时间，FTEs 指空间内 1 h 中的使用人数当量。例如，3 个人在 1 h 内各自在空间内停留 30 min，则该空间在指定的 1 h 内的使用人数当量为 1.5 FTEs。

人群占有密度 ρ_O 的表达式为

$$\rho_O = 100\frac{N}{A} \tag{4-6}$$

其中，ρ_O 为每 100 m² 使用面积中，对象空间的人群占有密度（单位：FTE/(h·100 m²)），N 为工作时间段中指定 1 h 的 FTEs 值，A 为使用者的占有面积（单位：m²）。

人群占有密度能够表征不同空间内使用者的占有密度，这个数值与使用者的心理需求相关，直接影响使用者对环境品质的满意程度。不仅如此，它反映了空间利用效率的合理性，不同功能性质的建筑空间应该具有不同的密度尺度，一方面增加空间的使用效率，减少浪费，另一方面能够保证使用者在环境中的心理和生理需求。人群的占有密度可以作为建筑可持续性能表现的判断之一，与使用者的满意度和使用环境的舒适度密切相关。例如，在笔者的调研过程中发现，一些中庭空间设计（空中庭园、屋顶花园等）的原意是为使用者创造良好环境品质，促进交流，但在实际调研测试过程

① 参考 USGB，LEED 对 FTE 的定义。

中,该空间内的 ρ_0 几乎为 0。其原因可能是多方面的,如空间的物理环境不佳,私密性不够理想,景观环境不宜人等。如此的实际使用结果,既影响空间的使用效率,浪费建造成本,又可能带来建筑运行期间更高的初级能源消耗,影响整个建筑的可持续性能表现。

景观环境在建筑空间内的作用主要体现在愉悦使用者身心和净化室内环境空气这两个方面。印度学者 S. H. 拉扎(S. H. Raza)与 G. 沙拉家(G. Shylaja)通过实验实际测定的方法,研究含有多水分的植物对降低医院建筑室内 CO_2 浓度的影响[135]。他们的研究成果之一就是证明了不同植物对 CO_2 的吸附作用(见表 4-7)。研究成果表明:

(1) 绿色植物对降低室内 CO_2 浓度有积极作用;

(2) 不同植物种类在不同的气候条件下作用效果不同;

(3) 几种含水量大的植物种类中,三角叶(Apicra deltoidea)对 CO_2 的吸附能力最好,夏季能够降低 34.3% 的 CO_2 浓度。

表 4-7　四种植物对医院建筑室内 CO_2 浓度的降低作用测试结果

	雨季(8 月)	冬季(12 月)	夏季(4 月)
10 h 内 CO_2 控制值/($\mu L \cdot L^{-1}$)	222.7	193.0	199.0
相较 CO_2 控制值的降低率/%			
三角叶(Apicra deltoidea)	10.7	23.1	34.3
乙女心(Sedum pachyphyllum)	5.0	8.7	7.9
羽状苔藓(Bryophyllum pinnata)	1.8	2.5	2.9
落地生根(B calycinum)	8.9	7.1	0.9

资料来源: S. H. Raza, G. Shylaja. Different abilities of certain succulent plants in removing CO_2 from the indoor environment of a hospital[J]. Environment International, 1995, 21(4): 465-469.

在绿化种植对建筑空间的被动调节性能的研究中,笔者对其中的 12 座办公建筑进行了目标空间内绿化率的考察计算,对使用者进行了空间满意度的主观问卷调研和实际的物理环境(CO_2 浓度)测试。12 座办公类型建筑中,有 6 座包含庭院空间,6 座包含中庭空间。建筑编号依据绿化率由大至小排序,建筑名称依次为:①清华大学逸夫图书馆(见附录 D No.1);②陕西省图书馆(见附录 D No.2);③清华大学美术学院教学办公楼(见附录 D No.4);④清华大学环境学院节能楼(见附录 D No.20);⑤西安浐灞商务中心(见附录 D No.13);⑥清华大学 FIT 大楼(见附录 D No.3);⑦清华大学建筑设计研究院(见附录 D No.10);⑧北京嘉铭地产中心(见附录 D No. 7)；⑨北京环保履约大厦(见附录 D No. 8)；⑩清华大学人文图书馆(见附录 D No. 6)；⑪西安浐灞管委会办公楼(见附录 D No. 12)；⑫西安交通大学教学行政主楼(见附录 D No. 14)。实验数据如表 4-8 和表 4-9 所示。

表 4-8　调查中的院落空间景观绿化的作用

建 筑 编 号	1	2	3	4	5	6
绿化率(含水体)①/%	80	60	58	30	26	21
景观环境②	1.50	1.15	1.55	1.80	0.75	0.00
空间满意度③	1.70	1.35	1.90	1.42	0.95	0.86
CO_2 降低率④/%	12	18	2	19	4	34

表 4-9　调查中的中庭空间景观绿化的作用

建 筑 编 号	7	8	9	10	11	12
绿化率(含水体)/%	29	10.7	6	3	2	0
景观环境	1.45	2.00	1.50	1.90	1.05	0.25
空间满意度	1.20	1.90	1.10	1.10	1.35	0.45
CO_2 降低率/%	7	11	7	1	9	0

　　图 4-32 展示了景观环境满意度与该空间总体满意度关系的趋势。总的来说，良好的景观环境对空间的总体满意度有促进作用，并且绿化率越大，景观环境越好，使用者对空间的总体满意度也越高。此外，研究中的 11 座(除建筑 12 以外)包含植物绿化的建筑空间均对降低空间内 CO_2 浓度有积极的影响。但如同前文所述拉扎与沙拉家对不同植物与 CO_2 浓度降低关系研究成果，由于各个建筑空间形态存在特殊性，其内部容纳的植物种类和数量各不相同，所以单从绿化率的角度，只能说明绿化对降低 CO_2 浓度有积极的作用，但其程度还需要依据其他更多的因素来综合分析。

4.2.4　空间的联系：外部关联

　　通常情况下，建筑空间不是孤立存在的，尤其在大型公共建筑中，往往

---

①　绿化率＝植物及水体占地面积/目标空间的建筑面积，该数据为实际测量数值。
②　采用语义学解析法(SD 法)使用者主观问卷的投票方式，取值范围为[－3,3]。问卷的题目为：您认为该空间的景观环境如何？－3 为不好，3 为非常好。每座大楼发放问卷约 40 份。
③　方法同上条注释。题目为：请您为该空间的总体满意度打分。
④　CO_2 降低率＝(建筑主体空间 CO_2 浓度平均值－中介空间 CO_2 浓度平均值)/建筑主体空间 CO_2 浓度平均值。

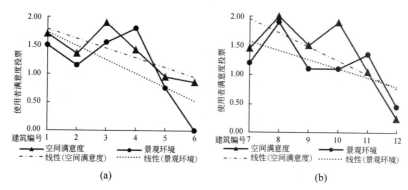

图 4-32　调研建筑景观环境满意度与该空间总体满意度的关系曲线

（a）院落空间；（b）中庭空间

由几个、几十个甚至成百上千个空间组成。空间以不同的方式组合在一起，可以形成更大范围的组团。中介空间与其外部的联系包括与主体空间之间的连接关系、外部空间人群的存在状态和空间与自然之间的联系三个大类。中介空间与主体空间之间的联系可按照空间的相对位置和它们交接的连接方式来归类。以矩形平面几何形态为例，通过判定矩形平面的四个立面是否与建筑的其他功能性空间相连，可将该空间与周围空间的联系方式分为单向、双向、三向和四向。它们之间的连接方式也可能是多样的，或是直接相连或是通过某种中介空间相连，形成开敞、半开敞、半封闭和封闭的几种状态；与主体空间的连接因子类型对应，中介空间与室外环境（自然）的连接也同样分为位置和连接方式两种，对应不同朝向和关联状态；与空间的内部容纳中对使用者的分类相同，外部主体空间的使用者按照存在状态，可以分为人群数量、停留时间和停留目的（见图 4-33）。与空间的界面性质不同，界面性质主要关注的目标空间边界面的材质类型、材质特性、孔洞及窗户的位置和大小，是从"面"的角度分解因子构成；而外部关联主要关注空间之间的布局组织方式及关联状态，是从"体"的角度分解因子构成。

　　自然界的生物中存在着大量利用自然的空间智慧，动物和植物所创造出来的空间启发了生物学家和仿生学家在建筑创作上的新思路。例如，北美草原的土拨鼠借助自然风向挖掘地道，促进地道内自然通风的效果，降低洞穴温度[130]。炎热地区的白蚁在腐木上，利用自然风向和太阳的照射角度挖掘洞穴，一方面促进自然通风，另一方面利用太阳辐射储蓄热量，并且利用巢穴下部的水分蒸发降温。莲藕内部的孔道是荷花适应水中生活而形成的空气通道，通过莲藕体内形成的气腔和导管结构实现自然呼吸空气的功能。

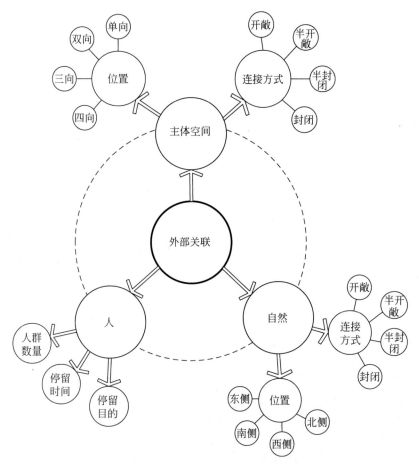

图 4-33　空间的外部关联与因子项

　　在气候影响下，建筑体（空间）与自然关联的朝向和连接方式存在差异，以便更好地利用自然资源或者防御自然危害。克劳斯·丹尼尔斯列举了寒冷、温和、干旱和湿热环境对空间布局的影响，并指出传统的过渡空间（门厅、走廊、楼梯间）起到自然遮蔽作用。在气候条件由冷至热的变化过程中在整个建筑空间里自北向南移动，空间的作用是在寒冷地区抵御寒风，在湿热环境下阻止过度的太阳辐射热量。克劳斯·丹尼尔斯也列举了得热空间与建筑主体空间和自然环境的位置关系、中庭空间在不同气候条件的主导作用和建筑平面利用中庭空间的潜力，研究认为在中庭空间的热缓冲和降温两种作用中，缓冲作用更显著，炎热地区效果最佳，寒冷地区潜力最小，但寒冷地区利用中庭降温的作用潜力最大[136]。

　　在中介空间与主体空间、自然环境之间的关联对建筑物理环境性能影响的研究中,为了比较单一变量对室内物理环境的影响,研究采用软件模拟的手段验证中介空间的调节效应。笔者以中庭空间为例,对 2004—2014 年《世界建筑》《建筑学报》《建筑师》《建筑创作》四本建筑学重要期刊名录中收集的国内建筑杂志进行数据统计,基于近百余座建筑中庭空间的资料调研统计分析得出,底面积为 200~600 m²、层高为 3~4 层、底面长宽比为(1∶1)~(2.5∶1)的切剖面是矩形的中庭空间占到总数的 60%~70%。因此,设置模拟模型的原始中庭空间参数:底面积为 400~450 m²,底面长宽比为(1∶1)~(1∶2),层数为 4 层(考虑到尽可能加大烟囱效应故不采用 3 层设计),层高为 4 m,横截面积为矩形的空间,建筑主体空间外围护结构均开窗,窗墙比为 1∶4[①]。中庭空间的类型如前文[②]列举,分为单向、双向、三向和四向四类,中庭空间与主体空间的连接方式采用开敞[③]的形式。分别探讨热压通风和风压通风的物理效应在建筑中的分布情况,比较中庭空间与主体空间、自然环境三者之间的关联关系对建筑物理环境的影响。

　　模拟采用美国 Autodesk 公司旗下 Upfront 公司于 2000 年推出的 CFdesign(2011 版)工具。四种模拟模型的预设参数如表 4-10 所示。

表 4-10　四种模拟模型的预设参数及形态

中庭分类	几何尺寸	朝向	平面图	轴侧图
单向中庭	中庭:30 m×15 m 建筑:30 m×45 m	南		
双向中庭	中庭:20 m×20 m 建筑:35 m×35 m	西南		

------

　　① 由于中庭空间的大小和形态千差万别,功能造型也各不相同,为了提高研究结论的可信度,因此选择模拟的中庭空间原形尺寸在符合实例统计的情况下,四种空间形态略有尺寸上的调整。此外,由于不同建筑内部划分不同,因此建筑的主体空间部分没有进行房间划分,也没有考虑梁柱体对模拟数据的影响。

　　② 见 2.2.2 节中庭空间的类型分类。

　　③ 中庭空间与主体空间的连接方式由开启洞口与墙体面积的比值决定。本书中将连接方式分为开敞(>80%)、半开敞(50%~80%)、半封闭(20%~50%)和封闭(<20%)四种状态。

中庭分类	几何尺寸	朝向	平面图	轴侧图
三向中庭	中庭：15 m×30 m 建筑：45 m×45 m	南		
四向中庭	中庭：20 m×20 m 建筑：40 m×40 m	无		

　　建筑中的风压通风和热压通风通常同时发生，尤其在季风强烈的春秋两季最适合采用热压通风。真实的中庭建筑内自然通风环境应该是两种通风形式综合作用的结果，但是考虑到两种通风联合计算难以剥离每一种的实际效果，所以将风压通风与热压通风分开模拟。需要注意的是，虽然分开模拟在数值上会与实际情况不符，但是每种通风的各自表现是正确的，可以作为设计的参考值。

　　热压通风模拟的气候条件基于两个前提，一是有较适宜的室外温度（在极端气候条件下，通常不采用被动式通风的方式），二是受到有效的太阳辐射。因此，研究的气候条件选取北京全年太阳辐射量最大的 4 月 22 日，并且白天室外气温最高为 26.5℃ 的环境数据进行热压通风分析。模型选取该日 15:00 的环境温度数据和太阳辐射数据，分别为 25℃ 和 900 W/m² 。模型围护结构预设热工参数如表 4-11 所示。受到热压通风效应的影响，室内环境的温度场分布和风速风向是评价中庭空间烟囱效应作用效果的重要指标。针对热压通风的模拟研究只考虑建筑体受到太阳辐射后产生的温度不均匀分布和空气流动情况，暂不考虑来自外窗的风压通风。

表 4-11　模拟模型的建筑围护结构热工参数预设

围护结构	短波辐射		长波辐射 发射率	传热系数 /[W/(m² · K)]
	透过率	内表面吸收率		
楼板	0.00	0.4	0.9	1.64
墙体	0.00	0.4	0.9	1.42
玻璃	0.85	0.3	0.9	11.60

图 4-34 为带有四种中庭空间类型的建筑产生空气流动和温度场分布情况的模拟图。根据图 4-34(a)的模拟结果,可以看到单向中庭空间的进风口风速较大,在整个中庭空间中形成涡流,并影响了建筑主体空间的一、二、三层。而四层几乎不受热压通风作用的影响,并且从整个建筑的温度场分布来讲,热量大量集中在四层主体空间,最高温度甚至达到了 51℃,而中庭和主体空间的其他楼层,温度场分布较为平均,平均温度为 31℃。相较之下,四层主体空间与其他空间的平均温度差约为 10℃。对比图 4-34(b)双向中庭的模拟结果,室内逐层热压通风效果更为明显,并且四层的高温现象也有所缓解,中庭通风作用影响靠近中庭空间 7.5 m 的主体空间。

图 4-34(c)与(d)为三向中庭和四向中庭的通风模拟结果。两个类型空间的风速和温度场分布有同样的趋势,在建筑中和面以上(三层和四层)

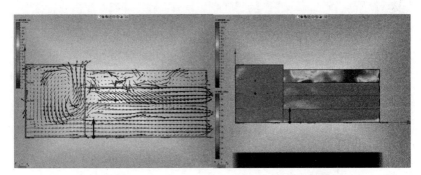

绝对空气速度　　　　　　　　　　　　空气温度

(a)

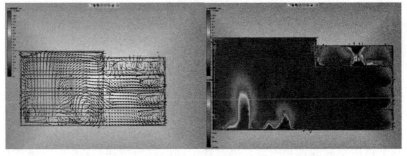

绝对空气速度　　　　　　　　　　　　空气温度

(b)

图 4-34　基于热压通风的中庭迹线图模拟(见文后彩图)
(a)单向中庭;(b)双向中庭;(c)三向中庭;(d)四向中庭

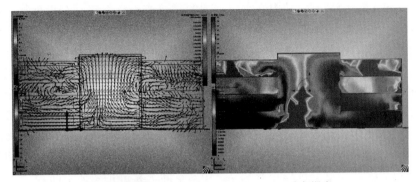

绝对空气速度　　　　　　　　　　空气温度

(c)

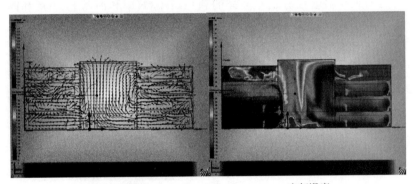

绝对空气速度　　　　　　　　　　空气温度

(d)

图 4-34（续）

的空气流动方向都不一致。风速较大,将热空气由底层带到顶层,导致存在大面积的过热空间,四层多处空间温度超过 50℃,中和面以下(首层和二层)的空气流动形成环流,风速较小,温度较低,平均温度在 26℃上下。两者的不同在于平面布局所导致的热压通风效率的差异。四向中庭由于与中庭相连接的四个方向的建筑主体空间都与室外连通,带动整个建筑空间气流的运动更为剧烈,绝对空气速度更大,结果导致更多的热量聚集在四层,加剧了顶层空间的过热程度。但其他空间的热环境相对较好。三向中庭空间由于南向封闭的玻璃幕墙不与室外环境形成空气交换,因此在一定程度上抑制了室内空气的流动,三层的局部空间也出现了过热现象,四层主体空间的过热面积相对减少。此外,中庭空间受到直接太阳辐射,并且室内空气流动相对较小,所以较大面的过热现象也出现在三向中庭空间的建筑中。

　　北京 4—10 月平均风速为 0.7～2.6 m/s,主导风向为东北风,第二主导风向为西南风。因此模拟风速设定为加权平均值 2.0 m/s,风向选择东北风。

　　图 4-35 所示为含有四种中庭的建筑在风压作用下,建筑空间内气流迹线图[①]的模拟分析。当受到相同角度和速度的气流影响时,四种类型的中庭建筑中,开敞的四向中庭建筑的通风效果最好,由进风口至出风口风速衰减最小,气流在室内空间分布均匀,几乎没有死角,并且风速经过中庭空间空气流动方向一致,几乎没有出现涡流。三面开敞的三向中庭建筑次之,

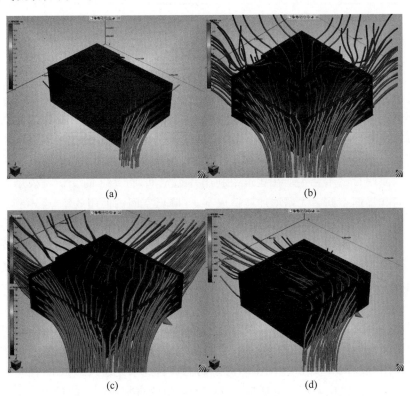

(a)　　　　　　　　　　　　　　(b)

(c)　　　　　　　　　　　　　　(d)

图 4-35　基于风压通风的中庭迹线图模拟(见文后彩图)
(a) 单向中庭;(b) 双向中庭;(c) 三向中庭;(d) 四向中庭

---

①　气流迹线图是软件经过计算后得出的空气分子在场景内运动的轨迹图。简单来说就是风在建筑内流动的最直观图像。有别于二维的气流切面图,气流迹线图是在三维空间内绘制的,能够使分析结果全面直观。通过迹线图可以分析比较不同中庭空间内自然通风气流的实际走向、气流能到达的位置、不同位置下的气流速度,从而直观有效地评价建筑热压通风和风压通风的优劣。

靠近东、西两侧窗户的室内空间通风效果较好，靠近中庭的室内空间风速减缓至 0.2 m/s，并且在局部地方（靠近中庭南侧的角部）没有气流通过。双向中庭空间第三，受到中庭位置和尺度的影响，在建筑主体空间靠近中庭一侧近 40% 的空间不能实现风压的自然通风，气流在中庭内风速较低，在中庭内部太阳直射的区域出现了局部过热并且散热困难的现象。本次研究表明，单向中庭在风压通风的效果上表现最差，进风口和出风口两端风速差最大，流经室内空间的风速最小，并且室内多处空间没有气流通过，不能实现良好的自然通风。

4.3　本章小结

　　本章对可能影响建筑被动调节作用空间的参数信息展开解析。研究首先从有专业经验的人群对建筑可持续性能认识程度的主观调研开始。从投票结果来看，超过 80% 坚持地域和本土设计、以人为本设计思想的建筑师表示出对"从建筑原型提高建筑的可持续性能"的信心，但在深度询问中表现出对空间调节能力的了解不足。例如，近 1/3 的被访者表示受到知识背景的限制自己不会主动在建筑中利用井道空间，近 1/3 的受访者表示井道空间和界面空间会大幅增加建造成本，并降低空间的使用效率，且不利于提高建筑使用环境品质和建筑的舒适度。又如开窗方式、位置以及围护界面的材质是建筑师主观判断上认为最不重要的环节（仅 25% 的受访者认为其是设计关注的重点），但是却与 60% 受访者认为中介空间设计的重点是对周围空间的调节作用（如遮阳、通风、采光）相矛盾。

　　此外，另一存在现象是，在空间设计的选择上存在使建筑师举棋不定的矛盾。一方面他们认为多数中介空间最大的弊端是降低空间的使用效率，但是又在如功能组织、物理环境、空间品质等方面对整个建筑环境起着积极的作用，或者一些中介空间虽然对室内能够起到采光通风的作用，但是并不利于提高建筑的热环境舒适度。这些矛盾使建筑师在设计的过程中难以做出决策，因此急需综合手段权衡方法利弊。

　　要研究空间被动调节作用的程度，首先需要了解空间所包含信息中影响各项性能的关键性参数。研究开始于空间有效信息的捕获，建立合理的获取逻辑和方法。对于一个单一空间来讲，可以将其简化成一个三维几何体，因此，要解释一个空间，首先采用层次分析法的研究手段，对空间这个模糊的四维形态进行分层级的因子化处理，依照逻辑的层级分类对空间进行参数信息化的描述,将抽象的空间信息分为四类物质流,包括空间的形、空间的质、空间的量以及空间的关联,与其对应的四项空间的公因子依次为几何尺度、界面性质、内部容纳和外部关联。在公因子的基础上再进一步细化,将定性或模糊的问题进行定量转化,把问题分解为若干子因素,应用两两比较的方法确定各个因素的相对重要性(见表 4-12)。

表 4-12　建筑空间信息参数

测试项		信息化类型	测试内容	参数单位	对空间调节策略的影响
几何尺度	底面形状	距离测量,尺寸计算	距离测量:测试建筑(空间)长、宽、平面形状	mm	比例尺度对建筑空间调节策略的作用影响非常重大,影响可能表现于: 1. 空间及相邻空间热舒适度; 2. 建筑能耗; 3. 室内空气品质; 4. 建筑的扩展性和可变性; 5. 使用者对空间的满意度; 6. 建筑的面积的有效利用度
	底面尺寸		尺寸计算:底面积计算(s)		
	空间高度		距离测量:测试建筑(空间)高度(H)		
	结构柱网尺寸		距离测量:测试建筑(空间)结构尺寸		
	通高层数		测量计算	—	
界面性质	建筑材料的热工性能	材料类型热工计算	材料类型(保温材料)、玻璃及复合墙体的传热系数(K)	W/(m²·K)	空间调节策略体系的重要影响因素: 1. 建筑能耗; 2. 使用者舒适度; 3. 室内空气品质; 4. 建筑对自然光、风的利用程度
	开窗位置及窗墙比	距离测量,尺寸计算	尺寸计算:墙体面积(S1)窗面积(开启与不开启)(S2,S′2)	%	
	开启窗比例	统计	窗户开启扇(S'_2)与窗面积的比例	%	
	遮阳措施	统计	遮阳方式及面积:无遮阳、垂直遮阳、水平遮阳、遮阳百叶、织物遮阳	m²	

测试项		信息化类型	测试内容	参数单位	对空间调节策略的影响
内部容纳	内部绿化率	距离测量，尺寸计算	绿化面积(S3)，占空间的比率	m², %	影响范围包括： 1. 室内环境品质； 2. 室内温湿度； 3. 使用者舒适度； 4. 室内空气品质； 5. 建筑的面积的有效利用度
	内部含水率		水体面积(S4)，占该空间的比率	m², %	
	内部人群密度	统计	空间内部的使用人数当量	FTE/(h·100 m²)	
	其他功能	统计	前台、售卖、展览、花园、交通空间、临时集会、其他	—	
外部关联	与外部(周围空间)的连接	统计、判定	测定空间与周围空间组合关系的判定，单向、双向、三向、四向、多向	—	影响范围包括： 1. 室内环境品质； 2. 对自然光、风的利用程度； 3. 调节空间的影响效果； 4. 建筑能耗； 5. 建筑的扩展性和可变性； 6. 使用者对空间的满意度； 7. 建筑面积的有效利用度
	与内部(主体空间)的连接		开敞率：开敞、半开敞、半封闭、封闭	%	
	外部人群密度	统计	外部(相邻)空间的使用人数当量	FTE/(h·100 m²)	
	面向自然景观的方向	统计	统计主要面向自然的朝向：东，南，西，北，顶部	—	

注：内部绿化率＝被测空间内绿化满级/被测空间总面积(单位：%)；

内部空间含水率＝被测空间景观水体积/被测空间总体积(单位：%)；

与内部(主体)空间的连接：该参数取决于被测空间与主体空间相连接的界面上的门窗、洞口面积与总墙面的比例。可以划分为以下四类：开敞(80%~100%)，半开敞(50%~79%)，半封闭(20%~49%)，封闭(0~19%)。

　　获取空间信息参数的手段多样，在建筑设计阶段，空间信息参数主要通过设计方案、图纸、调研、实测以及经验获取。建筑建成后的运行阶段，在尽可能获取建筑设计图纸(施工图或竣工图)作为参考资料的基础上，主要针对建筑建成环境的实际情况进行现场实地勘探测试、测量等，从而获取准确的数据信息。实地测量勘察内容表格详见本书附录 B。

第5章 基于空间感知分析的使用者满意度主观评价模型

> 品评建筑的第一个标准是"真"。除了结构技术之外,还需从应用的角度研究建筑如何使人们得到一个舒适的环境。建筑有生理、心理需求,而这些需求也得以建筑技术做保证。[109]
>
> 品评建筑的第二个标准是"善"。……"善"表现在建筑形象上,但实质上是建筑的业主和设计者的思想的透射。[109]
>
> ——沈福煦《人与建筑》

5.1 基于建筑师、使用者的中介空间品质主观评价关键因素解析

人的行为取决于两方面的因素,其一是人心理上选择性地接受物理环境中某种刺激的原因,其二是这种刺激被人判断和评价的方式[137]。J. 耶迪克(J. Joedicke)在著作《建筑空间论序论》中从单纯的现实主义出发提出体验空间的理念,他的结论上升为理论则成为"所谓空间就是继场所而起的知觉的总和"[138]。M. 伦纳德(M. Leonard)相信"空间心理学的诸次元"是在直接知觉中被发现的,他认为"创造空间的感觉并体验它的是人"[137]。人的行为与其感知的空间有着因果的关联,就此舒尔兹提出:"人之所以对空间感兴趣,其根源在于存在。人对着'对象'定位是最基本的要求。"[138]

J. 皮亚杰(J. Piaget)所拟定的灵活的"图式"(scheme),其定义可以说是某种状况的某种典型反应。它和通过各人与环境的相互作用而实现精神发达是平行形成的,由于这一过程,人的各个行为(即操作)遂形成紧密的统一体。皮亚杰用同化与调节来说明这一过程。也就是说,有机体不只被动地从属于环境,被环境同化,也是因它的存在对周围的环境起到了修正的作用,即二者之间的相互调节作用[138]。

凯文·林奇(Kevin Lynch)认为环境的形象是直接感觉和过去经验记忆的共同产物,为了解释情报或者指引行为而使用,他认为能够取得良好环

境形象的设计，即可以得到情绪安定的重要感觉[139]。杨·盖尔（Jan Gehl）在研究中说明了建筑环境质量与人的行为活动之间的关系。空间本身需要提供适宜的活动场所，活动与空间可以相互促进，适宜的空间可以增加活动发生的频率。"自发性、娱乐性的户外活动以及大部分的社会性活动都特别依赖空间的质量。[139]""当空间品质条件适宜时，这些自发性，具有特殊魅力的活动就会健康发展，而当空间的质量不佳时，这些活动就会消失。[140]"

詹和平全面总结了空间发展的概念和历史，在空间与形态秩序方面，认为空间设计中的空间由于其形状、大小、围合、开口以及比例尺度的不同，不仅影响构成空间的特征，而且也会影响人对空间的感受[110]。戴志中提出了具有复合功能观多义空间的概念，并认为空间设计要从提高空间对活动的包容性和诱发性两个方面着手。这两个方面又体现为"共享、紧凑、余裕、舒适、可达性五个原则"[141]。

英国建筑师乔治·贝尔德（George Baird）评估了世界各地一系列公认拥有可持续性的商业和公共建筑，在使用建筑可持续性能评级工具（building sustainability rating tools，BSRTs）的过程中，发现均存在缺乏基于使用者角度评级的问题。因此他在 11 个国家涉及 30 座可持续性建筑的调研中，不仅对团队的主要建筑师和环境工程师进行分层次的采访记录，并且还设计了包括使用者对一系列影响因素看法的主观问卷。问卷基于一个 7 分制的评定量表，通常从"不满意"到"满意"或从"不舒适"到"舒适"。问卷包括以下四个方面：①运行因素，包括空间需求、家具、清洁、会议室的可用性、存储布置、设施和形象；②环境因素，包括不同季节的温度和空气品质、光线、噪声和整体舒适度；③个人控制，包括采暖、制冷、通风、光线和噪声；④满意度，包括设计、需求、生产力和健康[142]。

美国加州伯克利大学建筑环境中心（Center for the Built Environment，CBE）针对使用后评价（post occupancy evaluation，POE）发展了基于网络平台的调研系统，包括对使用者满意度的主观评价 9 个方面：办公平面布局（office layout）；家具及设施（office furnishings）；室内热环境舒适度（thermal comfort）；室内空气品质（air quality）；室内光环境（lighting）；室内声环境（acoustics）；清洁与维护（cleaning and maintenance）；建筑环境总体满意度（overall satisfaction with building）；工作环境总体满意度（overall satisfaction with workspace）。调研问卷的打分方式为 $-3 \sim 3$ 七个级别，-3 分对应最不满意，3 分对应非常满意[143-146]。

5.2　使用者满意度的主观评价模型建构

本章的研究目的在于建立建筑空间信息参数与使用者满意度主观评价之间的关系。研究的一端源于建筑实体和虚体空间构成所产生的"因",研究的另一端则是人处在空间环境中所体验到的"果"。因此研究尝试建构以建筑空间信息为起点,基于前文的分类,将建筑空间信息拆分为若干子因子,通过语义学解析法量化使用者的主观感受程度,在大量实地调研数据的基础上,获取使用者主观满意度的量化数据。再借助因子分析法抽出使用者满意度对应的公因子轴,建立目标空间的心理量矩阵。最后通过综合多方面因素的使用者满意度因子矩阵与建筑空间信息参数矩阵进行正交关联,求得两者之间的影响因子及影响程度(见图 5-1)。

本章研究所涉及的关键技术路线在于:

(1) 利用语义学解析法,基于建筑空间信息建构,评定实验确定因子项;

(2) 利用因子分析法归类因子项,形成使用者满意度因子矩阵;

(3) 进行建筑空间信息参数与使用者满意度主观体验的相关性分析。

5.2.1　基于 SD 法评定实验确定因子项

评价建筑空间的心理感知常借助心理学定量研究的心理评定方法——SD 法,该方法也是建筑环境空间相关量心理评定的一种基本方法。可以概括为:研究空间中的被验者对目标空间的各环境氛围特征的心理反应,对这些心理反应拟定出建筑语义上的尺度,而后对所有尺度的描述参量进行评定分析,定量地描述出目标空间的概念和构造[147-148]。其量表的设计方法为:确定评价环境的每一维度→选择正反形容词语→确定标度方法。C. E. 奥斯顾德的研究认为,"形容词有三个基本维度:评价(好与坏、重要与不重要)、力量(强与弱)和行动(主动与被动)"[149-151]。

SD 法通过调查问卷或者询问被访对象获得数据信息。根据评价的特性和分析的目标,任意拟定最初的语义尺度,依据调查研究的目的来选择信息的获取方法。通常采用的评定方法为 7 级,对应的形容词一般正义和反义成对出现。

语义分析准备内容主要包括空间环境信息量、相关因子轴的设定,以及因子轴构成的代表尺度的设定[147-148]。语义分析的形容词选择来自本书4.2 节对建筑空间信息参数的分类,即根据建筑空间的几何尺度、界面性

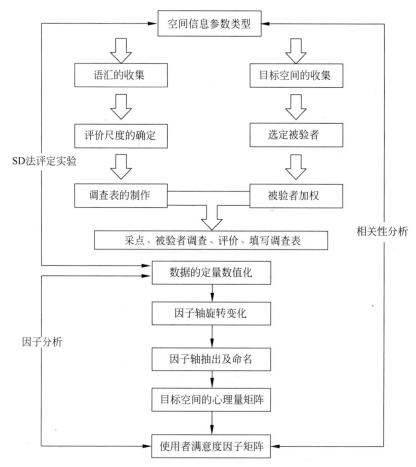

图 5-1　使用者满意度主观评价模型建构路线

质、内部容纳和外部关联再细分为 16 个子因素，并以相反的一对形容词作为其评价的尺度（见表 5-1）。

表 5-1　根据建筑空间信息参数类型确定的主观评价语汇及尺度

评 定 目 标	目 标 因 子	评 价 尺 度
几何尺度	1. 形状	无特色—有特色
	2. 面积	浪费—经济
	3. 空间利用率	低—高
	4. 空间气氛	无吸引—有吸引

续表

评 定 目 标	目 标 因 子	评 价 尺 度
界面性质	5. 光线	不舒适—舒适
	6. 界面划分	呆板—灵活
	7. 窗户数量	少—多
	8. 声音	喧闹—安静
内部容纳	9. 景观环境	差—好
	10. 人员流动	拥挤—空旷
	11. 功能	单调—多样
	12. 长期停留	不愿意—愿意
外部关联	13. 与室外空间的连接	封闭—开敞
	14. 与内部空间的连接	独立—连续
	15. 环境	烦躁—安稳
	16. 位置	不恰当—恰当

在确定了语义分析法的各项信息之后,笔者制作了基于空间环境的使用者满意度主观问卷,并选择了寒冷地区北京和西安的 20 座建筑进行了实证调研。调研时间集中在 2014 年 7—8 月,调研问卷采用面对面采访的方式,保证每一位回答者能够完全理解调研的内容,并作出准确的评判。本次调研平均每座建筑回收 40 份有效主观问卷(个别建筑除外),调研结果经过平均计算后,数据如表 5-2 所示。

5.2.2　利用因子分析法确定使用者满意度评价的公因子

大量样本数据有利于得到科学可信的研究结论,但给数据的处理和归类带来了难度。研究采用统计学中常用的因子分析法,方法是将大量的数据信息进行相关性分类,得到一组或几组彼此关联不大的数据类型,最终得出综合指标[152],从而对大量信息进行降维和简化处理[153]。其因子分析数学模型如下。

假设有一个由 p 个变量$(X_1, X_2, \cdots, X_p)$描述的系统,可以用 m 个(m小于 p)对所有变量都起作用的公共因子$(f_1, f_2, \cdots, f_m)$和特殊因子$(u_1, u_2, \cdots, u_m)$的线性组合表示[154-155],即

$$\begin{cases} X_1 = a_{11}f_1 + a_{12}f_2 + \cdots + a_{1m}f_m + c_1 u_1 \\ \qquad\qquad\qquad \vdots \\ X_p = a_{p1}f_1 + a_{p2}f_2 + \cdots + a_{pm}f_m + c_m u_m \end{cases} \tag{5-1}$$

表 5-2　被测建筑主观问卷各因子项平均得分一览表

建筑编号	形状	面积	空间利用率	空间气氛	光线	界面划分	窗户数量	声音	景观环境	人员流动	功能	长期停留	与室外空间的连接	与内部空间的连接	环境	位置
1	1.40	1.05	0.85	0.40	1.45	0.20	1.00	1.80	1.50	0.40	0.30	1.20	0.20	0.55	1.80	−1.00
2	0.85	1.20	1.25	0.70	1.30	0.95	0.40	1.55	1.15	−0.20	0.35	1.35	0.05	0.55	1.35	−0.65
3	0.14	0.86	0.57	0.38	0.52	0.33	0.05	0.57	0.00	0.05	0.05	0.38	0.10	0.24	0.29	−0.71
4	1.35	0.60	0.90	0.50	1.40	0.60	1.65	2.65	1.55	2.50	0.05	1.05	1.20	0.20	2.05	1.70
5	0.45	0.70	0.50	0.00	0.40	0.40	1.10	0.60	0.50	0.10	0.15	0.00	0.45	−0.15	0.70	−0.65
6	1.40	0.65	0.15	1.65	1.35	1.00	1.50	1.80	1.10	0.85	0.35	1.85	0.75	0.65	1.95	−0.25
7	1.90	0.45	0.90	1.25	2.15	1.15	2.05	1.35	1.90	0.65	0.75	1.55	2.15	0.40	1.70	0.20
8	1.40	1.25	1.20	0.45	1.00	1.40	1.35	1.70	1.52	1.05	0.70	1.35	1.10	0.95	1.05	0.85
9	1.19	1.05	1.24	1.05	1.71	1.19	1.05	1.05	1.52	0.81	0.95	0.57	1.05	0.71	0.76	0.00
10	0.70	0.65	0.40	0.50	0.75	0.55	0.55	0.65	1.20	−0.20	0.15	1.00	0.55	0.65	0.85	0.10
11	0.65	1.00	0.90	0.00	1.25	1.05	0.15	−0.40	0.60	−0.75	0.10	0.40	0.30	1.30	−0.15	0.05
12	0.80	0.75	0.35	0.55	1.10	0.40	−0.05	0.55	1.35	0.90	0.45	0.70	0.60	0.10	0.65	0.80
13	0.45	0.80	0.60	0.50	1.25	0.25	1.20	1.80	0.75	1.00	0.25	0.60	0.25	0.60	1.50	−0.10
14	−0.15	−0.10	−0.35	−0.60	0.30	−0.30	−0.60	0.10	0.45	−0.40	−0.60	−0.65	−1.10	0.20	0.00	−1.05
15	−0.75	0.80	0.95	−0.40	0.35	−0.30	0.05	−0.85	−0.40	−0.80	0.30	−0.95	−0.35	−0.35	−0.65	−1.45
16	0.20	0.80	0.40	−0.65	0.45	0.70	−0.50	−1.35	0.20	−1.75	−0.35	−1.25	0.50	0.30	−1.20	−0.55
17	1.75	2.10	1.55	1.25	2.00	1.75	1.25	2.20	2.10	2.00	1.35	1.30	1.90	2.05	2.05	1.50
18	0.25	0.83	0.58	−0.08	1.33	0.50	−0.50	−1.33	0.08	−0.42	0.00	−0.33	−0.58	1.00	−1.08	−1.83
19	1.24	1.33	0.86	0.29	1.43	0.62	1.33	0.24	1.29	0.29	0.38	0.48	1.24	0.52	0.57	−0.19
20	2.1	2.1	1.03	2.2	2.03	2.2	2.3	2.4	1.8	0.65	1.3	1.6	1.6	1.1	1.9	2.1

注：20座建筑依次是：
1. 清华大学逸夫图书馆；2. 陕西省图书馆；3. 北京嘉铭地产中心；4. 清华大学美术学院教学办公楼；5. 清华大学照澜院综合服务中心；6. 北京新中关购物中心；7. 北京人文图书馆；8. 西安嘉铭会展中心；9. 解放军304医院门诊楼；10. 清华大学建筑设计研究院；11. 北京新中关购物中心；12. 西安沪澜商会办公楼；13. 西安沪澜商务中心；14. 西安交通大学行政主楼；15. 西安交通大学康桥苑学生综合服务中心；16. 北京五道口华联商场；17. 清华大学颐冠园学生综合服务中心；18. 北京金融街购物中心；19. 清华大学颐冠园学生综合服务中心；20. 清华大学环境学院节能楼。

用矩阵表示为

$$\begin{bmatrix} X_1 \\ \vdots \\ X_p \end{bmatrix} = (a_{ij})_{p \times m} \begin{bmatrix} f_1 \\ \vdots \\ f_m \end{bmatrix} + \begin{bmatrix} c_1 u_1 \\ \vdots \\ c_m u_m \end{bmatrix} \tag{5-2}$$

其中，$X_1, X_2, \cdots, X_p$ 是实测变量，$a_{ij}(i=1,2,\cdots,p; j=1,2,\cdots,m)$ 为因子荷载，即公共因子变量的重要性系数[156]。可以用矩阵 $X = AF + CU$ 的形式表示，其中 F 为公因子[157-158]。

SD 法中多数语汇尺度的评价是变量，从这些变量中抽出若干潜在的特性因子，为下一步寻找并抽出明确目标及概念结构的因子轴做准备[147]。本研究即利用 SD 法收集到的大量使用者主观满意度感知数据，通过因子分析法抽出具有相同因子特征的公因子。将数据进行重新分类，一个公因子中可能包含多个子因子。再通过统计、评价各个公因子之间的权重配置，得出整个评价方法的模型结构。这个模型结构可作为评价空间主观感知的基本框架，成为反应目标空间某种特性或者综合特性的调研手段依据[148]。

因子分析分为以下四个步骤。

（1）确认待分析的原变量是否适合做因子分析。将实证调研所获得的 20 座建筑，共计 786 份有效问卷的调研数据录入 SPSS 19 中进行因子分析。如表 5-3 所示，经 KMO 和 Bartlett 的检验，数据矩阵的 KMO 值大于 0.6（检验值为 0.689），且概率显著性 Sig. 值小于 0.05（检验值为 0），证明调研所获得的因子变量类型具有进行因子分析的可行性①。

表 5-3　KMO 和 Bartlett 的检验

取样足够度的 KMO 度量	Bartlett 的球形度检验		
	近似卡方	df	Sig.
0.689	345.685	120	0

资料来源：SPSS 计算。

（2）构造因子变量。证明数据矩阵适用于因子分析方法后，继续利用 SPSS 19 统计学软件进行数据的因子分析计算，使用因子分析法提取因子，可得出各项因子得分的相关矩阵如表 5-4 所示。表中灰色底纹所示为矩阵

---

①　KMO 值等于变量间单相关系数的平方和与单相关系数平方和加上偏相关系数平方和之比，值越接近 1，意味着变量间的相关性越强，越适合进行因子分析，KMO 值越接近 0，则变量间的相关性越弱，越不适合进行因子分析。检验变量间偏相关度 KMO 值大于 0.6，才适合做因子分析，与 1 越接近越好；Sig. < 0.05，拒绝原假设相关系数矩阵为单位阵，说明变量间存在相关关系，即适合做因子分析。

表 5-4　SD 评价因子相关系数

	形状	面积	空间利用率	空间气氛	光线	界面划分	窗户数量	声音	景观环境	位置	功能	长期停留	与室外空间的连接	与内部空间的连接	环境	人员流动
形状	1	0.416	0.462	0.79	0.834	0.755	0.789	0.716	0.92	0.658	0.664	0.844	0.831	0.506	0.772	0.68
面积	0.416	1	0.801	0.342	0.456	0.631	0.26	0.246	0.362	0.344	0.709	0.313	0.461	0.668	0.236	0.29
空间利用率	0.462	0.801	1	0.379	0.578	0.627	0.444	0.351	0.423	0.381	0.766	0.374	0.55	0.47	0.316	0.365
空间气氛	0.79	0.342	0.379	1	0.756	0.651	0.727	0.733	0.744	0.51	0.746	0.885	0.681	0.406	0.798	0.68
光线	0.834	0.456	0.578	0.756	1	0.674	0.634	0.527	0.798	0.459	0.716	0.688	0.691	0.596	0.601	0.592
界面划分	0.755	0.631	0.627	0.651	0.674	1	0.497	0.397	0.624	0.604	0.708	0.596	0.753	0.736	0.404	0.398
窗户数量	0.789	0.26	0.444	0.727	0.634	0.497	1	0.777	0.705	0.562	0.621	0.746	0.789	0.172	0.824	0.721
声音	0.716	0.246	0.351	0.733	0.527	0.397	0.777	1	0.746	0.648	0.517	0.836	0.536	0.237	0.972	0.858
景观环境	0.92	0.362	0.423	0.744	0.798	0.624	0.705	0.746	1	0.715	0.666	0.784	0.771	0.443	0.803	0.714
位置	0.658	0.344	0.381	0.51	0.459	0.604	0.562	0.648	0.715	1	0.514	0.561	0.754	0.371	0.61	0.756
功能	0.664	0.709	0.766	0.746	0.716	0.708	0.621	0.517	0.666	0.514	1	0.61	0.735	0.51	0.548	0.589
长期停留	0.844	0.313	0.374	0.885	0.688	0.596	0.746	0.836	0.784	0.561	0.61	1	0.608	0.406	0.883	0.69
与室外空间的连接	0.831	0.461	0.55	0.681	0.691	0.753	0.789	0.536	0.771	0.754	0.735	0.608	1	0.356	0.591	0.597
与内部空间的连接	0.506	0.668	0.47	0.406	0.596	0.736	0.172	0.237	0.443	0.371	0.51	0.406	0.356	1	0.243	0.284
环境	0.772	0.236	0.316	0.798	0.601	0.404	0.824	0.972	0.803	0.61	0.548	0.883	0.591	0.243	1	0.819
人员流动	0.68	0.29	0.365	0.68	0.592	0.398	0.721	0.858	0.714	0.756	0.589	0.69	0.597	0.284	0.819	1

资料来源：SPSS 计算。

相关系数大于 0.5 的数值,表示两两变量之间的相关性显著。

（3）用旋转方法使因子变量更具有可解释性。建立因子分析模型的目的在于找出因子间相互关联的主因子及其影响意义。当求出的主因子负荷不明显,即数据之间差别较小时,还需要对数据进行进一步的因子旋转,使各个公因子特征更加明显,并达到以下原则：

"其一,每个公因子只在少数几个测试变量上具有高负荷,其余负荷很少或至多中等大；其二,使每个数据在一个公因子上荷载较大,而在其余公因子上的负荷较小或者至多中等大小。"[148]

经过旋转后的因子结构更加简化,数据荷载分别向 0 和 1 两端分布。利用因子相关矩阵表,因子轴旋转常用的 Varimax 正交旋转最大方差法[159]。经正交旋转后的因子负荷量表,得出因子间相关系数列表如表 5-5 所示,从而确定主因子成分可分为 4 类。

表 5-5　因子负荷

因 子 项	成 分			
	1	2	3	4
形状	0.804	0.270	0.329	0.146
面积	0.071	0.887	0.252	0.170
空间利用率	0.205	0.215	0.813	0.109
空间气氛	0.357	0.364	0.211	0.802
光线	0.807	0.397	0.245	0.082
界面划分	0.395	0.804	0.269	0.012
窗户数量	0.174	0.218	0.853	0.011
声音	0.301	0.090	0.180	0.922
景观环境	0.821	0.390	0.020	0.053
位置	0.340	0.673	0.132	0.174
功能	0.302	0.198	0.734	0.003
长期停留	0.245	0.279	0.262	0.861
与室外空间的连接	0.762	0.137	0.078	0.282
与内部空间的连接	0.134	0.790	0.176	0.282
环境	0.140	0.097	0.047	0.953
人员流动	0.162	0.178	0.850	0.020
特征值	10.165	7.178	4.209	4.080
方差贡献率/%	32.532	23.61	15.375	11.048
累计方差贡献/%	32.532	56.142	71.517	82.565

资料来源：SPSS 计算。

　　（4）因子轴的抽出和命名。公因子方差的提取值、变量共同度较高表明变量中大部分信息能被因子提取，说明因子分析的结果有效。

　　根据因子分析的数据结构，把变量按照与公因子相关性大小的程度分组，同组内变量之间的数据最为接近，并且不同组的数据差别尽可能最大，变量相关性较低，按照公因子包含变量的特点，即公因子内涵对因子作解释命名。由因子相关矩阵表可知，相关度的高低反映在表中相关系数上，系数越高，相关度越大。由因子负荷量表可知此次因子分析确定抽出了四个因子轴（见表 5-6）：

　　（1）空间品质；

　　（2）未来扩展；

　　（3）功能组织；

　　（4）交流共享。

表 5-6　因子轴抽出及命名

公因子	因子项	成分			
		1	2	3	4
空间品质	形状	0.804	0.270	0.329	0.146
	光线	0.807	0.397	0.245	0.082
	景观环境	0.821	0.390	0.020	0.053
	与室外空间的连接	0.762	0.137	0.078	0.282
未来扩展	面积	0.051	0.887	0.252	0.170
	界面划分	0.395	0.804	0.269	0.012
	位置	0.340	0.673	0.132	0.174
	与内部空间的连接	0.134	0.790	0.176	0.282
功能组织	空间利用率	0.205	0.215	0.813	0.109
	窗户数量	0.174	0.218	0.853	0.011
	功能	0.302	0.198	0.734	0.003
	人员流动	0.162	0.178	0.850	0.020
交流共享	空间气氛	0.357	0.364	0.211	0.802
	长期停留	0.245	0.279	0.262	0.861
	环境	0.140	0.097	0.047	0.953
	声音	0.301	0.090	0.180	0.922

　　此外，从使用者的主观感知角度，评价建筑及空间的被动调节作用分为两大类：

　　（1）使用者针对目标空间的满意度评价；

　　（2）使用者针对建筑环境总体满意度评价。

　　总体满意度评价是使用者对空间的整体性评价,包含被测空间、主体空间和整体建筑环境的满意度评价。通过三项数据的满意度调研可以直观地看到从使用者主观角度来评价的中介空间对整个建筑环境所发挥的积极或者消极的作用。

　　因此,根据上述分析,结合在 5.2.1 节中根据建筑空间信息参数类型确定的主观评价语汇及尺度,按提取出的特征因子类型重新分类,形成新的目标空间心理量矩阵模型,可以用来作为今后针对新的目标建筑而采用的基于使用者评价建筑空间环境满意度的评价模型,如表 5-7 所示。

表 5-7　目标空间心理量矩阵

投　票　组	投　票　项		SD 打分标尺
针对目标空间的满意度评价	空间品质	1. 形状	无特色—有特色
		2. 光线	不舒适—舒适
		3. 景观环境	差—好
		4. 与外部空间的连接	封闭—开敞
	未来扩展	5. 面积	浪费—经济
		6. 界面划分	呆板—灵活
		7. 位置	不恰当—恰当
		8. 与内部空间的连接	独立—连续
	功能组织	9. 空间利用率	低—高
		10. 窗户数量	少—多
		11. 功能	单调—多样
		12. 人员流动	拥挤—空旷
	交流共享	13. 空间气氛	无吸引—有吸引
		14. 长期停留	不愿意—愿意
		15. 环境	烦躁—安稳
		16. 声音	喧闹—安静
针对建筑环境总体满意度评价	被测空间总体满意度评价		不满意—满意
	工作环境总体满意度评价		不满意—满意
	整体建筑环境满意度评价		不满意—满意

　　研究纳入建筑被测空间、工作环境以及整体建筑满意度三个针对建筑环境总体满意度的打分,原因有三:

　　(1)直观判定在使用者主观满意度层面上,中介空间在整个建筑空间内所承担的积极或消极作用;

　　(2)作为 5.3.3 节确定使用者满意度指标权重的重要数据源;

　　(3)与本书第 6 章中介空间与主体空间的物理环境对比数据对应。

5.2.3　建筑空间信息参数与使用者满意度评价因子的相关性
分析矩阵

　　由于相关性分析的一端是建筑空间的信息参数，其中涉及诸多正态的
名义变量，如将被测空间的四个类型——院落空间、中庭空间、井道空间、界
面空间，采用数字 1～4 作为代表，而另一端使用者的满意度得分则是一列
正态连续变量，因此，相关性分析采用多系列相关的方法，用于相关性分析
两端两个矩阵向量的效度检验。

　　建筑空间信息参数矩阵 **A** 与使用者满意度评价因子矩阵 **B** 的相关性分
析矩阵 **C**，可以通过矩阵式(5-3)～式(5-5)表示，矩阵 **C** 中两个变量之间的相
关程度用相关系数(correlation coefficient)判定，其计算如式(5-6)所示。

$$\boldsymbol{A} = \begin{bmatrix} \alpha_1 \\ \alpha_2 \\ \vdots \\ \alpha_i \end{bmatrix} \tag{5-3}$$

$$\boldsymbol{B} = \begin{bmatrix} \beta_1 & \beta_2 & \cdots & \beta_j \end{bmatrix} \tag{5-4}$$

$$\boldsymbol{AB} = \boldsymbol{BA} = \boldsymbol{C} \tag{5-5}$$

$$\boldsymbol{AB} = \begin{bmatrix} \alpha_1 \\ \alpha_2 \\ \vdots \\ \alpha_i \end{bmatrix} \begin{bmatrix} \beta_1 & \beta_2 & \cdots & \beta_j \end{bmatrix} = \begin{bmatrix} \alpha_1\beta_1 & \alpha_1\beta_2 & \cdots & \alpha_1\beta_j \\ \alpha_2\beta_1 & \alpha_2\beta_2 & \cdots & \alpha_2\beta_j \\ \vdots & \vdots & & \vdots \\ \alpha_i\beta_1 & \alpha_i\beta_2 & \cdots & \alpha_i\beta_j \end{bmatrix} = \boldsymbol{C}$$

$$(i = 1, 2, \cdots; \ m, j = 1, 2, \cdots, n)$$

$$r = \frac{l_{\alpha\beta}}{\sqrt{l_{\alpha\alpha} l_{\beta\beta}}} = \frac{\sum_{i=1}^{n} (\alpha - \bar{\alpha})(\beta - \bar{\beta})}{\sqrt{\sum_{i=1}^{n} (\alpha - \bar{\alpha})^2 \sum_{i=1}^{n} (\beta - \bar{\beta})^2}} \tag{5-6}$$

　　相关系数 r 是无量纲的统计指标，r 的取值范围为 $-1 \leqslant r \leqslant 1$。$r > 0$，
两个变量正相关；$r = 0$，两个变量无相关；$r < 0$，两个变量负相关。r 的绝
对值大小说明相关关系的密切程度[1]，$|r|$ 越接近 1，相关关系越强；$|r|$ 越接

---

　　① 相关系数不是等距的度量值，因此在比较相关程度时，只能说绝对值大者比绝对值小者相
关更密切一些，如只能说 $r = 0.50$ 的两列数值比 $r = 0.25$ 的两列数值之间的关系程度更密切，而绝
不能说前两者的密切程度是后两者密切程度的两倍。也不能说相关系数从 0.25～0.50 与从 0.50～
0.75 所提高的程度一样多。存在相关关系，即相关系数取值较大的两类事物之间不一定存在因果
关系，这一点要从事物的本质方面进行分析，绝不可简单化。

近 0,相关关系越弱。将样本数据代入式(5-6),由 SPSS 19 统计工具计算出矩阵 **C** 中两两变量间的相关系数 r 如表 5-6 所示。

根据表 5-6 的相关系数分析,与使用者主观满意度体验的判断因素显著相关的空间参数信息因子包括:

(1)"形状"体验是否有特色,与空间高度和外部人群密度显著相关;

(2)"光线"体验是否舒适,与空间高度、窗墙比、窗户开启率显著相关;

(3)"景观环境"体验的好与坏,与内部绿化率、内部人群密度、外部人群密度显著相关;

(4)"与室外空间连接"体验是封闭或开敞,与空间高度、围护结构的导热系数、窗墙比、窗户开启率、遮阳设施显著相关;

(5)"面积"体验是浪费或经济,与平面尺寸和窗户开启率显著相关;

(6)"界面划分"体验是呆板或灵活,与空间高度、窗墙比、窗户开启率显著相关;

(7)"位置"体验是否恰当,与外部人群密度和面向自然景观的方向显著相关;

(8)"与室内空间连接"体验是独立或连续,与结构柱网尺寸、窗户开启率、与周围空间的关系、与主体空间的关系显著相关;

(9)"空间利用率"体验是低或高,与空间底面面积、窗户的开启率、内部人群密度显著相关;

(10)"窗户数量"体验是否恰当,与空间高度、窗墙比、遮阳设施显著相关;

(11)"功能"体验是单调或多样,与空间高度、窗墙比、窗户开启率、遮阳设施、其他功能、与主体空间的关系、外部人群密度显著相关;

(12)"人员流动"体验是否舒适,与外部人群密度显著相关;

(13)"空间气氛"体验是否吸引人,与空间类型、空间高度、内部绿化率、外部人群密度显著相关;

(14)是否愿意"长期停留"的体验,与空间高度、遮阳设施、内部绿化率、内部人群密度、外部人群密度显著相关;

(15)"环境"体验是烦躁或安稳,与空间类型、内部人群密度、外部人群密度显著相关;

(16)"声音"体验是喧闹或安静,与空间类型、内部人群密度、外部人群密度、与主体空间的关系显著相关;

其余空间信息参数因子与使用者满意度的相关性程度可根据表 5-8 做出进一步的判断。

表 5-8　20座被测建筑的参数化空间信息

建筑编号①	空间类型②	平面形状③	平面尺寸④(L∶W)	空间底面面积	空间高度	结构柱网尺寸	围护结构传热系数	窗墙比/%	窗户开启率/%	遮阳设施⑤	内部绿化率/%	内部含水率/%	内部人群密度⑥[FTE/(h·100 m²)]	功能⑦	与周围空间的连接⑧	与主体空间的连接⑨	外部人群密度[FTE/(h·100 m²)]	面向自然景观的方向⑩
1	1	1	1.5625	400.00	18.0	10.0	0.47	15	10	1	50	0	0.800	5	4	4	5.60	6
2	1	1	1.6500	874.00	23.0	7.5	0.50	15	10	1	80	0	0.000	5	3	4	9.50	4
3	1	1	1.3500	2160.00	24.0	8.0	0.45	45	5	1	60	0	0.500	5	4	4	7.10	6
4	1	1	0.3870	372.00	25.0	8.0	0.45	50	10	3	21	0	0.150	4	3	4	3.30	2
5	2	1	4.0000	256.00	11.6	8.0	0.47	90	25	1	4	0	31.100	6	1	3	8.80	5
6	2	3	16.0000	803.80	16.0	8.0	0.40	45	10	4	1	0	4.000	4	4	1	6.00	6
7	2	1	1.2500	500.00	83.0	8.4	2.40	90	5	5	1	5	1.600	6	2	3	4.89	2
8	2	1	1.0000	324.00	36.0	8.0	0.30	90	0	5	0	0	0.000	1	2	4	6.50	5
9	2	1	1.2700	1995.84	10.0	7.2	0.45	90	0	1	1	0	11.260	6	4	2	8.10	5
10	2	4	4.8000	438.00	13.0	7.2	0.40	68	5	4	28	2	1.630	5	1	3	7.06	2
11	2	1	1.0000	225.00	15.0	11.0	1.80	20	0	1	0	7	12.000	7	2	1	12.50	5
12	2	1	1.2800	800.00	15.0	8.0	0.30	73	5	1	0	0	0.125	5	2	2	3.13	4
13	1	1	0.8750	896.00	12.0	7.5	0.40	50	5	1	20	42	0.000	5	4	4	3.30	6
14	2	1	2.1500	137.60	11.2	7.8	0.47	12	33	1	11	0	1.450	8	2	4	10.82	4

续表

建筑编号①	空间类型②	平面形状③	平面尺寸(L:W)	空间底面面积	空间高度	结构柱网尺寸	围护结构传热系数	窗墙比/%	窗户开启率/%	遮阳设施④	内部绿化率/%	内部含水率/%	内部人群密度/[FTE/(h·100 m²)]	功能⑤	与周围空间的连接⑥	与主体空间的连接⑦	外部人群密度/[FTE/(h·100 m²)]	面向自然景观的方向⑧
15	2	1	1.0000	506.25	16.0	7.5	0.47	64	10	5	1	0	10.000	3	4	1	26.45	5
16	2	1	1.4400	102.06	21.5	8.4	1.80	64	5	1	0	0	11.430	6	1	2	13.80	1
17	2	1	1.6200	185.10	30.0	9.5	0.45	90	5	5	17	0	0.000	7	2	1	8.00	5
18	2	1	2.5500	255.00	37.5	8.0	0.47	90	0	5	0	0	10.980	6	2	1	5.88	5
19	2	4	5.0000	248.70	8.8	7.0	2.80	80	3	1	0	0	12.000	2	1	4	20.00	3
20	1	1	0.8000	768.00	50.0	8.0	2.40	80	5	3	29	0	0.150	6	3	3	4.20	1

① 建筑名称对应的编号同表 5-2。
② 空间类型代号分别对应：1. 院落空间；2. 中庭空间；3. 井道空间；4. 界面空间。
③ 平面形状代号分别对应：1. 长方形；2. 三角形；3. 圆形/椭圆形；4. 异形。
④ 遮阳设施代号分别对应：1. 无遮阳；2. 垂直遮阳墙；3. 水平遮阳墙；4. 遮阳百叶；5. 织物遮阳。
⑤ 其他功能空间的关系代号分别对应：1. 前台；2. 售卖；3. 餐厅；4. 展览；5. 花园；6. 交通空间；7. 临时集会；8. 其他。
⑥ 与周围空间的关系代号分别对应：1. 单向；2. 双向；3. 三向；4. 四向。
⑦ 与主体空间的关系代号分别对应：1. 开敞；2. 半开敞；3. 半封闭；4. 封闭。
⑧ 面向自然景观的方向代号分别对应：1. 北侧；2. 南侧；3. 东侧；4. 西侧；5. 顶部；6. 四周；7. 无。

由此，根据研究中对空间信息的分类与使用者主观体验的满意度评价显著相关的数量（见表 5-9）可以得出如下结论：

（1）空间高度、窗墙比、窗户开启率、内部人群密度、外部人群密度与使用者主观体验的满意度评价密切相关（显著相关数量大于 5）；

（2）空间类型、遮阳设施、与主体空间的关系与使用者主观体验的满意度评价重要相关（显著相关数量大于 3 且小于 5）；

（3）平面尺寸、结构柱网尺寸、围护结构导热系数、与周围空间的关系、面向自然景观的方向、平面形状、其他功能、内部含水率与使用者主观体验的满意度评价一般相关（显著相关数量小于 3）。

表 5-9　建筑空间信息参与主观满意度投票因子的相关性分析系数

分类	形状	光线	景观环境	与室外空间的连接
空间类型	−0.168	−0.176	−0.135	0.026
平面形状	0.112	0.124	−0.002	0.087
平面尺寸	0.119	−0.023	0.014	0.008
空间底面面积	−0.007	0.075	−0.02	0.021
空间高度	0.488*	0.557*	0.349	0.513*
结构柱网尺寸	0.193	0.213	0.119	0.076
围护结构传热系数	0.346	0.367	0.218	0.452*
窗墙比	0.281	0.513*	0.215	0.557*
窗户开启率	−0.334	−0.492*	−0.208	−0.434
遮阳设施	0.33	0.247	0.3	0.497*
内部绿化率	0.055	0.023	0.492*	−0.156
内部含水率	−0.108	0.076	0.363	−0.062
内部人群密度	−0.328	−0.34	0.404*	−0.155
功能	−0.08	0.076	0.03	−0.166
与周围空间的连接	−0.01	0.164	−0.041	−0.14
与主体空间的连接	0.128	−0.095	0.165	−0.008
外部人群密度	−0.522*	−0.417	−0.499*	−0.27
面向自然景观的方向	−0.259	−0.145	−0.289	−0.388
分类	面积	界面划分	位置	与内部空间的连接
空间类型	−0.065	−0.025	−0.182	0.048
平面形状	0.142	0.098	−0.024	0.211
平面尺寸	−0.431*	0.016	−0.151	−0.007
空间底面面积	0.024	0.058	−0.011	−0.122
空间高度	0.004	0.482*	0.295	0.223

续表

分类	面积	界面划分	位置	与内部空间的连接
结构柱网尺寸	0.252	0.2	0.096	0.460*
围护结构传热系数	0.085	0.378	0.213	0.131
窗墙比	0.305	0.409*	0.3	0.15
窗户开启率	−0.544*	−0.487*	−0.265	−0.476*
遮阳设施	0.177	0.354	0.386	0.209
内部绿化率	0.161	−0.011	−0.041	0.013
内部含水率	−0.076	−0.145	0.003	0.054
内部人群密度	−0.061	−0.178	−0.386	−0.273
功能	−0.205	0.046	−0.062	0.233
与周围空间的连接	0.001	−0.091	−0.087	−0.489*
与主体空间的连接	−0.188	−0.174	0.093	−0.591**
外部人群密度	0.086	−0.34	−0.433*	−0.279
面向自然景观的方向	0.164	−0.293	0.424*	0.071
分类	空间利用率	窗户数量	功能	人员流动
空间类型	−0.192	−0.261	−0.048	−0.273
平面形状	−0.042	0.081	−0.072	−0.129
平面尺寸	−0.497*	0.153	−0.076	0.021
空间底面面积	0.125	0.058	0.223	0.139
空间高度	0.291	0.455*	0.411*	0.204
结构柱网尺寸	0.186	−0.042	0.05	−0.033
围护结构传热系数	0.137	0.31	0.177	−0.226
窗墙比	0.32	0.44*	0.531*	0.247
窗户开启率	−0.561*	−0.178	−0.457*	−0.109
遮阳设施	0.323	0.461*	0.478*	0.348
内部绿化率	0.189	0.004	0.003	0.037
内部含水率	−0.059	0.13	−0.049	0.12
内部人群密度	0.598**	−0.156	−0.216	−0.402
功能	−0.236	−0.28	−0.513*	−0.197
与周围空间的连接	0.166	0.168	0.184	0.256
与主体空间的连接	−0.063	0.236	−0.477*	0.201
外部人群密度	0.058	−0.337	−0.409*	−0.551*
面向自然景观的方向	0.016	−0.176	−0.025	0.097
分类	空间气氛	长期停留	环境	声音
空间类型	0.463*	−0.323	−0.445*	−0.531*
平面形状	0.014	0.088	−0.066	−0.165

续表

分类	空间气氛	长期停留	环境	声音
空间类型	0.463*	−0.323	−0.445*	−0.531*
平面尺寸	0.273	0.263	0.18	0.068
空间底面面积	0.338	0.179	0.123	0.19
空间高度	0.443*	−0.415*	0.283	0.263
结构柱网尺寸	−0.029	0.107	0.055	0.012
围护结构传热系数	0.173	0.03	−0.05	−0.125
窗墙比	0.266	0.044	−0.017	−0.022
窗户开启率	−0.315	−0.276	0.009	0.002
遮阳设施	0.386	0.425*	0.359	0.33
内部绿化率	0.172	0.312	0.331	0.374
内部含水率	0.003	0.022	0.148	0.155
内部人群密度	−0.389	−0.499*	−0.463*	−0.509*
功能	−0.024	−0.196	−0.111	−0.141
与周围空间的连接	0.315	0.229	0.307	0.363
与主体空间的连接	−0.04	0.204	0.337	0.41*
外部人群密度	−0.509*	−0.591**	−0.556*	−0.588**
面向自然景观的方向	−0.1	0.016	0.009	0.013

分类	公因子 1	公因子 2	公因子 3	公因子 4
空间类型	−0.079	−0.041	−0.159	−0.3
平面形状	0.083	0.122	0.036	0.009
平面尺寸	0.105	0.068	0.076	0.208
空间底面面积	0.063	0.045	0.12	0.16
空间高度	0.385	0.315	0.339	0.28
结构柱网尺寸	0.157	0.231	0.1	0.098
围护结构传热系数	0.104	0.056	−0.027	−0.132
窗墙比	0.29	0.301	0.316	0.066
窗户开启率	−0.361	−0.452*	−0.344	−0.18
遮阳设施	0.419*	0.418*	0.457*	0.398
内部绿化率	0.029	0.03	0.056	0.249
内部含水率	0.024	0.023	0.081	0.115
内部人群密度	−0.351	−0.344	−0.322	−0.463*
功能	−0.15	−0.135	−0.255	−0.184
与周围空间的连接	0.049	0.017	0.178	0.25
与主体空间的连接	0.078	−0.023	0.102	0.23
外部人群密度	−0.475*	−0.428*	−0.433*	−0.560*
面向自然景观的方向	−0.059	0.013	0.097	0.122

分类	空间满意度	使用环境满意度	整体满意度
空间类型	-0.174	-0.253	-0.314
平面形状	0.039	-0.087	-0.085
平面尺寸	0.203	0.073	0.004
空间底面面积	0.068	0.048	0.001
空间高度	0.381	0.487*	0.441*
结构柱网尺寸	0.075	0.107	0.069
围护结构传热系数	0.035	0.04	0.023
窗墙比	0.207	0.253	0.188
窗户开启率	-0.369	-0.388	-0.409*
遮阳设施	0.500*	0.547*	0.397
内部绿化率	0.177	0.135	0.222
内部含水率	-0.084	-0.026	-0.175
内部人群密度	-0.534*	-0.551*	-0.519*
功能	-0.209	-0.126	-0.131
与周围空间的连接	0.171	0.204	0.154
与主体空间的连接	0.071	-0.02	0.018
外部人群密度	-0.433*	-0.529*	-0.491*
面向自然景观的方向	-0.047	-0.177	-0.219

资料来源：SPSS 计算。

* 在 0.05 水平(双侧)上显著相关；** 在 0.01 水平(双侧)上显著相关。

5.3　室内空间总体使用者满意度综合评价

5.3.1　室内空间使用者满意度评价方法

基于 5.2 节所采用的统计学的因子分析和相关性分析法,研究确定了针对使用者的室内空间满意度评价模型,即利用语义差异法量化使用者对室内空间环境的感知体验,反映出人与建筑之间的融洽关系。评价流程为:首先确定目标建筑,在目标建筑中选择合适数量的北方人群并对其逐一进行问卷形式的主观调研,经过数据收集、统计、分析后对被测建筑进行基于使用者主观满意度的综合评价,最后将评价结果反映给研究者或建筑师。

在数据的统计、分析过程中,一方面为了使数据结果更加清晰直观、可视易读,另一方面为了使综合评价的结果更加具有科学性,研究引入了两种评价手段。第一是使用者的满意度罗盘,利用罗盘信息与建筑空间参数信息的相关系数分析反馈给建筑的设计及改造阶段;第二是满意度-舒适度矩阵,结合建筑实际物理环境性能表现,通过大量数据统计确定满意度和舒适度的公因子权重,最终反映在满意度-舒适度矩阵中,用来综合评价建筑被动调节作用,并且将综合与分项结论反馈给建筑的设计和改造阶段(见图 5-2)。

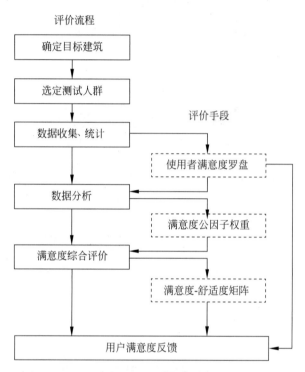

图 5-2　基于室内环境使用者满意度的综合评价方法框架

5.3.2　室内空间使用者满意度信息罗盘

为了统一并直观地将调研数据反馈给使用者和设计师,研究采用了分析罗盘的方式逐一表达各个满意度因子的得分情况。使用者满意度罗盘包含了主观评价的四个扇形投票组因子,即空间品质、未来扩展、功能组织及交流共享。在此基础上,将四个扇形组各自分解为四个子因素。罗盘标尺由七组同心圆组成,由内向外数值为 $-3, -2, -1, 0, 1, 2, 3$,对应单个使用者对空间满意度的打分分值或者多个使用者满意度打分的平均分值。罗盘的中间值 0 是使用者满意度是否达标的基本参照标准,未达到标准的因子用圈[160]标注出来(见图 5-3)。

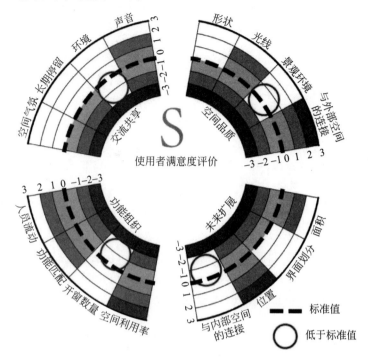

图 5-3　使用者满意度罗盘

5.3.3　影响使用者满意度指标权重

使用者满意度指标的权重由被测 20 座建筑的 786 份有效满意度问卷及 54 份有效专家打分设置权重共同决定。

1. 由使用者主观打分确定的权重值 Y_1

从使用者的主观感知角度评价建筑及空间的被动调节作用,可分为两大类:

(1) 使用者针对目标空间的满意度评价;

(2) 使用者针对建筑环境总体满意度评价。

总体满意度评价是使用者对空间的整体性评价,包含被测空间、主体空间和整体建筑环境的满意度评价(见表 5-10)。通过三项数据的满意度调研,可以直观地看到从使用者主观角度来评价的中介空间对整个建筑环境所发挥的积极或者消极的作用。

表 5-10   使用者满意度信息获取框架

测 试 项		满意度调研	参 数 单 位	对建筑被动调节作用的影响
被测空间满意度评价	空间品质；未来扩展	基于网络/实地问卷调研	分值 [−3，−2，−1，0，1，2，3]空间感知评价	基于空间的主观评价：1. 建筑空间品质；2. 空间使用效率；3. 使用者满意度
	功能组织；交流共享			
建筑总体满意度	被测空间总体满意度评价；工作环境总体满意度评价；整体建筑环境满意度评价	基于网络/实地问卷调研	分值 [−3，−2，−1，0，1，2，3]不满意—满意	基于建筑的主观评价：1. 建筑空间品质；2. 空间使用效率；3. 使用者满意度

在对 20 座建筑调研所收集的 786 份有效问卷的打分结果中，可以得出使用者满意度各项因子的平均得分与总体满意度中被测空间总体满意度、工作环境满意度和整体建筑环境满意度三项数据的对比情况，如图 5-4 所示。

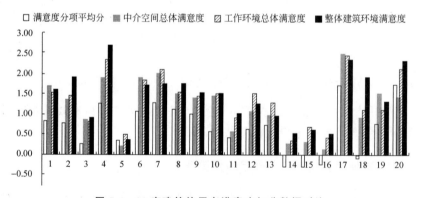

图 5-4   20 座建筑使用者满意度打分数据对比

总体来看，四项数据走势趋同。其中，各因子项的平均得分曲线与被测空间总体满意度曲线的趋势基本一致，但分值整体偏低 0.5 分左右。总体满意度的三项打分分值相似，差别不大，从总体趋势和平均值来看，总体建筑环境满意度分值(1.42)大于工作环境总体满意度(1.34)，也大于中介空间总体满意度(1.19)。

通过四项使用者满意度公因子与该空间使用者总体满意度的得分，建立因变量(空间使用者总体满意度 Y_1)与四个自变量(满意度公因子 S_1, S_2, S_3, S_4)之间的多元线性关系,如式(5-7)所示:

$$Y_1 = C_0 + C_1 S_1 + C_2 S_2 + C_3 S_3 + C_4 S_4 \qquad (5\text{-}7)$$

其中,Y_1 为被测空间总体满意度得分,S_1 为公因子 1(空间品质)得分,S_2 为公因子 2(未来扩展)得分,S_4 为公因子 4(共享交流)得分,C_0 为常量调整系数,$C_1 \sim C_4$ 为公因子 1~4 对应的权重系数。

将每个调研所得的样本数据中的被测空间总体满意度 Y_1 及各个分项公因子平均值 $S_1 \sim S_4$ 导入 SPSS 中进行分析,利用回归分析的两阶最小二乘法可拟合得到 C_0、C_1、C_2、C_3 和 C_4 的权重系数如表 5-11 所示。

表 5-11　被测空间总体满意度各项系数的最小二乘法拟合结果

系　　数	取　　值	Sig.
C_0	0.491	0.005
C_1	0.573	0.070
C_2	0.136	0.608
C_3	0.136	0.695
C_4	0.257	0.187

经过计算,方差分析中计算概率 Sig. 为 0,小于显著性水平 0.05,说明回归模型有效,回归方程成立(见图 5-5)。

ANOVA

		平方和	df	均方	F	Sig.
方程 1	回归	6.693	4	1.673	13.510	0.000
	残差	1.858	15	0.124		
	总计	8.551	19			

图 5-5　方差分析结果

(资料来源:SPSS 计算)

将 C_0、C_1、C_2、C_3 和 C_4 的取值代入式(5-7),可以得到基于使用者主观感受打分得到的满意度 Y_1,如式(5-8)所示:

$$Y_1 = 0.491 + 0.573 S_1 + 0.136 S_2 + 0.136 S_3 + 0.257 S_4 \qquad (5\text{-}8)$$

但是仅从使用者的主观角度评分来确定空间的满意度权重还不够全面,使用者的判断往往过于主观,缺乏专业的视角、多年的经验积累和长远的考虑,因此,研究还需要采用专家打分法的手段,通过两者的数据共同修正影响满意度的权重系数。

2. 专家打分法确定权重值 Y_2

指标组的权重计算方法采用专家打分和基于实际调研进行数据回归分析两种方式。基于中介空间使用者满意度指标组的权重计算在专家打分的基础上采用 AHP 的比较矩阵法实现。根据各个因子组的四个初级决策变量，对四个关键要素组两两取对(见表 5-12)，形成比较矩阵 A(见式(5-9))，a～f 为专家打分赋值[161-162]。

表 5-12　AHP 比较矩阵调查问卷

指标组	S_1	S_2	S_3	S_4
S_1	1	a	b	c
S_2	1/a	1	d	e
S_3	1/b	1/d	1	f
S_4	1/c	1/e	1/f	1

$$A = \begin{bmatrix} S_{11} & S_{12} & S_{13} & S_{14} \\ S_{21} & S_{22} & S_{23} & S_{24} \\ S_{31} & S_{32} & S_{33} & S_{34} \\ S_{41} & S_{42} & S_{43} & S_{44} \end{bmatrix} \tag{5-9}$$

其中，S_1 为空间品质得分，S_2 为未来扩展得分，S_3 为功能组织得分，S_4 为共享交流得分。

权向量计算步骤公式如下：

(1) A 矩阵每列元素归一化处理

$$\widetilde{W}_{ij} = \frac{a_{ij}}{\sum_{i=1}^{n} a_{ij}} \quad (i,j=1,2,\cdots,n) \tag{5-10}$$

(2) 按行求和处理

$$\widetilde{W}_i = \sum_{j=1}^{n} \widetilde{W}_{ij} \quad (i,j=1,2,\cdots,n) \tag{5-11}$$

(3) 对向量 W 进行归一化处理

$$W_i = \frac{\widetilde{W}_{ij}}{\sum_{i=1}^{n} W_i} \quad (i,j=1,2,\cdots,n) \tag{5-12}$$

（4）计算判断矩阵 $\boldsymbol{A}$ 的最大特征根

$$\lambda_{\max} = \frac{1}{n} \sum_{i=1}^{n} \frac{(\boldsymbol{AW})_i}{n\boldsymbol{W}_i} \tag{5-13}$$

检验：

$$CI = \frac{\lambda_{\max} - n}{n - 1} \tag{5-14}$$

其中，CI＝CI/RI，RI 为随机一致性指标，取决于 n 的数量。当 CR＜0.1 时，通过一致性检验。当 CR≥0.1 时，此次打分无效。

（5）对 m 个矩阵的 $\boldsymbol{W}$ 向量求和平均计算：

$$\overline{\boldsymbol{W}_{i,m}} = \sum_{m=1}^{n} \boldsymbol{W}_{i,m}/m \quad (i,m = 1,2,\cdots,n) \tag{5-15}$$

本次调研的专家样本选择位于寒冷地区（北京和西安两座城市）可持续建筑设计领域的专家、建筑师和研究人员。问卷的空间类型选定为中庭空间。本次调研共发放问卷 60 份，收回有效卷 54 份。

专家样本的类型分为三类：

（1）在高等院校中教授级别并主要研究领域为可持续建筑设计的教授或科研专家，占 30%；

（2）在我国著名建筑设计研究院从事一线建筑设计工作并且具有 10 年以上工作经验的建筑师，占 50%；

（3）在著名高等院校和研究机构从事可持续建筑设计和研究的博士及博士研究生，占 20%。

打分结果经式（5-10）～式（5-15）的计算，得到四类评价指标权重系数如表 5-13 所示，并可得出基于专家打分的综合满意度指标 Y_2，如式（5-16）所示。

表 5-13　空间感受满意度因子组权重系数分值

空间感受评价组	权重系数	空间感受评价组	权重系数
空间品质	0.4118	功能组织	0.2113
未来扩展	0.0941	共享交流	0.2828

$$Y_2 = 0.4118\overline{S}_1 + 0.0941\overline{S}_2 + 0.2113\overline{S}_3 + 0.2828\overline{S}_4 \tag{5-16}$$

3. 综合权重值 Y

综合权重计算首先将基于使用者打分的权重系数进行归一计算，归一后的权重系数如表 5-14 所示。其次，将 786 份使用者打分分值与 54 份专家打分分值进行加权平均计算，权重按照 1∶10 计算（即利用 10 个使用者的打分分值与 1 名专家的打分分值进行算数平均值计算），那么基于使用者打分权重系数占综合权重系数的 59.3%$\left(即\dfrac{786}{786+54\times10}\right)$，基于专家打分的权重系数则占综合权重系数的 40.7%$\left(即\dfrac{54\times10}{786+54\times10}\right)$。因此，可以得出的综合权重系数如表 5-14 所示。

表 5-14 中庭空间感受满意度因子组权重系数综合分值

空间感受评价组	基于使用者打分权重系数	基于专家打分权重系数	综合权重系数
空间品质	0.5199	0.4118	0.4759
未来扩展	0.1234	0.0941	0.1115
功能组织	0.1234	0.2113	0.1592
共享交流	0.2332	0.2828	0.2534

$$Y = 0.4759\overline{S}_1 + 0.1115\overline{S}_2 + 0.1592\overline{S}_3 + 0.2534\overline{S}_4 \quad (5\text{-}17)$$

同理，经过调研和计算，可得其他三类空间的权重分布如表 5-15 所示。

表 5-15 中介空间感受满意度因子组权重系数综合分值

空间感受评价组	综合权重系数			
	院落空间	中庭空间	井道空间	界面空间
空间品质	0.2194	0.4759	0.3560	0.2836
未来扩展	0.1127	0.1115	0.2370	0.2496
功能组织	0.3238	0.1592	0.2596	0.2054
共享交流	0.3441	0.2534	0.1474	0.2614

5.3.4 室内环境总体满意度投票

因此，可以根据抽取出的四类公因子，以及计算得到的每个建筑综合满意度评价的加权平均值，得出调研的 20 座建筑样本所得的因子得分表，如表 5-16 所示。从表中可以看到，20 座建筑中综合满意度评价最高的为编号 17(1.804)，其四项公因子空间品质项最佳，未来扩展项其次，交流共享项第三，功能组织项第四；综合满意度评价值最低的为编号 15(−0.334)，其交流共享项最差,未来扩展和空间品质均使使用者感到不满。受到篇幅的限制,本书仅以综合满意度最高的编号 17 和最低的编号 15 为例,利用使用者满意度分析罗盘阐述得分细节。

表 5-16　样本所得的因子得分

建筑编号①	S_1：空间品质	S_2：未来扩展	S_3：功能组织	S_4：交流共享	综合满意度评价值
1	1.14	0.20	0.64	1.30	0.995
2	0.84	0.51	0.45	1.24	0.841
3	0.19	0.18	0.18	0.40	0.242
4	1.38	0.78	1.28	1.56	1.340
5	0.45	0.08	0.46	0.33	0.379
6	1.15	0.51	0.71	1.81	1.177
7	2.03	0.55	1.09	1.46	1.569
8	1.15	1.11	1.08	1.14	1.131
9	1.37	0.74	1.01	0.86	1.112
10	0.80	0.49	0.23	0.75	0.661
11	0.70	0.85	0.10	−0.04	0.434
12	0.96	0.51	0.41	0.61	0.736
13	0.68	0.39	0.76	1.10	0.765
14	−0.13	−0.31	−0.49	−0.29	−0.245
15	−0.29	−0.33	0.13	−0.71	−0.334
16	0.34	0.31	−0.55	−1.11	−0.174
17	1.94	1.85	1.54	1.70	1.804
18	0.27	0.13	−0.08	−0.71	−0.050
19	1.30	0.57	0.71	0.39	0.895
20	1.88	1.63	1.32	2.03	1.800

资料来源：SPSS 计算。

图 5-6 的使用者信息罗盘直观地表达了被调研建筑中满意度最高(编号 17)和最低(编号 15)的两座建筑评分的整体趋势和各个评分项的分值分布情况。编号 17 各项评分都呈现较高的分值,开窗数量、功能匹配、空间气氛、长期停留四项得分略低于其他。然而在编号 15 中,出现了 6 个圈,即意味着在 16 项评分中,使用者对其中 6 项表达出不满,包括位置、人员流动、长期停留、环境、声音。

① 建筑名称对应的编号同表 5-2。

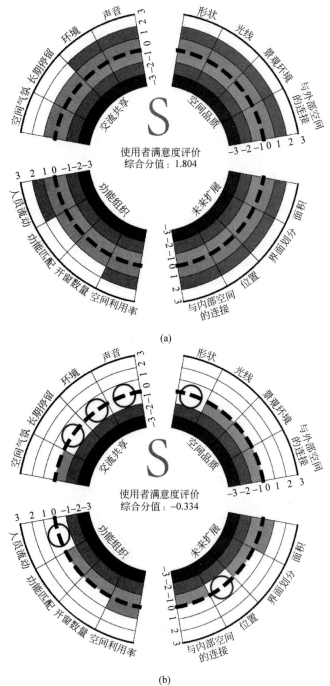

(a)

(b)

图 5-6　编号 17(a)和编号 15(b)建筑的室内空间使用者满意度信息罗盘

值得一提的是,使用者的满意度打分会受到社会、心情、天气、时间、事件、性别、年龄、生活背景、教育程度、身份角色和认知程度等诸多复杂因素的影响,量化的主观打分虽然提供了衡量室内环境品质的可能性,但是并不具备绝对可行性和唯一解,因此主观打分在一定程度上能够反映出总体使用者满意度的平均值,给出满意程度的区间,但受到样本数量的限制且由于样本本体存在差异,从而不能代表某一个个体对该建筑或空间的满意程度。此外,不同建筑还受到其他社会经济因素和地域等多方面的影响,各个建筑之间不具备单纯依靠数值的可比性。

5.4　本 章 小 结

本章从建筑空间设计的角度,依据心理学在建筑使用者主观感知评价中常采用的语义学解析法,量化拆解使用者对建筑空间满意程度的主观判断。本章与第 4 章建筑空间参数信息有着内在的关联,语义解析的因子源自建筑空间信息的因子,经过大量的数据调研,借助统计学的因子分析法重新将诸项因子做降维处理,形成可以用于各种中介空间的基于空间感知分析的使用者满意度主观评价因子矩阵,根据研究中对空间信息的分类与使用者主观体验的满意度评价显著相关数量,利用统计学的相关性分析,借助计算机软件,得出如下结论:

(1)空间高度、窗墙比、窗户开启率、内部人群密度、外部人群密度与使用者主观体验的满意度评价密切相关(显著相关数量大于 5);

(2)空间类型、遮阳设施、与主体空间的关系与使用者主观体验的满意度评价重要相关(显著相关数量大于 3 且小于 5);

(3)平面尺寸、结构柱网尺寸、围护结构导热系数、与周围空间的关系、面向自然景观、平面形状、其他功能、内部含水率与使用者主观体验的满意度评价一般相关(显著相关数量小于 3)。

因子拆解是为了更好地了解导致结果的“因”,但对建筑空间满意度仍需要一个科学合理的方法直观地表达评价的结果。各项因子不同程度地对结果造成影响,故而需要为因子配比权重以获得与真实结果最为接近的结果。研究中首先采用使用者满意度罗盘逐一表示各项因子的得分情况和达标程度;其次,利用 786 份有效满意度问卷中各项因子与总体满意度得分的两阶最小二乘法拟合数据及 54 份有效的专家打分设置权重,共同确定四类中介空间类型影响使用者满意度的公因子权重。具体综合权重分配结论如表 5-17 所示。

表 5-17　中介空间感受满意度因子组权重系数综合分值

空间感受评价组	综合权重系数			
	院落空间	中庭空间	井道空间	界面空间
空间品质	0.2194	0.4759	0.3560	0.2836
未来扩展	0.1127	0.1115	0.2370	0.2496
功能组织	0.3238	0.1592	0.2596	0.2054
共享交流	0.3441	0.2534	0.1474	0.2614

第6章 基于物理性能检测的使用者舒适度客观评价模型

6.1 基于物理环境的中介空间品质客观评价关键因素解析

建筑环境学（build environment）包括"建筑室内环境、建筑群内的室外微环境以及各种设施、交通工具内部的微环境"[163]，主要涉及的内容包括"建筑外环境、建筑热湿环境、人体对热湿环境的反应、室内空气品质、气流环境、声环境和光环境七个组成部分"[163]。兰德尔·麦克穆兰（Randall McMulla）在论著《建筑环境学》中指出："尽管我们在注意使用自然环境的时候有着许多的挑战，但我们确实有必要建设自己的人工建成空间，那是我们居住和生活的地方……人体的物理舒适度主要取决于以下几个物理因素：温度、光环境、空气品质、声环境。"[164]

6.1.1 建筑空间的热湿环境舒适度

1. 影响热湿环境舒适度的主要物理参数

人体的热舒适感觉是由人体的热平衡和感觉到的环境状况综合决定的结果，对应生理上和心理上的热感觉，即"人体对热环境表示满意的意识状态"[165]。

丹麦学者 P. O. 方格尔（P. O. Fanger）在 1982 年提出了热舒适方程[166]，用以定量化描述人体在稳态条件下能量平衡的各项参数。该方程的前提条件是："第一，人体必需处于热平衡状态；第二，皮肤平均温度应具有与舒适度相适应的水平；第三，为了舒适，人体应具有最适当的排汗率。"[163]

在人体热平衡方程中，当人体蓄热率 $S=0$ 时，有

$$M-W-C-R-E=0 \tag{6-1}$$

其中，M 为新陈代谢率，W 为人体做功功率，C 为人体外表面向周围空气的

对流散热量，R 为人体外表面向环境辐射散热量，E 为人体总蒸发散热量，单位均为 W/m^2。计算公式如下。

人体外表面向周围空气的对流散热量：

$$C = f_{cl}h_c(t_{cl} - t_a) \tag{6-2}$$

人体外表面向环境辐射散热量：

$$R = 3.96 \times 10^{-8} f_{cl}[(t_{cl} + 273)^4 - (\bar{t}_r + 273)^4] \tag{6-3}$$

人体总蒸发散热量：

$$E = C_{res} + E_{res} + E_{dif} + E_{rsw} \tag{6-4}$$

其中，C_{res} 为呼吸时的显热损失，E_{res} 为呼吸时的潜热损失，E_{dif} 为皮肤扩散蒸发损失，E_{rsw} 为人体在接近舒适度条件下的皮肤表面出汗造成的潜热损失，单位均为 W/m^2，t_{sk} 为人体在接近舒适条件下的平均皮肤温度（单位：℃）。计算公式如下：

$$C_{res} = 0.0014M(34 - t_a) \tag{6-5}$$

$$E_{res} = 0.0173M(5.867 - P_a) \tag{6-6}$$

$$E_{dif} = 3.05(0.254t_{sk} - 3.335 - P_a) \tag{6-7}$$

$$t_{sk}^① = 35.7 - 0.0275(M - W) \tag{6-8}$$

$$E_{rsw} = 0.42(M - W - 58.2) \tag{6-9}$$

将式(6-2)～式(6-9)代入式(6-1)，即可得到热舒适方程式：

$$(M - W) = f_{cl}h_c(t_{cl} - t_a) + 3.96 \times 10^{-8} f_{cl}[(t_{cl} + 273)^4 - (\bar{t}_r + 273)^4] +$$
$$0.0014M(34 - t_a) + 0.0173M(5.867 - P_a) +$$
$$3.05[5.733 - 0.007(M - W) - P_a] + 0.42(M - W - 58.2) \tag{6-10}$$

式(6-9)中影响热舒适的值有 8 个变量，其中，f_{cl}（服装面积系数）和 t_{cl}（衣服外表面温度）均可以由服装热阻 I_{cl} 决定，h_c（对流换热系数，$W/(m^2 \cdot K)$）是风速 v 的函数，W 按 0 考虑，因此热舒适方程反映出当人体处于热平衡状态时，影响人体热舒适的 6 个变量，即：M（新陈代谢率，单位：W/m^2）、t_a（空气温度，单位：℃）、P_a（人体周围水蒸气分压力，单位：kPa）、$\bar{t}_r$（环境的平均辐射温度，单位：℃）、I_{cl}（服装热阻，单位：$m^2 \cdot K/W$）、v（风速，单位：m/s）。

方格尔认为"对热舒适条件的要求在全世界都是相同的，不同的只是他

---

① t_{sk} 为人体在接近舒适条件下的平均皮肤温度，℃。

们对不舒适环境的忍受能力"[166]。在本研究中,由于关注重点为一座建筑中某一空间内的热环境舒适度,使用者的着衣状态和代谢率基本一致,取平均值,剩下的四个物理量则是影响物理环境舒适度研究所关注的重点,即平均辐射温度、空气温度、湿度和空气速度。

(1) 平均辐射温度舒适度范围

平均辐射温度也称周围温度,尤其可以反映出直接日射、全天空漫反射、短波辐射、大气反射及周围物体表面的红外线辐射等,与绿化植栽、户外遮阴、墙面颜色有密切关系,是室外热环境的控制参数[167]。由于建筑的界面常有许多异常高温或低温的物体,严重影响人的舒适性,因此平均辐射温度(mean radiant temperature,MRT)是作为室内外热环境评估最通用的指标。可采用黑球温度 t_g 计算,如式(6-11)[168]所示。

$$\mathrm{MRT} = t_g + 2.4\sqrt{v}\,(t_g - t_a) \tag{6-11}$$

其中,MRT 为平均辐射温度(单位:℃),t_g 为黑球温度(单位:℃),t_a 为气温(单位:℃),v 为风速(单位:m/s)。

F. C. 霍顿(F. C. Houghten)等人的研究发现,平均辐射温度每变化 1℃,相当于平均有效温度①改变 0.5℃,或相当于平均空气温度变化 0.75℃[169-170]。在林子平与黄瑞隆对半室外(5460 人)和室外(2247 人)的心理问卷与环境实验中,采用二次回归曲线拟合,以 80% 以上的人可以接受的范围,定义出适宜台湾的热舒适性接受范围(thermal acceptable range)[167]。研究表明 MRT 在户外为 21~43.1℃,在半室外为 19.5~33.6℃[167]。

室内空间若受到间接太阳辐射和壁面反射,特别是在幕墙包围的空间,平均辐射温度对使用者的舒适度影响非常显著。对于室内空间的 MRT 可以通过黑球测温计或者非接触式热辐射测温仪测试后计算得出,辐射温度与物体实际温度的计算如式(6-12)所示。

$$T = t_r \sqrt[4]{\frac{1}{\varepsilon}} \tag{6-12}$$

其中,T 为物体的真实温度;t_r 为被测物体的辐射温度;ε 为实际物体的发射率,随物体的成分、表面状态、温度和辐射条件的不同而不同。由于 ε 总是小于 1,因此 T 总是低于 t_r[171]。

(2) 空气温度舒适度范围

根据朱颖心在《建筑环境学》中的研究结论:"裸身人安静时在 29℃ 的

----

① 有效温度 ET 是干球温度、湿度、空气流速对人体温暖感或冷感影响的综合数值,该数值等效于产生相同感觉的静止饱和空气的温度。

气温中,代谢率最低;如适当着衣,则在气温为 18～25℃的情况下代谢率低而平稳,此时人体不发汗也无寒意,即人体产热量和散热量平衡,从而维持体温稳定,处于热感觉的'中性'状态。"[163]

（3）相对湿度舒适度范围

空气的相对湿度对施加于人体的热负荷并无直接影响,但它决定着空气的蒸发力,从而决定着排汗的散热效率。空气中水蒸气分压和皮肤的潮湿状态紧密相关,只要皮肤是干燥的,空气湿度的变化就完全不会影响人体感受。B. H. 詹宁（B. H. Jenning）和 B. 吉沃尼（B. Givoni）的研究表明,在气温接近 20～25℃时,湿度水平对于生理反应及感觉反应均无影响,而人体几乎感受不到湿度在 30%～85%的变化。然而当气温高于 25℃时,湿度对于各种反应,特别是皮肤湿度、皮肤温度的影响,以及在较高温度时对排汗率的影响才逐渐明显[172]。

皮肤湿润度被感知为皮肤的黏着性,干燥环境下,皮肤的黏着性水平较低,而在湿润环境下,皮肤黏着性水平则较高。Y. 仁志（Y. Nishi）给出了可能引起不舒适的皮肤湿润度（w）的计算方法,如式（6-13）所示[173]：

$$w < 0.0012M + 0.15 \tag{6-13}$$

其中,M 为代谢率（单位：W/m^2）。

过高的湿度环境和过低的湿度环境都会增加人体不舒适感,美国暖通空调制冷协会（American Society of Heating Refrigerating and Airconditioning Engineers,ASHRAE）将热舒适区中湿度上限设为 60%。过高的湿度环境除了影响人体的舒适度之外,还可能滋生空气中的污染物,如真菌、细菌、病毒和尘螨,化学污染物如甲醛和臭氧是病态建筑综合征的成因之一,污染物通过呼吸系统进入人体,将引发呼吸系统和皮肤的不良反应或者疾病。尽管 ASHRAE 没有规定湿度的下限,但在低湿环境下也容易滋生细菌和病毒,并生成臭氧,使得人的呼吸腔黏膜干燥,容易引发呼吸系统疾病。因此适宜人体健康的湿度环境是 40%～60%[174]。

（4）气流速度舒适度范围

气流速度从三个方面对人体产生影响。首先,气流速度影响人体与环境的对流换热量;其次,气流速度能够加速汗液的蒸发量,降低体表温度;再次,气流速度为室内空间的通风对流作用提供良好的除湿功能[175]。

"较高的风速可能引起吹风感而造成不适,有学者研究指出使用者对动态风的接受程度要优于稳定气流。尤其是局部风速往往对人的热舒适度起到了很大的影响作用。内文斯（Nevins）对实验室的受试者进行了人体颈部可承受局部风速和风温之间关系的实验,研究提出了有效吹风感或称有效吹风温度 θ 的定义"[163],如式(6-14)所示:

$$\theta = (T_j - T_a) - 8(v - 0.15) \tag{6-14}$$

建议的舒适标准为

$$-1.7 < \theta < 1.1$$
$$v < 0.35$$

其中,T_a 为室内空气温度(单位: ℃),T_j 为吹风的风温(单位: ℃),v 为吹风的风速(单位: m/s)。

2. ASHRAE 舒适区

为了综合表达空气温度、湿度和气流速度对人体热感觉的影响,有学者提出了有效温度 ET*[①] 这一物理量[163]。通过人体试验测得的有效温度的等温线绘制在热湿空气的焓湿图上,形成热舒适度区间,结合测定的代谢率、着衣状态和辐射温度,即可根据温湿度的焓湿图得出包括 ET* 线和舒适标准区两部分内容的 ASHRAE 舒适度区。美国加州伯克利建筑环境研究中心的霍伊特·泰勒(Hoyt Tyler)等人依据 ASHRAE Standard 55—2013 研发了基于网络平台在线开放使用的热舒适度工具(CBE Thermal Comfort Tool)[176]。图 6-1~图 6-4 是利用软件平台对设定的夏季和冬季工况下热湿环境舒适度区域、预测平均评价(PMV)、不满意百分数(PPD)、使用者热感觉和标准有效温度(SET*)[②]计算结果的案例演示。

图 6-1 为当空气温度为 25℃,平均辐射温度为 28℃,气流速度为 0.1 m/s,相对湿度为 50%,代谢率设为室内打字工作 1.1,着衣量设为夏季标准衣着 0.5 时所计算出的舒适度区间。经过计算,该夏季工况处于舒适度区间范围内,PMV 值为中性偏热(0.35),PPD 指数为 8%,使用者热感觉为中性,SET* 为 25.3℃。采用同样的热环境参数设置,并带入室外温度 32℃,计算使用者可接受温度检验计算,结果如图 6-2 所示。在该室外温度参数下,80% 的受试者可以接受的操作温度范围为 24.2~31.2℃;90% 的

---

①　有效温度 ET 由于过高地估计了湿度在低温环境下对凉爽和舒适状态的影响,因而被新的有效温度 ET* 所替代。

②　标准有效温度 SET* 的定义是:身着标准服装热阻的人,在相对湿度为 50%,空气静止不动,空气温度等于平均辐射温度的等温环境下,若与他在实际环境和实际服装热阻条件下的平均皮肤温度和皮肤湿润度相同,则必将有相同的热损失,该温度就是上述实际环境的标准有效温度 SET*。——引自朱颖心《建筑环境学》,P111.

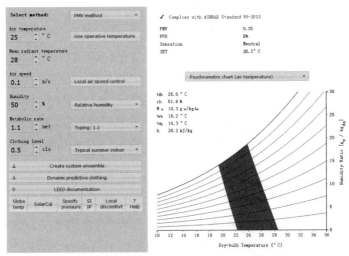

图 6-1　夏季室内热湿环境舒适度区间

（资料来源：热舒适度工具）

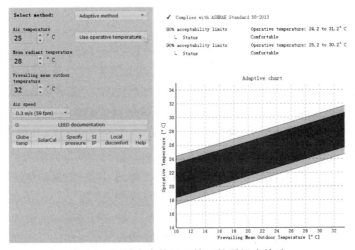

图 6-2　夏季室内热湿环境可接受温度检验

（资料来源：热舒适度工具）

受试者可接受的操作温度范围为 25.2～30.2℃。当空气温度为 25℃,平均辐射温度为 28℃时的热环境满足 90％使用者的热舒适度需求。图 6-3 所示为冬季工况下室内热湿环境舒适度区间,当空气温度为 20℃,平均辐射温度为 22℃,气流速度为 0.1 m/s,相对湿度为 50％,代谢率设为室内打字工作 1.1,着衣量设为冬季标准衣着 1 时所计算出的舒适度区间。经过计算,该夏季工况处于舒适度区间范围内,PMV 值为中性偏冷(-0.36),PPD 指数为 8%,使用者热感觉为中性,SET* 为 24.3℃。图 6-4 计算说明当室外空气温度为 10℃,室内空气温度为 20℃,平均辐射温度为 22℃时的热环境能满足 90%使用者的热舒适度需求。

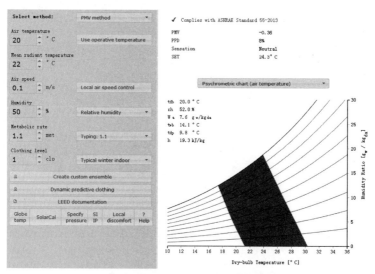

图 6-3　冬季室内热湿环境舒适度区间

（资料来源：热舒适度工具）

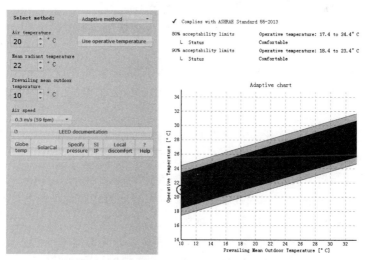

图 6-4　冬季室内热湿环境可接受温度检验

（资料来源：热舒适度工具）

3. 热环境的测试技术

热湿环境的四项主要物理参数为辐射温度、空气温度、相对湿度和空气速度，其检测方法和检测仪器如表 6-1 所示。

表 6-1　影响热湿环境舒适度主要参数的检测方法和仪器

影响热湿环境舒适度参数	单位	检测方法	检测仪器
辐射温度	℃	接触式、非接触式测温仪表	黑球温度自计仪,红外线辐射温度计,红外线成像仪,辐射高温计
空气温度	℃	接触式测温仪表	膨胀式温度计,压力表式温度计,玻璃管液体温度计,热电阻温度计,热电偶温度计
相对湿度	%	干湿球法,露点法,吸湿法	干湿球与露点湿度计,氯化锂电湿度计,金属氧化物陶瓷湿度传感器,金属氧化物膜湿度传感器,电容式湿度传感器
气流速度	m/s	机械法,散热率法,动力测压法	热线风速仪,测压管

6.1.2　建筑空间的光环境舒适度

1. 影响光环境舒适度的主要物理参数

詹庆旋在《建筑环境学》一书中,总结出舒适的光环境应当具备以下四个要素:

(1) 适当的照度水平。照度水平包括照度标准和照度分布两个方面,照度水平对自然采光和人工采光的室内环境均产生影响,与使用者的舒适度水平密切相关。

(2) 舒适的亮度比。在人眼的视野范围内,除工作对象外,建筑空间内、外能进入视野的其他事物,如墙、窗和屋顶等构成的亮度形成背景亮度。对象亮度与背景亮度相差过大会加重眼睛负担或产生眩光,降低视觉功效(visual performance)。因此在室内环境中,需要有较为均匀的亮度分布。

(3) 适宜的色温与显色性。通常用光源的色表和显色性来表征光源的颜色质量,色表是灯光本身的表观颜色,显色性是光源对被照物体颜色的还原能力。色温与显色性主要与人工光源的属性相关,二者在光环境的舒适度方面需要兼顾。

（4）避免眩光干扰：室内工作环境要避免直接眩光和反射眩光。不舒适的眩光会降低工作效率，甚至在工作环境中产生危险；失能眩光会损害视觉，直接威胁使用者的健康。因此避免眩光是舒适光环境的前提条件。

由于本书研究的重点在于中介空间的院落、中庭、井道及界面空间对室内主体空间的影响，其积极的方面主要体现在对自然环境的利用和对整体建筑环境的制衡作用，因此，自然的采光和通风是本研究的重要关注点之一。研究在詹庆旋教授对舒适的光环境四要素的分类基础上，将影响舒适、节能的室内光环境的主要物理要素再次进行了归类，包括了自然采光、混合采光、视野、控制四个子因素。

（1）自然采光的舒适度范围

建筑对自然采光的利用效果一方面影响室内光环境的舒适度，与自然光照度、均匀度分布等参数相关，另一方面影响建筑运行期间照明能耗的节能效率。

研究人员对办公室等工作场所在各种照度条件下的满意度做了大量调查，研究发现照度与满意度百分比的关系呈一条开口向下的曲线，满意百分比的最大值为 1500～3000 lx[163]。对于从事一般工作的公共建筑室内空间，在 0.75 m 的水平面上，室内光环境的照度标准值一般为 300～500 lx[177]。

评价工作面上的光环境水平，照度均匀度是与照度同样重要的因素。照度均匀度为工作面上的最低照度与平均照度的比值。依据我国建筑照明设计标准，"办公室、阅览室等空间照度均匀度不低于 0.7，一般性主体空间照度均匀度不低于 0.5，交通区域和非工作区域的照度均匀度不低于 1/3"[178]，对于本书所研究的中介空间，其通常的功能对于照度均匀度的要求较低，即能够满足 1/3 的要求。

（2）混合采光的舒适度范围

混合采光包括自然光源采光和人工光源采光的共同作用。当自然采光不能满足室内照度的最低值时，采用人工光源进行补充。人工光源则需要引入另一物理量——色温——与照度一起决定室内光环境的舒适度范围。1941 年克鲁斯多夫（Kruithoff）依据实验定量地提出了光色舒适度的范围，得到了后人的进一步验证，并得出结论，在自然采光的环境下，照度高于 300 lx 处于舒适度范围。公共建筑常用的人工照明光源中，白炽灯的色温在 3000 K 左右，为黄白色，照度的舒适度范围为 100～500 lx。荧光灯的色温在 5000 K 左右，呈白色，接近日光的色温，对应照度的舒适度范围则更大些，照度在 300 lx 以上感到舒适。

(3) 视野和眩光的舒适度范围。

视野和眩光属于建筑环境使用后评价的范畴，是室内环境品质的一项评判内容。在我国 2014 年新版的《绿色建筑评价标准》中，在室内环境质量项中补充了"室内光环境与视野"的相应条款，指出主要功能房间需要有合理的控制眩光措施[1]。

在美国 LEED 绿色建筑评价体系中，室内环境品质（indoor environment quality，IEQ）对视野和眩光的要求更为详细。视野方面要求室内地面以上 $30 \sim 90$ in($0.762 \sim 2.286$ m) 的高度范围内，应该有通过玻璃直接看到室外环境的区域（即有视野区域）。经常使用的空间中，有视野区域应占 90% 以上，若是私人办公的区域，有视野区域应占 75% 以上[180]，视野的考察方式通过坐立状态下眼睛高度的水平视野和垂直方向的视线决定。此外，应避免视线 $0 \sim 27°$ 的眩光[2][163]干扰。

(4) 照明系统控制

我国《绿色建筑评价标准》中规定："走廊、楼梯间、门厅、大堂、大空间、地下停车场等场所的照明系统采取分区、定时、感应等节能控制措施。"[179]在美国 LEED 评价体系中，对照明系统的控制有更细致的要求，这些要求不但与使用者的满意度和舒适度相关，而且直接影响建筑运行期间的照明能耗，因此在 LEED 中作为独立的一项条款被单独列出。条款要求照明系统为独立的使用者和复合功能区域的特定人群提供高标准的照明控制系统。对于个人工作环境，标准要求 90% 以上的使用者能够根据工作要求和个人偏好的照明调节控制。

2. 光环境的测试技术

室内空间的自然采光及混合采光的照度和亮度可以通过光电照度计、亮度计测量得出，室内光环境的均匀度、采光系数和亮度比则通过计数统计的方式依据测量得出的照度和亮度计算得出。影响光环境舒适度参数的检测方法和仪器如表 6-2 所示。

---

① 该条评价的内容为："在规定的使用区域，主要功能房间都能看到室外自然环境，没有构筑物或周边建筑物造成明显视线干扰。对于公共建筑，非功能空间包括走廊、核心筒、卫生间、电梯间、特殊功能房间，其余的为功能房间。"[179]

② 眩光作用的程度判定：视线范围内，$0° \sim 14°$ 为极强眩光作用，$14° \sim 27°$ 为强烈眩光作用，$27° \sim 45°$ 为中等眩光作用。——引自朱颖心《建筑环境学》，P284。

表 6-2　影响光环境舒适度主要参数的检测方法和仪器

影响光环境舒适度参数	单位	检 测 方 法	检 测 仪 器
照度与亮度比	lx	手持逐点测量,统计记录、计算	光电照度计、光电亮度计
色温	K	比色法、查表法	CIE15：2004
视野与眩光	—	统计、测量、绘图法	—
照明系统控制	—	统计、设计图纸检查	—

6.1.3　建筑空间的声环境舒适度

1. 影响声环境舒适度的主要物理参数

音乐厅或播音室对声音有特殊要求是显然易见的,然而很多声音导致的不舒适问题常常与人们的日常工作、居住的普通空间息息相关。1970 年的环境保护法案中,美国大多数主要联邦政府都对此提出了要求和标准,争取为人们提供安全、舒适的工作生活环境。建筑里主要的声源分为三类：

(1) 由使用者活动和办公设备产生的声源；

(2) 由建筑外部环境产生的声源；

(3) 由建筑服务设备产生的声源。[181]

当此三类声源给人们的居住和生活带来不悦时,均会被列入噪声的范畴。前两项可划分为环境噪声,是工作状态下的全年间歇性常态噪声；后一项属于季节性、周期性持续的机械噪声。环境噪声和机械噪声是影响室内空间声环境舒适度的两类重要影响因子。

从声音的传输路径来讲,噪声声源向空间的传输可以通过空气和建筑物。在这两种情况下,声音首先通过空气传播给结构,再由结构传给另一个空间中的空气,此过程涉及两个物理量：混响时间和隔声量。

声音在一个空间内通过空气传播,被围护结构壁面反射回人耳,当传播路径长,反射回人耳的声音与声源存在较大时间差时,会影响听觉感受,因此采用混响时间来定量判断空间内声音的质量。这样的大空间在大型公共建筑中尤为常见,特别是本书研究中的中介空间,通常也以大空间的形式存在。声音的混响时间与空间的体积密切相关,超过一定范围的混响时间会引起听觉混淆,导致使用者出现不舒适感受,因此,混响时间是影响声环境舒适度的另一个物理参数。

建筑结构的声音削弱能力用围护结构的隔声量来衡量。之所以选择隔声量作为评价室内空间舒适度的因素之一，是从建筑空间的功能布局来考虑的。中介空间通常为公共或半公共空间，使用状态的动态性（如使用者活动、说话）使该空间内的声音难免嘈杂；而与之相邻的主体空间（如办公建筑、酒店、图书馆）常为私密或半私密空间，使用状态的静态性令使用者对声音的舒适度需求较高。因此中介空间与主体空间交界面的隔声性能是另一个影响室内主体空间使用者舒适度的物理参数之一。

综上所述，影响建筑室内声环境舒适度的主要物理参数有四个，即环境噪声、机械噪声、混响时间和隔声性能。

（1）环境噪声的舒适度范围。空间中周围环境声级是声学环境中一个极其重要的因素。根据我国《民用建筑隔声设计规范》《剧场建筑设计规范》《电影院建筑设计规范》《办公建筑设计规范》，表 6-3 总结出不同类型建筑的室内允许噪声值。

表 6-3　各类建筑室内允许噪声值

活动或场所的类型	声级/dB(A)
广播录音室	20～30
音乐厅、剧院的观众厅	25～35
电视演播室	30～35
电影院观众厅	35～40
体育馆	45～55
个人办公室	40～45
开敞式办公室	50～55
会议室	40～50
图书馆阅览室	40～45

资料来源：朱颖心.建筑环境学[M].北京：中国建筑工业出版社，2005。

（2）机械噪声的舒适度范围。持续的机械噪声会在很大程度上引起人体的不舒适感受，降低工作效率甚至会危害人体健康。最常见的机械噪声为加热、通风和空调系统（HVAC）的声源，以及传送管道带来的噪声干扰。自 20 世纪八九十年代起，噪声标准曲线进一步提高，说明人们对 HVAC 系统产生的声音频谱越来越敏感。美国 LEED 评价体系中关于室内环境品质一项，在加强声环境表现的条款中，要求由 HVAC 产生的机械噪声应减少到 40 dB(A) 以下。

（3）混响时间的舒适度范围。混响时间（声源关闭后声级衰减 60 dB 所用的时间，单位：s）与空间体积成正比，与总吸声量成反比。

$$T = 0.161 \frac{V}{A} \tag{6-15}$$

其中，T 为混响时间(单位：s)，V 为空间的体积(单位：m^3)，A 为空间内的总吸声量(单位：m^2)。

据过往研究，较理想的混响时间(中频)为：体育馆低于 2.0 s，音乐厅为 1.8～2.2 s，剧院为 1.3～1.5 s，多功能礼堂为 1.0～1.4 s，电影院为 0.6～1.0 s，教室为 0.4～0.8 s，录音室为 0.2～0.4 s[182]。

美国 LEED 评价体系中，在室内环境品质对于声环境最低表现标准中，要求符合室内舒适度的混响时间需要控制在 1.5 s 以内[183]。

(4) 隔声性能的舒适度范围

建筑结构的声音削弱能力用隔声量 R(单位：dB)或透射损失(TL)来衡量。隔声量是传播声功率与入射到声源房间一侧建筑上声音功率的差值。隔声量取决于围护结构的质量，建筑结构越复杂，质量越大，声音从一侧传到另一侧时对声音的削弱能力越强，只传递很少量的入射声能的建筑结构，隔声量较高。

2. 声环境的测试技术

环境噪声和机械噪声统称为背景噪声，可采用声级计测量噪声级强弱。环境噪声主要针对中介空间内部及主体空间内部，机械噪声针对靠近建筑设备系统空间或邻近设备管道的主体空间。混响时间的测试主要针对具有功能性的中介空间和较大面积的主体空间。隔声量的测试主要针对具有声学环境要求的功能性房间及与设备系统空间相邻的空间。影响声环境舒适度参数的检测方法和仪器如表 6-4 所示。

表 6-4　影响声环境舒适度主要参数的检测方法和仪器

影响声环境舒适度参数	单位	检测方法	检测仪器
环境噪声	dB(A)	现场测量法、实验室检测法	声级计、频谱分析仪、电平记录仪、磁带记录仪
机械噪声	dB(A)	现场测量法、实验室检测法	声级计、频谱分析仪、电平记录仪、磁带记录仪
混响时间	s	稳态噪声切断法、脉冲响应积分法、MLS 最大长度序列数法、切断噪声法	无指向性建筑测试声源、激光测距仪、声级计、声级记录仪
隔声量	dB	查表法(墙壁或地板的隔声等级)、实验室样品测试法、现场测量法	建筑测试声源、材料流阻测试仪、声级计、脉冲积分声级计

6.1.4　建筑空间的空气品质舒适度

1. 影响空气品质舒适度的主要物理参数

室内 CO_2 浓度常用来表征室内空气品质，可以反映出室内通风效果和空气新鲜程度，因此可以间接反映室内有害气体的污染程度。

研究表明，室内可吸入颗粒物以细微粒为主，大于 $10~\mu m$ 的粒子比重较小，粒径小于 $7~\mu m$ 的粒子占 95% 以上，粒径小于 $3.3~\mu m$ 的粒子占 80%~90%，而粒径小于 $1.1~\mu m$ 的粒子占 50%~70%[184]。不同粒径的可吸入颗粒物会对人体呼吸系统产生不同程度的危害，其中，粒径小于 $5~\mu m$ 的颗粒物会通过鼻腔、气管和支气管进入肺部，由于无法排出，对人体健康的影响最大。因此 PM2.5 的粒子浓度受到广泛关注，用以表征室内物理性颗粒物污染程度[184]。

世界卫生组织(World Health Organization, WHO)定义："沸点为 50~260℃的有机化合物称为挥发性有机化合物。"随着材料工艺、系统设备在建筑中的应用逐渐广泛，挥发性有机化合物污染源，如涂料(乳胶漆)、喷塑、墙纸、屋顶装饰板、胶合板、塑料地板革、地毯/挂毯、家具、家用电器、清洁剂、复印机/打印机、采暖/烹调烟雾等种类不断增加。挥发性有机物超标会引起使用者出现头疼、乏力和记忆力减退等症状，因此总挥发性有机物(total volatile organic compound, TVOC)是评价室内空气品质的一个综合性指标。

TVOC 中，以甲醛(HCHO)对人体的危害最为典型，这种物质广泛存在于室内生活环境中，是室内空气的主要污染物之一。甲醛的污染源主要是建筑材料、家具、黏合剂、涂料、合成纺织品、不完全燃烧的厨房煤炉和液化石油气、香烟以及其他日常化学用品等。研究证明，甲醛的释放量与室内温度和湿度密切相关。当室内温度上升时，甲醛浓度迅速上升；当室内的相对湿度增加一倍时，甲醛的浓度也会增加约一倍；当室内温度与湿度同时上升时，室内甲醛的释放量则是与两者增加量比重关系的叠加[184]。

综上所述，除去温度、湿度因素(这两个因素严重影响室内 TVOC 浓度，并且是生物性污染的主要成因，但由于二者也是影响室内热湿环境的主要因素，因此在此不再赘述)之外，影响空气品质舒适度的物理参数主要以 CO_2、PM2.5、TVOC 和甲醛浓度为代表。

(1) CO_2 浓度的舒适度范围。GB/T 18883—2002《室内空气质量标准》中规定 CO_2 浓度一般不超过 0.001，但有时室内 CO_2 浓度在规定范围内，人体也会感到不舒适。因此有学者提出了室内 CO_2 浓度低于 7×10^{-4}

的清洁标准。表 6-5 为 CO_2 在不同的情况下对人体的影响[185]。

表 6-5　不同 CO_2 浓度对人体的影响

CO_2 体积分数/%	人体生理反应
0.03	室外正常空气
0.07	体内排出的其他气体如氨、二乙胺、甲醛等污染气体也应达到一定浓度,少数敏感者已经有所感觉
0.1	大多数人感觉不适
1	呼吸加快,对工作效率无明显影响
2	头痛、瞌睡、听力轻度下降,计算效率降低 30%
4	呼吸困难、意识迟钝,工作效率明显下降
6	剧烈头痛、呕吐,有神经错乱,呈发狂症状
7~9	约 10 min 内意识模糊

资料来源:张军甫.办公建筑室内空气品质测试与气流组织分析[D].西安:西安建筑科技大学,2012.

(2) PM2.5 浓度的舒适度范围。室内环境中的 PM2.5 来源主要分为两大类:室外颗粒物和室内发生源。各国自 2000 年以来对环境的空气品质都高度重视,相继出台了针对大气颗粒物的标准规范[186](见表 6-6)。有学者针对北京冬季公共场所室内环境质量进行了实地测试,调研北京 4 个行政区共 24 座公共建筑的 PM2.5 污染水平,得出室内空气 PM2.5 浓度的中位数为 61 $\mu g/m^3$,雾霾天气时中位数为 316.7 $\mu g/m^3$,邻近交通干线的 PM2.5 中位数为 167.9 $\mu g/m^3$,餐饮场所的中位数为 64 $\mu g/m^{3}$[187]。这些数值均表明即使在非雾霾的天气情况下,北京室内 PM2.5 的污染水平均两倍于国际标准数值,雾霾天气时室内污染程度更为严峻,因此评价室内 PM2.5 污染水平对衡量我国室内环境品质十分必要。

表 6-6　各国室内颗粒物控制标准比较

国家	年平均 /($\mu g/m^3$)	24 h 平均 /($\mu g/m^3$)	备　注
澳大利亚	8	25	2003 年发布
美国	15	35	2006 年 12 月 17 日生效,比 1997 年的规范更严格
日本	15	35	2009 年 9 月 9 日发布
欧盟	25	—	2010 年 1 月 1 日发布目标值,2015 年 1 月 1 日强制生效
中国	35	75	拟于 2016 年实施,征求意见中

资料来源:李哲敏,周甜,林晗,等.建筑设计与室内 PM2.5 控制探讨[J].住宅工业,2015 (7):48-53.

（3）TVOC 浓度的限值范围。研究表明，TVOC 浓度越大，对人体的危害程度越高。麦克哈维（Mqlhave）于 1986 年建立了总挥发性有机物的浓度与健康效应的关系。当室内 TVOC 浓度小于 0.2 mg/m³ 时，人体感到舒适；当 TVOC 浓度达到 0.2～0.3 mg/m³ 时，与其他因素联合作用时，人体可能感到刺激和不适；当 TVOC 浓度为 3.0～25 mg/m³ 时，人体会感到刺激和不舒适；当 TVOC 浓度高于 25 mg/m³ 时，会产生毒效应，人体可能出现神经中毒[184]。

根据 2022 年《室内空气质量标准》以及 2014 年《绿色建筑评价标准》（GB/T 50378—2014）中对 TVOC 的规定，室内总体挥发性有机物 TVOC 在 8 h 内的平均浓度应不高于 0.60 mg/m³。

（4）甲醛浓度的限值范围。多个国家规定了室内空气中的甲醛限值。欧盟规定 30 min 内甲醛的平均值不超过 0.1 mg/m³，日本要求 1 h 内甲醛的平均值不超过 0.1 mg/m³，加拿大要求 1 h 内甲醛的平均值不超过 0.123 mg/m³[188]。

我国涉及民用建筑室内空气品质的标准包括强制性标准《民用建筑工程室内环境污染控制规范》（GB 50325—2010）以及推荐性标准《室内空气质量标准》（GB/T 18883—2002）。控制规范规定，Ⅰ类住宅、医院、老年公寓、幼儿园、学校教室等敏感空间的甲醛含量最高值为 0.08 mg/m³，Ⅱ类建筑如办公楼、商店、旅店、娱乐场所、图书馆、体育馆、餐厅等公共建筑的甲醛含量最高值为 0.1 mg/m³。

2. 空气品质的测试技术

室内空气品质的测试主要是对气体成分的测量。我国《室内空气质量标准》中的控制项包括了与人体健康相关的物理、化学、生物和放射性物质的控制参数，总计 19 项指标。本书的研究以 CO_2、PM2.5、TVOC 和 HCHO 四项主要影响公共建筑室内空气品质的指标作为评价室内空气品质的主要参考依据，四项参数的检测方法和仪器设备如表 6-7 所示。

表 6-7　影响室内空气品质主要参数的检测方法和仪器

影响室内空气品质参数	单位	检测方法	检测仪器
CO_2 浓度	×10⁻⁶	不分光红外吸收法、电导法、容量滴定法、气相色谱法	环境测试仪、二氧化碳记录仪、红外线气体分析仪、气相色谱仪、电位滴定分析仪、电导分析仪、热导分析仪[189]

影响室内空气品质参数	单位	检　测　方　法	检　测　仪　器
PM2.5 浓度	$\mu g/m^3$	光散射法结合 Mie 散射理论和颗粒物相关参数反推颗粒物质量浓度	大气粉尘测试仪、空气颗粒污染物计数器
TVOC 浓度	mg/m^3	热解吸/毛细管气相色谱法(ISO 16017—1)	空气品质监测仪、吸附管、真空泵采样检测
HCHO 浓度	mg/m^3	AHMT 分光光度法、乙酰丙酮法、气相色谱法	色谱对照表、气相色谱仪、空气品质监测仪、甲醛气体分析仪等

6.2　室内空间总体物理环境舒适度综合评价

6.2.1　室内空间物理环境舒适度评价方法

为了清晰直观地反映室内物理环境的分布情况,帮助建筑师和使用者可视化地分析建筑空间的平面布局与物理环境分布的对应关系,考察中介空间对整个建筑物理环境的影响程度,本书介绍一种易读、直观的测试及数据传递表达方法:网格测试法＋物理环境云图＋室内物理环境表现罗盘,结合本书第 5 章的使用者满意度综合评价结果进行可持续建筑室内环境品质的矩阵分析(分析矩阵见本书第 7 章 SCTool 的评价方法演示),得出对目标建筑(空间)的被动调节作用综合评价结果。基于物理环境舒适度的检测与评价方法如图 6-5 所示。

6.2.2　基于图形可视化分析的空间物理环境测试

在确定评价建筑后,首先采用网格实地测试的方法捕获整个建筑的逐项物理参数数据。总体来说,针对建筑的物理环境测试技术有三种(见表 6-8)。无线通信获取测点数据技术是目前最新的测试技术,能够实时捕获大量数据信息获取稳定可靠的数据,该方法可通过主机(数据转接端)控制多达 120 个从机(测试端),可满足网格测试的测点布局。但因为技术处在初期阶段尚未成熟,测试类型还不齐全,本次测试并未选用该方法。带有自记功能的静置仪器获取测点数据的技术是常用的测试方法,被广泛用于建筑运行阶段使用物理环境的测量与检验。但该方法需要逐一导出数据,操作复杂,不易于大量快速收集测试数据;而手持式的测试仪器操作灵活,但会受

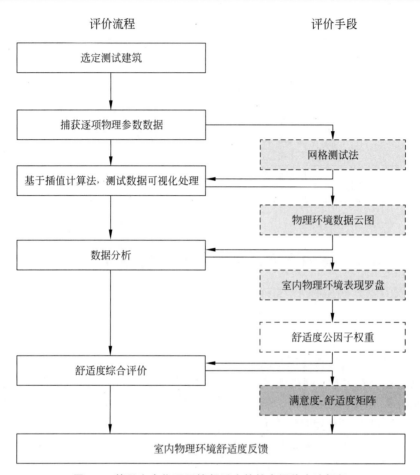

评价流程　　　　　　　　　　　　　　　评价手段

选定测试建筑

捕获逐项物理参数数据

网格测试法

基于插值计算法，测试数据可视化处理

物理环境数据云图

数据分析

室内物理环境表现罗盘

舒适度公因子权重

舒适度综合评价

满意度-舒适度矩阵

室内物理环境舒适度反馈

图 6-5　基于室内物理环境舒适度的综合评价方法框架

到人为因素的影响，可能造成数据相对不稳定。

　　依据 6.1 节中对影响室内物理环境关键因素的解析，将室内物理环境分为热湿环境、光环境、声环境和室内空气品质 4 个公因子项，再将 4 个公因子项根据影响程度的大小，各提取 4 个子因子，共计 16 项子因子，以进行更为细致的测评。此外，在测试室内各项物理环境的同时，还需要对室外的气候环境进行同步监测，用于分析中介空间对室内物理环境的影响程度。为了保证测试结果的稳定性和可靠性，测试网格依据建筑结构柱网尺寸(公共建筑中结构柱网尺寸通常在 8 m 上下浮动)，采用典型气候条件下连续 3 日的数据平均值，并且排除瞬间突变的不稳定偏离值，如因气候突变、主动设备干预、行为活动干预、测试仪器的非正常使用等造成的不准确数据(见表 6-9)。

表 6-8　测试技术在网格测试方法上的运用

测试技术	优　势	缺　点	仪　器
无线通信获取测点数据	实时捕获大量数据信息,数据稳定可靠;仪器体积小,可满足网格测试的测点布局	测试成本高,尚未发展成熟,测试种类不全	无线温度、光照、CO_2 记录仪等
静置仪器获取测点数据	捕获大量数据信息,数据稳定可靠	测试成本高;数据收集整理操作复杂;仪器体积大,种类多,操作不方便	温度、光照、CO_2 自记仪等
手持仪器获取测点数据	操作灵活,测试成本低,可满足网格测试的测点布局	测试数据相对不稳定	手持红外线温度测试仪,照度仪、CO_2 浓度计等

表 6-9　建筑物理性能表现测试框架

测　试　项		测试内容	参数类型	参数单位	对建筑被动调节作用的影响
热湿环境	室外热环境	测试期连续 3 日室外逐时热湿环境参数,测量间隔 5 min	辐射温度、空气温度、湿度、空气速度	℃	1. PMV 的重要参数指标; 2. 空间调节策略作用效果的直接反映; 3. 建筑能耗; 4. 人体健康和工作效率
	室内逐层温度网格	测试期连续 3 日,中午 13:00 与下午 18:00,室内 8 m 网格下,逐层温度测点数据			
光环境	室外照度	测试期连续 3 日室外逐时、逐层自然光照度值	自然采光照度、混合采光照度、视野、控制①	照度 lx,采光系数 %	反映建筑对自然光的利用程度和舒适度。 1. 室内光环境重要指标; 2. 空间调节策略作用效果的直接反映; 3. 建筑能耗; 4. 人体健康和工作效率
	室内逐层照度网格	自然采光条件下,测试期连续 3 日,中午 13:00 与下午 18:00,室内 8 m 网格下,逐层、逐时照度数据			

---

①　由于光环境中视野和控制两项参数随时间和天气变化较小,因此可以简化测试内容,取一次测量值即可。

续表

测　试　项		测　试　内　容	参数类型	参数单位	对建筑被动调节作用的影响
声环境	室外噪声	测试期连续 3 日室外逐时环境噪声级，测量间隔 5 min	环境噪声级、机械噪声级、混响时间、隔声量	噪声级 dB(A)，混响时间 s，隔声系数 %	反应建筑围护结构的隔声性能和使用者的舒适度。 1. 室内声环境重要指标； 2. 空间调节策略作用效果的直接反映； 3. 人体健康和工作效率
	室内逐层噪声网格	测试期连续 3 日，中午 13:00 与下午 18:00，室内 8 m 网格下，逐层、逐时数据			
室内空气品质	室外空气品质	测试期连续 3 日室外逐时空气成分浓度值，测量间隔 5 min	CO_2 浓度、PM2.5 浓度、TVOC 浓度、甲醛浓度	10^{-6}，$\mu g/m^3$	建筑自然通风、植物、水体等自然资源调节作用的程度。 1. 室内空气品质重要指标； 2. 空间调节策略作用效果的直接反映； 3. 建筑能耗； 4. 人体健康和工作效率
	室内逐层网格	测试期连续 3 日，中午 13:00 与下午 18:00，室内 8 m 网格下，逐层、逐时空气成分数据			

6.2.3　基于插值算法的空间物理环境分布云图

在自然科学及社会科学的数据处理中，空间插值往往是一个必不可少的数据推算工具。例如，地理信息系统（geographic information system, GIS)的研究，经常利用克里金(Kriging)①插值算法对已经完成的数据进行分析。从已知的地理信息中找到一个尽可能逼近已知空间数据的函数关系式，利用该关系式推测区域范围内空间其他未知点的数据信息。空间插值法的主要目标可以概括为以下三类：第一是对缺失数据的估计，由于客观

---

① 克里金(Kriging)插值法由南非地质学家 D. G. 克里金(D. G. Krige)于 1951 年提出的。最初用于矿山勘探，并被广泛用于地下水模拟、土壤制图等领域，成为 GIS 软件地理统计插值的重要组成部分。方法认为任何空间连续性变化的属性是非常不规则的，不能用简单的平滑数学函数进行模拟，可以用随机表面给予较恰当的描述。

测试条件的不足,不可能对任何空间地点都通过实测得到数据,需要用插值了解区域内完整的数据分布;第二是网格化的数据能够更好地反映连续分布的空间现象,对网格间的未知点经行插值推算,简化测试调研的数据量;第三是利于分析得到内插等值线,直观地显示数据的空间分布[190]。

插值算法被广泛用于水文、气象、气候、生态、环境、社会和经济等学科,近年来随着 GIS 和计算机技术在城市规划和空间设计领域的应用,插值算法被引入建筑和规划领域。夏伟在其博士学位论文《基于被动式设计策略的气候分区研究》中,将气候分析软件 weather tool 中我国 200 多个城市的气候数据导入 GIS(ARCGIS9.2)软件中,利用其插值功能,得出了全国不同气候条件下,被动式设计潜力分布、空间调节策略的综合有效性等的分布图[191]。在光环境的分析中,也常利用网格测试的方法,借助 GIS 的插值手段图形化显示空间内数值的分布情况和等值线的分析数据[192]。

进行空间插值时,一般包括以下过程:第一步,空间数据源的获取;第二步,对数据进行分析,找出数据源分布特征和统计特性,排除不稳定数据的干扰;第三步,选择恰当的差值算法进行计算;第四步,对计算结果进行评价[190]。

本研究利用 Rhino 和 Grasshopper 图形可视化软件开发平台,基于双线性多项式插值计算法①,展示整个建筑空间三维视角下水平方向和垂直方向的物理环境分布云图。云图的生成过程主要包括三个步骤:第一步,将网格测试的数据结果,录入或导入 Excel 中建立数据库;第二步,基于三维建模软件 Rhino,绘制建筑测试层的平面图及测试网格;第三步,利用事先搭建好的 Rhino 的参数化编程平台 Grasshopper,导入 Excel 生成测试项整个建筑的物理环境云图;第四步,对调研测试结果进行分析。

(1) 利用 Excel 录入数据结果。将调研测试的各项数据结果逐一录入计算机,形成 Excel 数据库,为进一步的数据分析做准备。录入可采用平面一维纵列式或二维的交叉式(见图 6-6 和图 6-7),但数据结果的录入要与测试平面的网格次序一一对应,否则将影响后期数据分析的有效性或准确性。

(2) 在 Rhino 软件中绘制建筑逐层平面。根据建筑的平面,在三维建模软件 Rhino 中绘制目标建筑的各层平面图,使平面闭合,并绘制测试所依据的网格线,使网格的每一条横轴和纵轴均相交(见图 6-8)。

---

① 线性内插法利用最为靠近待定点的 3 个数据进行插值计算。双线性多项式插值利用最为靠近待定点的 4 个数据进行插值计算。

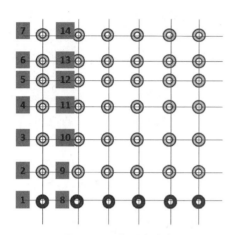

图 6-6　网格测点分布

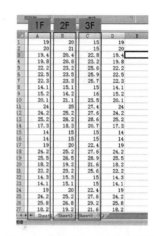

图 6-7　借助 Excel 建立室内物
理环境参数数据库

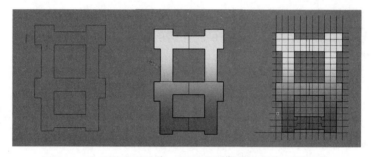

图 6-8　在三维建模软件 Rhino 绘制建筑平面及测试网格

（3）利用编写好的 Grasshopper 程序建立与 Rhino 及 Excel 的关联，生成测试项整个建筑的物理环境云图。Grasshopper 程序包括两个部分：一个是可调电池组，包括建立并设置 Grasshopper 程序与 Rhino 及 Excel 关联的电池（见图 6-9 及图 6-10）；另一部分是不可调的封装电池组，是利用插值算法计算并显示云图的程序（见图 6-11）。

设置方法如下：首先建立 Rhino 和 Grasshopper 的关联。右键单击 Grasshopper 中 Srf 电池块，拾取 Rhino 中的建筑平面。右键单击 Grasshopper 中 Crv 电池块，依次拾取 Rhino 中网格测试的坐标轴（见图 6-10）。其次，右键单击 Grasshopper 中 Path 电池块，导入准备好的 Excel 文件（见图 6-11）。第三，通过 Upper 和 Lower 两个电池块设置云图显示的上限值和下限值（见图 6-11），Upper 对应的上限值用红色表示，超过

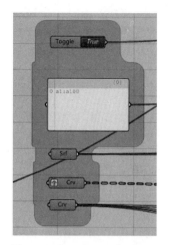

图 6-9　Grasshopper 与 Rhino
关联的电池组

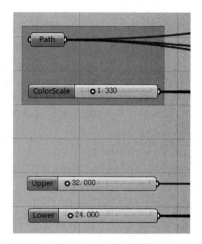

图 6-10　Grasshopper 与 Excel 关联的电池组
（资料来源：作者、吕帅绘制）

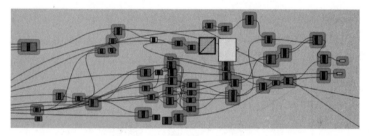

图 6-11　Grasshopper 中双线性插值计算程序电池组（不可调）
（资料来源：作者、吕帅绘制）

上限值的所有测点均以红色表示；Lower 对应的下限值用蓝色表示，低于下限值的所有测点均以蓝色表示。

图 6-12 为经程序后台计算后，在 Rhino 前台展示出的建筑逐层物理环境分布云图的示例。根据调研数据的不同测试项、不同气候条件下物理环境参数的分布情况，结合建筑平面图和剖面图，可对中介空间作用效果的影响进行其他分析。具体验证过程和方法演示将在本书 7.4 节的案例研究 3 中进行详细描述，通过云图的方式验证中介空间在整个建筑空间中的被动调节作用的效果。

6.2.4　室内物理环境表现罗盘

与使用者满意度评价罗盘对应，室内物理环境表现罗盘是反应室内环

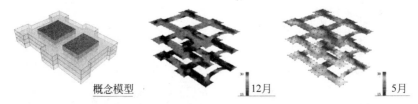

概念模型   12月   5月

图 6-12   基于双线性插值算法的空间物理环境分布示例（见文后彩图）

境舒适度的评价及表达工具。为了验证中介空间对主体空间的影响程度，研究在中介空间影响下由室内至室外的改善效果。测试原则采用同一垂直标高下剖面数据比较的方法，测试点以建筑的结构柱网为参考点，在建筑被测空间中呈网格分布（见图 6-13）。以中庭空间为例，A(atrium)点为中庭空间，MA (main space to atrium)点为中庭靠近主体空间的第一个结构跨，M(main space)点为主体空间中庭以外的第二个及以上结构跨，O(outdoor)点为室外空间。

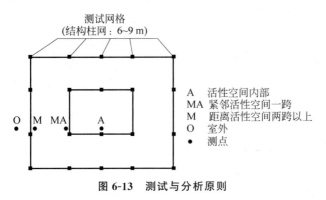

测试网格
(结构柱网：6~9 m)

A   活性空间内部
MA 紧邻活性空间一跨
M   距离活性空间两跨以上
O   室外
●   测点

图 6-13   测试与分析原则

同样将测试结果呈现于室内物理环境表现罗盘中。包含了客观物理环境值的 4 个扇形测量组因子，分别为热环境、光环境、声环境和室内空气品质。在此基础上，将 4 个扇形组各自分解为影响环境指标的 4 个子因素。罗盘标尺由 7 组同心圆组成，由内向外为 0~100%，对应为该空间所有测点满足国际或国内室内环境舒适度标准的达标百分率①，将分值对应呈现在罗盘上。罗盘的中间值 50% 是空间内半数测点满足本国或国际的舒适度标准，未达到标准的因子用圈标注出来（见图 6-14）。

---

①   受到地域因素和国家政策的影响，标准参考本书 6.1 节中逐项内容，并根据实际情况选择合适的尺度范围。

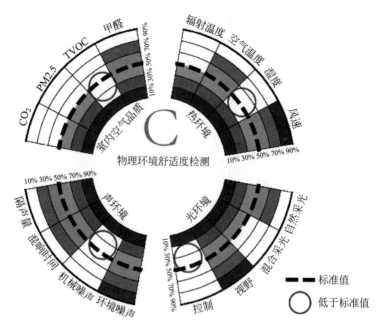

图 6-14　室内物理环境表现罗盘

6.2.5　影响使用环境舒适度的指标权重

清华大学曹彬、朱颖心等对公共建筑中的使用者进行了抽样调查,通过对室内物理环境舒适度进行主观打分[193],共获得 540 个有效样本,并将打分结果与实际物理环境测试的数据进行最小二乘法的二次回归拟合,再对室内环境的综合舒适度建立多元线性关系(见式(6-16)),经过最小二乘法得到室内热环境、光环境、声环境和室内空气品质的权重系数(见表 6-10)。

$$C = 0.0750 + 0.3155C_T + 0.1709C_L + 0.2236C_A + 0.1184C_{IAQ},$$
$$R^2 = 0.4647 \tag{6-16}$$

表 6-10　物理环境因子组权重系数分值

物理环境组	权重系数
热环境(C_T)	0.3155
光环境(C_L)	0.1709
声环境(C_A)	0.2236
室内空气品质(C_{IAQ})	0.1184

6.3　中介空间对主体空间的影响验证实测
——以中庭空间为例

　　研究选取寒冷地区 6 种不同的中庭空间类型,采用比较研究的方法,重点关注中庭空间与主体空间各自的物理环境参数及两者之间的物理环境差,判定中庭对整个建筑环境的影响程度。研究将中庭空间的空间信息按照建筑空间信息因子组的四大因素,即几何形态、界面性质、内部容纳和外部关联进行分类,在此基础上细化子因素项,将中庭空间和主体空间物理环境实测数值与各子因素做出交叉对比分析。

6.3.1　选取研究对象

　　研究选择建筑设计空间调节策略中最典型的具有调节功能的中庭空间作为研究对象。测试对象选择在寒冷地区,分别位于西安和北京的 4 座建筑,包含 6 种不同的中庭空间类型。测试建筑名称与其对应的编号为:西安浐灞商务中心一期(编号:B1、B3)、陕西省图书馆(编号:B2)、西安交通大学教学行政主楼(编号:B4)、清华大学建筑设计研究院(编号:B5、B6)。

　　测试周期自 2013 年 12 月 30 日开始至 2014 年 2 月 15 日结束,历时两个半月。测试内容包括建筑在冬季工况下中庭内部及相邻主体空间内的温度、湿度、气流速度、风温以及 CO_2 浓度值,研究室内环境品质(IEQ)中热环境及室内空气品质的影响。测试的仪器包括:温湿度自记仪(WSZY-1A)13 台、风速仪(FB-1)4 台、CO_2 自记仪(EZY-1)两台、环境仪(HCZY-1)4 台。其中温湿度自记仪的测试周期为 1 周 168 h,风速仪、环境仪的测试周期为连续计量 54 h。

　　为提炼空间类型,统一表达,本书将中庭空间用 A(atrium)表示,与中庭相邻的建筑主体空间用 M(main space)表示。对应 B1~B6 测试对象的 6 种不同空间类型,将其用 A1,A2,…,A6,M1,M2,…,M6 表示。研究将中庭空间的空间信息分为几何形态、界面性质、内部容纳和外部关联四大类因素,在此基础上继续细分四种因素中的子因素,将中庭空间与主体空间物理环境实测数值与各子因素做交叉对比分析。本书仅涉及空间调节策略体系定量化研究中物理环境性能检测与评价的客观维度方面的影响验证。

　　本研究中的几何形态为中庭与主体空间几何体的长、宽、高的几何比例关系。内部容纳包含人群密度、中庭绿化率两方面参数。外部关联为中庭的类型属性,与周围相邻空间的包围关系,分为双向中庭、三向中庭及四向中庭三类。对于单一空间的界面性质,本书采用开敞、半开敞、半封闭、封闭四种概念进行描述[194](见表 6-11)。

表 6-11　6 个中庭的空间参数信息

建筑编号		B1	B2	B3	B4	B5	B6
中庭类型		四向	双向	四向	四向(高层)	四向	三向(边庭)
剖面关系							
平面关系							
A 类空间比例 ($L:W:H$)		1:1.6:0.75	1:1.6:1.9	1:1:1.1	1:0.67:1	1:0.16:0.61	1:0.5:0.45
人群密度/ 〔FTE/ (h·100 m²)〕	A	0.4	6.9	0.8	1	0.6	0.8
	M	1.9	9.8	1.5	4	6.3	7
中庭绿化率/%		4	2	7	11	0	16.7
界面性质	四周	开敞	半开敞	开敞	封闭	封闭	封闭
	顶部	无天窗	全天窗	全天窗	无天窗	全天窗	无天窗

6.3.2　A 与 M 空间温度场分布分析对比

1. 整体温度环境对比

表 6-12 是选取测试期间连续稳定的 3 日温度数据,排除不稳定测量误差后,分析所得的 6 种中庭空间与其相邻的主体空间的温度极值、平均温度值及平均温差值。由于测试时间和地点不同,直接比较空间的温度数值缺乏说服力,因此,本书采用比较研究法,重点关注中庭空间与主体空间内部自身温度值及两者之间的温度差值,以此来判定两者之间的影响程度。

表 6-12　B1~B6 中 A 与 M 空间温度数据　　　单位:℃

建筑编号	T_{Amin}	T_{Amax}	T_{Mmin}	T_{Mmax}	$\overline{T}_A$	$\overline{T}_M$	$\overline{T}_D$
B1	11.9	18.6	11.4	23.4	14.3	18.1	3.8
B2	14.1	22.8	17.5	25.3	19.5	21.6	2.1

续表

建筑编号	T_{Amin}	T_{Amax}	T_{Mmin}	T_{Mmax}	$\overline{T}_A$	$\overline{T}_M$	$\overline{T}_D$
B3	8.9	18.6	12.0	27.1	14.2	21.1	6.9
B4	6.2	20.5	9.3	27.8	13.6	17.4	3.8
B5	10.4	23.4	18.6	28.8	17.5	24.3	6.8
B6	10.8	23.2	13.9	25.1	15.1	20.2	5.1
中庭空间(A)温差顺序($T_{Amax}-T_{Amin}$)：B4＞B5＞B6＞B3＞B2＞B1							
主体空间(M)温差顺序($T_{Mmax}-T_{Mmin}$)：B4＞B3＞B1＞B6＞B5＞B2							

注：中庭与主体空间内平均温差 $\overline{T}_D=\overline{T}_M-\overline{T}_A$。

2. B1～B6 空间温度数据影响分析

图 6-15 和图 6-16 对比了 6 种中庭空间中 A 与 M 的平均温差值。B1和 B2 两种类型的中庭平面尺度比例基本一致,高度比例为 1：2,在 A 与M 温差的分布上二者的比例为 2.1：3.8(约 1：2)。B3 和 B5 两个中庭高度一致,但 B3 的平面比例为 1：1,B5 的平面比例为 1：0.16,在 A 与 M 温差的分布上二者的比例为 6.9：6.8(约 1：1)。B3 和 B4 两个中庭几何尺寸接近,分别为 1：1：1.1 和 1：0.67：1,但从 A 与 M 的面积比例关系来看,B3 与 B4 的比例为 1.67：1,而在温差的分布上二者的比例为 6.9：3.8(约 1.8：1)。可见中庭空间的几何比例是中庭影响相邻主体空间的一项重要因素。

图 6-17 所示为 B1～B6 中 A 与 M 空间内温度极值的变化区间,相对最为理想的空间温度出现在 B2 中,温度基本处在人体热工舒适度范围之

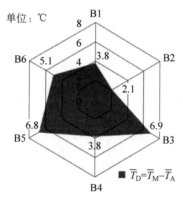

图 6-15　B1～B6 中 A 与 M 空间平均温差对比

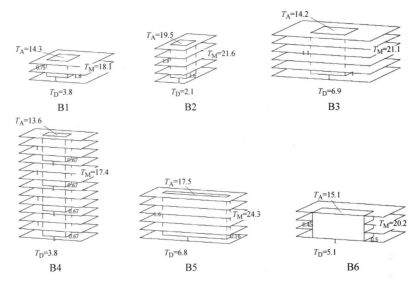

图 6-16　空间的几何尺度比例与 $\overline{T}_D$ 之间的关系（单位：℃）

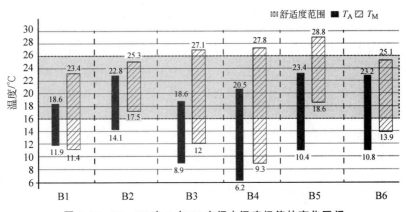

图 6-17　B1～B6 中 A 与 M 空间内温度极值的变化区间

内,其次为 B6,二者的界面类型均为开放式。受到建筑高度的影响,室内空间的温度最高值随建筑高度的变化呈现出明显的上升趋势,主体空间的高温极值出现 B5>B4>B3>B2>B6>B1 的现象。垂直高度较高的 B3、B4、B5 均存在室内温度受到热力学因素的影响,出现局部过热的时刻。而中庭空间在没有热源的情况下受到的影响较小,温度规律不明显。过往研究表明,寒冷地区在主动式热源的控制影响下,室内温度的波动随层数的增加,平均每层增加 2～4℃[195],因此,层数越高的建筑整体室内温度分布不均匀现象更为显著。传统认为的中庭空间利用太阳辐射预热空间的作用在热源的主动式影响下显得微乎其微。但冬季中庭空间形成空间连通器，能够调节平衡整座大楼的温度场环境，面向主体空间的中庭界面越开敞越有利于中庭对整座大楼内温度场的调节。

3. 分时段温度环境对比

由于室内温度会受室外温度波动的影响，因此研究对经数据筛选后典型日内每3h A与M空间的平均温度做出对比玫瑰图（见图6-18）。从总体趋势上看，B2、B4、B5受到室外温度的影响较小，不论中庭内部还是主体空间内部在全天范围内均较为稳定，变化在1℃范围内浮动。相对而言，B1和B3中庭内受到温度波动较大（2～3℃），B6中庭内温度波动最大，受到太阳辐射的影响显著，温度差值最大达4.3℃。中庭的围护界面是影响中庭全天受太阳辐射影响的主要因素，对应界面性质一项四周和顶部的类型，透质界面性质以及朝向会在冬季全天12:00—15:00时提高中庭空间的温度环境。

值得注意的是分时段的研究再次证明了前文提出的假设，即使选择南侧全玻璃幕墙的三向中庭（边庭）形式（B6），幕墙窗地比达到1：1，冬季希图利用太阳辐射预热中庭再影响室内空间温度环境，以达到节能目的的空间调节策略手段，相较于中庭与室内的相对几何尺度比例、垂直高度的变化来讲影响甚小，受主动式控制的室内温度环境随层高的变化显著增加，对于高层建筑底层与顶层的温差累积可能达到18℃（B4）。利用中庭收集太阳辐射的热量策略毕竟依靠自然气候，受益并不稳定，相对北方冬季均由主动式空调主导控制的室内环境而言，中庭作为调节室内垂直高度温度分布，平衡受热力学作用导致的冷空气下沉、热空气上升的局面显得更为重要。

4. A与M空间室内空气品质分析对比

本书基于室内空气品质的分析，主要针对A与M空间CO_2浓度的测试数据展开。研究仍然采用收集同时段成对数据，做出比较研究的数据分析方法。表6-13中数据为经过数据筛选后，6种中庭空间与其相邻主体空间的典型连续48h的CO_2浓度极值、CO_2平均浓度值及CO_2平均浓度的差值。图6-19显示B1～B6中A与M空间CO_2平均浓度差值的数据对比，各个中庭数据差距显著。其中B6和B5浓度差值最高，两者产生浓度差值主要受到界面性质和内部容纳两方面因素影响。B6的中庭绿化率最高，界面性质开放，与环境交流频繁；而B5四周界面封闭，利用中庭顶部天窗烟囱效应加强空气对流（见图6-20）。

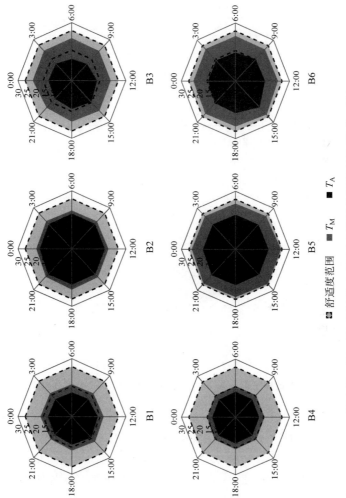

图 6-18　B1~B6 分时段 A 与 M 空间平均温度对比（单位：℃）

表 6-13　　B1～B6 中 A 与 M 空间 CO₂ 浓度数据及空间使用率数据

建筑编号	C_{Amin} /×10⁻⁶	C_{Amax} /×10⁻⁶	C_{Mmin} /×10⁻⁶	C_{Mmax} /×10⁻⁶	$\overline{C}_A$ /×10⁻⁶	$\overline{C}_M$ /×10⁻⁶	$\overline{C}_D$ /×10⁻⁶	人群密度/[FTE/(h·100m²)]		中庭绿化率/%
								中庭	室内	
B1	392	583	412	799	460.1	485.6	25.5	0.4	1.9	4
B2	468	1141	465	914	635.9	627.3	−8.9	6.9	9.8	2
B3	380	596	355	769	456.8	476.5	19.7	0.8	1.5	7
B4	448	623	496	943	521.2	583.9	62.7	1	4	11
B5	500	754	511	990	580.4	676.3	95.9	0.6	6.3	0
B6	385	572	438	783	450.8	567.7	116.9	0.8	7	16.7

中庭空间(A)CO₂ 平均浓度顺序($\overline{C}_A$)：B2＞B5＞B4＞B1＞B3＞B6

主体空间(M)CO₂ 平均浓度顺序($\overline{C}_M$)：B5＞B2＞B4＞B6＞B1＞B3

注：CO₂ 中庭与主体空间内浓度差 $\overline{C}_D = \overline{C}_M - \overline{C}_A$。

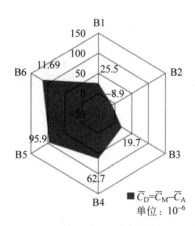

图 6-19　　B1～B6 中 A 与 M 空间平均 CO₂ 浓度差

　　A 与 M 空间中 CO₂ 浓度差值并非越高越好，因为这样反而说明设计之初预设的中庭的空气调节作用效果不佳。中庭是否能起到调节室内空气品质的作用取决于两个方面，其一是中庭自身界面与环境的交换率、内部容纳的人数和绿化率，其二是中庭面向主体空间界面的透质性比率。

6.3.3　研究结论

　　通过实际的调研和数据监测，比较寒冷地区 6 种类型的中庭空间(A)与主体空间(M)的室内物理环境，希图从建筑学与建筑环境学的双重角度入手，通过定量化的研究手段进一步提高空间调节策略的有效性。研究将

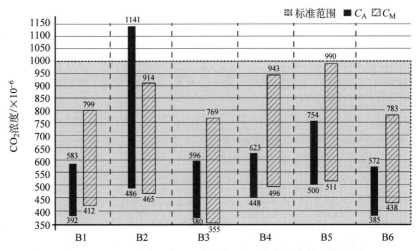

图 6-20　B1～B6 中 A 与 M 空间内 CO_2 浓度极值的变化区间

中庭空间的空间信息分为几何尺度、界面性质、内部容纳和外部关联 4 种因素大类,在此基础上继续细分 4 种因素中的子因素,将影响中庭空间空间调节策略的有效性因素做出与各子因素对位关系的矩阵分析。

研究表明:

(1) 中庭空间与主体空间自身和两者之间的尺度比例关系是影响楼内整体温度环境的主导因素。

中庭底面积比例关系相同的情况下,高度的比例关系与 A 和 M 空间的平均温差值存在相同的正比关系,随高度的变化而变化(当高度比为 1:2 时, A 和 M 空间的平均温差值比(约为 1:2))。在中庭高度一致的情况下,当平面比例为 1:1、1:0.16 与 1:0.67 的三种比例时,A 和 M 空间的平均温差值比例几乎相同,受平面影响较小。因此,A 和 M 空间的平均温差值主要受到高度的影响,与高度存在正比关系。

(2) 围护界面的性质具有一定的影响,但是在北方寒冷地区作用不明显且不稳定。

透质界面性质以及朝向会在冬季全天 12:00—15:00 时提高中庭空间的温度环境。窗地比为 1 的边庭空间全天温差可达到 4℃以上;窗地比为 0.5～0.7 的全天温差为 2～3℃。

(3) 传统认为中庭空间利用太阳辐射预热空间的作用在主动式热源主导的北方地区作用甚小,但冬季中庭空间的连通作用,能够起到平衡整座大楼内垂直高度温度差异的作用。

寒冷地区在主动式热源的控制影响下，室内温度的波动随层数的增加，平均每层增加 2～4℃，层数越高的建筑整体室内温度分布不均匀现象更为显著。12 层高层建筑底层与顶层的温差累积可能达到 18℃。相较于利用中庭温室效应的积极作用来讲，寒冷地区在主动式空调影响下的热力学作用存在显著负面效果。

（4）中庭与主体空间的使用效率与内部容纳的自然绿化是影响中庭自身空气品质的主要因素，两者界面间的透质性是调节整座建筑室内空气品质（CO_2）浓度的主要因素。

研究中，在几乎相同的室内外人群密度的影响下，B5 和 B6 的 A 和 M 空间 CO_2 浓度差值最高，约为 0.0001，两者的界面性质均为封闭状态，说明虽然中庭空间的拔风作用或者种植过滤作用对于中庭自身空气品质有积极的调节作用，然而在 A 和 M 空间两者之间的界面不贯通的情况下，希图利用中庭调节相邻空间空气品质的效果受到极大影响。因此在建筑的空间调节策略中，利用中庭空间作为调节周围主体功能空间室内环境品质的设想受到巨大限制。

6.4　本章小结

本章基于使用者在建筑空间中的舒适度对物理环境进行客观评价和研究。研究成果主要包括以下四个方面：

（1）建立基于物理环境的空间品质客观评价因子矩阵

影响人体舒适度的室内物理环境表现主要取决于 4 类物理因素：热湿环境、光环境、声环境和空气品质。本章依据前人研究的成果总结，对四类物理因素进行了进一步细化，将中观层的 4 项主因子再细分为微观层的子因子（见图 6-21）。

（2）经过文献总结和计算，研究得出了各项子因子的参考舒适度范围

依据各项子因子舒适度范围的参考值，与使用者空间满意度评价罗盘对应，将室内空间物理环境舒适度反应在室内物理环境表现罗盘中，以测试空间舒适度的达标面积率作为评价标准。

（3）研发基于双线性多项式插值算法的物理环境分布云图

由于研究面向整个建筑空间被动调节作用的影响验证，因此，研究采用网格测试的方法，并研发基于差值算法的 Rhino 和 Grasshopper 图形可视

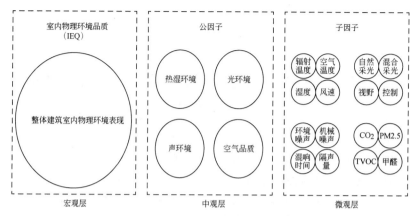

图 6-21　影响室内物理环境性能的三个尺度

化软件平台,进一步分析中介空间对整个建筑空间的影响程度。

（4）为综合分析空间被动调节作用的满意度-舒适度评价做准备

为了避免诸多建筑中所出现的使用者对建筑空间满意但感到不舒适,或者对舒适度不满意的状况,研究采用基于综合可持续性能的空间满意度-舒适度评价方法。本书的第 4～第 6 章都是综合评价的依据,为空间可持续性能的综合表现评价做准备。

第 7 章　具有被动调节作用的中介空间的综合评价及检验

中介空间在可持续建筑中的角色,可能影响整个建筑的方方面面。这与可持续建筑的整体性与全面性的特征属性相一致。在众多因素的影响下,采用逻辑的手段分析梳理信息就显得尤为必要。本章是对整个研究的中介空间被动调节作用综合评价的论述。本章介绍了一种用于评价建筑中介空间作用效果的工具,并以中介空间的典型类型——庭院空间和中庭空间作为研究案例,演示空间被动调节作用效果的验证过程。

7.1　SCTool:建筑空间被动调节作用的综合评价工具

SCTool(Satisfaction-Comfort Tool)是嵌入 HTML 网页程序,供在线用户实时评价建筑(中介空间)使用环境品质的评价工具。该工具一方面基于建筑学视角,通过使用者和建筑师对空间调节作用做出主观满意度评价,表达出使用者对建筑中介空间在建筑设计层面上的满意程度,其结论关系到使用者的健康水平、空间的使用效率与资源的有效利用程度等方面;另一方面从建筑环境学的视角出发,通过对建筑空间客观物理环境性能的舒适度检测,并利用工具直观地显示出中介空间在整个大楼里的影响作用,帮助使用者和建筑师评判建筑的室内客观物理环境,其结论关系到建筑对环境的利用效率、运行期间的能耗、使用者的舒适度需求以及生活质量等方面。综合主观和客观因素,回溯分析建筑空间基本信息的对应关系,实现对城市建筑(中介空间)室内环境品质的综合评价。开发该工具的目标是通过数据的收集、分析和整理,利用多指标综合评价的途径实现对城市公共建筑(中介空间)使用环境品质的性能检验,从而评价该建筑(中介空间)被动调节作用的价值,并给出建筑(中介空间)在未来改造阶段的优化方向。

7.1.1　特点及优势

SCTool 在线评价工具的特点在于:

（1）在线软件面向所有用户，由管理员向软件需求者（开放用户）发送链接网址及登录密码即可使用。

（2）管理员通过软件平台创建信息库，每一项报表包括原始数据、经模型分析处理后的图像信息数据、图形信息、文字总结和可导出的 PDF 总结报告文件。

（3）开放用户为每项评价报表录入原始的基本信息数据，可选两种录入方式，单项手工在线录入和批量文件导入。

（4）开放用户可以通过软件平台浏览和在线更新原始的基本信息数据。

（5）在原始数据录入完成后，网页自动激活系统的内置数据分析模型，生成绘图数据和对应的图形信息，开放用户通过单击"打印 PDF 报告"可下载该建筑（目标空间）的评价总结报告，包括原始信息、分析数据、评价图像信息、评价结论及改进意见的文字总结。

（6）管理员可以通过关键字在系统中迅速查找已有的报表。

为了方便部署和使用，软件采用 B/S 结构。同时为使软件能适应各种平台，在 J2EE 技术平台上使用 Java 语言开发该软件。使用者无须额外安装便可通过浏览器使用该软件。

SCTool 通过一系列工具实现评价的各种功能。用户使用 IE 浏览器访问网站并通过用户名和密码登录后，获取自己拥有的权限。工具采用 Java 语言进行开发，在 Eclipse 的开发环境下，通过配置 JDK 与 Tomcat 完成开发环境的搭建，JDK 包含了 Java 运行环境（Java Runtime Environment）、Java 工具和 Java 基础的类库。Tomcat 作为应用服务器，主要提供的是客户端应用程序可以调用的方法。Web 服务器采用 Tomcat 与 Apache 的结合，Apache 位于前端，负责接受客户端的请求；Tomcat 位于后端，负责处理数据。数据处理完成后，Tomcat 将结论传送给 Apache，结论通过网页界面反馈给使用者。数据库服务器采用 MySQL 服务器来存储系统采集到的数据。

基于网络页面平台的 SCTool，一方面可作为面向所有用户的基于在线网络平台的建筑空间综合被动调节作用验证工具；另一方面，作为研究团队的数据库平台，可以为今后的进一步研究做储备。其具有的优势包括：

（1）基于开放网络的线上评价。利于建立大量数据库，时效性强，成本低，打开网页即可使用，无须安装任何客户端；具有高效性，可多人同时在线使用，检索更快速方便；容易维护，跨平台移植性较好；操作方便，不用安装应用程序。

（2）提供建筑空间信息-满意度-舒适度的多指标综合评价。

（3）采用直观的动态可视化图形分析表达。

表 7-1   SCTool 运行环境

设备名称	操作系统	硬件配置	软件支持	备　注
服务器	Windows Server 系列；Linux、UNIX 系列	CPU Intel Xeon E5405 及以上，内存 4 GB 及以上，硬盘 320 GB 及以上	JDK、Tomcat、MySQL、Apache	服务器配置根据使用者数量而定
办公 PC	Windows 系列；Linux、UNIX 系列；Mac OS 等	CPU Intel P4 及以上，内存 256 MB 及以上，硬盘 40 GB 以上	IE 浏览器、Firefox 浏览器、Chrome 浏览器、360 浏览器等	最低要求以操作系统要求为准

7.1.2　界面及内容

管理者可利用 SCTool 建立并管理大量的数据库信息，收集所有使用者录入的有效数据并统一生成打包的 PDF 文档（见图 7-1 和图 7-2）。其中使用者界面包含以下四个界面。

图 7-1　SCTool 登录界面

（资料来源：SCTool）

（1）界面一：建筑空间信息参数录入（见图 7-3）

建筑空间信息页面是 SCTool 用户的第一个录入页面。包含 4 组信息：几何尺度、界面性质、内部容纳和外部关联[①]。基于 4 组信息的分类，建筑空间再进一步分层为若干子因素（见表 7-2）。利用 AHP 层次分析法将形式化的建筑空间简化为若干因子，以便参数信息对应实际使用环境的调查结果数据，为中介空间被动调节作用原因和结果的数据化关联做准备。

---

①　参见本书 4.2 节的空间参数类型解析内容。

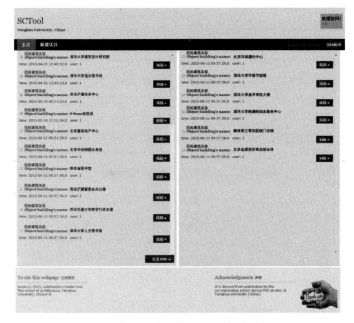

图 7-2　管理员界面的 SCTool 数据库信息

（资料来源：SCTool）

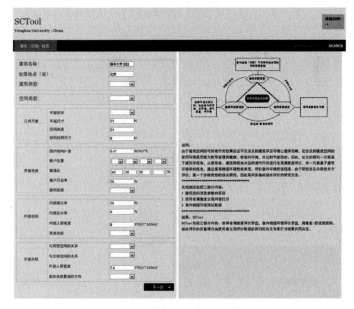

图 7-3　SCTool 界面一：建筑空间信息参数录入

（资料来源：SCTool）

表 7-2　建筑空间信息化因子

因　子　组	子　因　子	单　　位
几何尺度	1. 平面形状	—
	2. 平面尺寸	m
	3. 空间高度	—
	4. 结构柱网尺寸	m
界面性质	5. 围护结构传热系数	W/(m² · K)
	6. 窗户位置和窗墙比	%
	7. 窗户开启率	%
	8. 遮阳设施	—
内部容纳	9. 内部绿化率	%
	10. 内部含水率	%
	11. 内部人群密度	FTE/(h · 100 m²)
	12. 其他功能	·
外部关联	13. 与周围空间的连接	—
	14. 与主体空间的连接	—
	15. 外部人群密度	FTE/(h · 100 m²)
	16. 面向自然景观的方向	—

其中下拉的选项框如表 7-3 所示。

表 7-3　建筑空间信息参数界面中下拉选项框详情

公因子项	下拉框选项	因子代码[①]
空间类型	院落空间	1
	中庭空间	2
	井道空间	3
	界面空间	4
平面形状	长方形	1
	三角形	2
	圆形/椭圆形	3
	异形	4
窗户位置和窗墙比	北侧	1
	南侧	2
	东侧	3
	西侧	4
	顶部	5

---

① 因子代码与本书 5.2 节建筑空间信息参数与使用者满意度评价因子的相关性分析矩阵的因子代码(见表 5-6)一致。

公因子项	下拉框选项	因子代码①
遮阳设施	无遮阳	1
	垂直遮阳墙	2
	水平遮阳墙	3
	遮阳百叶	4
	织物遮阳	5
其他功能	前台	1
	售卖	2
	餐厅	3
	展览	4
	花园	5
	交通空间	6
	临时集会	7
	其他	8
与周围空间的连接	单向	1
	两向	2
	三向	3
	四向	4
与主体空间的连接	开敞	1
	半开敞	2
	半封闭	3
	封闭	4
面向自然景观的方向	北侧	1
	南侧	2
	东侧	3
	西侧	4
	顶部	5
	四周	6
	无	7

（2）界面二：使用者满意度投票（见图 7-4）

使用者可以在页面上直接输入满意度投票的平均值，也可以将调研的所有用户投票数值通过 Excel 导入 SCTool。使用者的满意度投票基于使用者

---

① 因子代码与本书 5.2 节建筑空间信息参数与使用者满意度评价因子的相关性分析矩阵的因子代码（见表 5-6）一致。

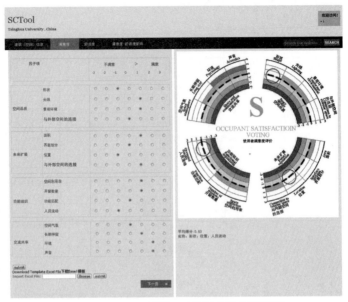

图 7-4   SCTool 界面二：使用者满意度投票

(资料来源：SCTool)

对空间主观感受的评价。评价主体可以是建筑空间的使用者，也可以是建筑师等行业专家。借鉴环境心理学中分析人群主观感受的量化方法，采用 7 分制投票方式。分值 −3 的一端代表消极的空间感受，分值 3 的一端代表积极的空间感受。4 组投票组对应建筑空间参数信息的 4 组因子组，包括空间品质、未来扩展、功能组织和交流共享，而后逐一细分为 16 项子投票项（见表 5-1）。这些投票子项为后期与建筑空间信息的相关性分析提供了可能。

（3）界面三：室内物理环境舒适度评价

建筑室内物理环境表现影响使用者的舒适度感受。影响建筑室内物理环境的因素包括 4 个方面：热湿环境、光环境、声环境及室内空气品质（见表 7-4）。SCTool 提供两种评价建筑空间物理环境的方法。其一是针对整个建筑空间的评价，测试需要采用格网测试方法，评价结果通过测点达标率的数值体现在舒适度罗盘的 7 个等级中（见图 7-5）。其二是针对目标空间，对空间内某点或者某个区域，可采用网格测试法或多点（单点）测试方法求解局部区域的逐项物理环境平均值，做出舒适度达标的判断评价，体现在舒适度罗盘的两个等级中（见图 7-6）。各测试项的标准值范围由管理员在后台设置。设置标准值范围依据国家和国际现行的标准及规范要求，或者是学术界公认的计算方程。

表 7-4 室内物理环境实测因子

测 试 组	测 试 项	单 位
热湿环境	1. 辐射温度	℃
	2. 空气温度	℃
	3. 相对湿度	%
	4. 气流速度	m/s
光环境	5. 自然采光	lx
	6. 混合采光	lx
	7. 视野	%
	8. 控制	%
声环境	9. 背景噪声	dB
	10. 混响时间	s
	11. 清晰度	—
	12. 隔声	dB(A)
空气品质	13. CO_2 浓度	10^{-6}
	14. PM2.5 浓度	$\mu g/m^3$
	15. TVOC 浓度	mg/m^3
	16. 甲醛浓度	mg/m^3

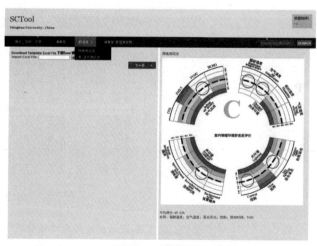

图 7-5 SCTool 界面三：室内物理环境舒适度评价

(资料来源：SCTool)

（4）界面四：满意度-舒适度矩阵及结论分析

界面四是基于主观满意度和客观舒适度综合评价的结论。包括评价结果归属区间，计算数值，室内空间品质的优势及劣势，评价结果以及满意度-舒适度矩阵分析图（见图 7-7）。

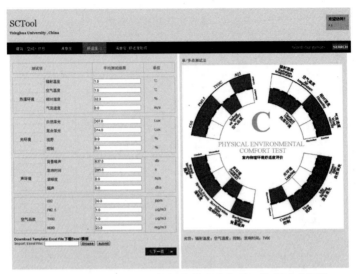

图 7-6　SCTool 界面三：目标空间室内物理环境舒适度评价

（资料来源：SCTool）

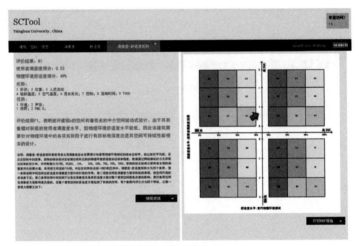

图 7-7　SCTool 界面四：满意度-舒适度矩阵及结论分析

（资料来源：SCTool）

　　满意度-舒适度矩阵是使用者主观满意度综合投票得分和客观物理环境测试的综合达标率经过加权平均后，反映在矩阵中的结果，如图 7-8 所示。矩阵的横坐标对应被测空间所达到的物理环境舒适度的达标率程度。数据通过网格测试的方式获取达标率的百分率，并将数据分为 7 档，分别对应 0、10%、30%、50%、70%、90% 和 100%。矩阵的纵坐标表示使用者的主观满意度评价投票分值,采用前文所述的 7 分制,对应矩阵纵坐标－3～3。满意度-舒适度矩阵分为 4 个象限。第一象限说明中介空间在舒适度和满意度方面均能产生积极作用;第二象限说明在满意度方面有积极的表现,但空间环境的舒适度不足;第三象限说明中介空间不论是在满意度还是舒适度方面对整个建筑空间都会产生负面影响;第四象限说明在满意度方面的影响是负面的,在整个建筑空间的舒适度方面起到了积极作用。

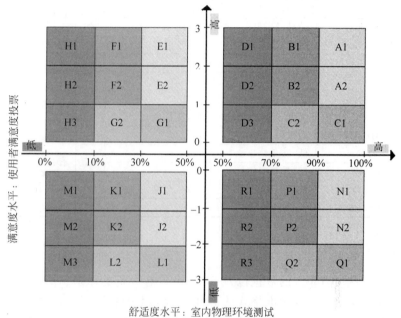

图 7-8　满意度-舒适度矩阵

图 7-8 中 A1 和 A2 表示该建筑有高等级使用者满意度,高、中等级客观物理环境,属优秀的中介空间。B1 和 B2 表示该建筑有高、中等级的使用者满意度水平,中等级客观物理环境水平,中介空间设计良好,但有进一步优化的必要。C1 和 C2 表示该建筑有高、中等级客观物理环境,积极的使用者满意度水平,需要加强建筑中介空间的空间品质设计。D1、D2 和 D3 表示该建筑有积极的客观物理环境水平,但该中介空间在舒适度调节方面作用不大。描述结论的句法可参考以下句式及表 7-5 中对应的内容。“××(等级)表明该建筑空间有着××(评价)被动调节作用的设计。由于其使用者满意度水平××(使用者满意度水平),以及(但)物理环境舒适度水平××(物理环境舒适度水平),因此该建筑需要××(措施)其空间气候调节设计。”

表 7-5   满意度-舒适度矩阵综合评价结论描述

等　　级		使用者 满意度水平	物理环境 舒适度水平	评价	措　　施
第一 象限	A1，A2	最高，较高	最高	卓越	—
	B1，B2	最高，较高	较高	优秀	细微优化
	C1，C2	积极的	最高，较高		
	D1，D2，D3	积极的	一般	良好	有目标地优化
第二 象限	E1，E2	最高，较高	低	较差	有目标地改进
	F1，F2	最高，较高	较低		
	G1，G2	积极的	低，较低	低劣	有目标地深度 改进
	H1，H2，H3	积极的	最低		
第三 象限	J1，J2	低，较低	低	低劣	全面深度改进
	K1，K2	低，较低	较低		
	L1，L2	最低	低，较低		
	M1，M2，M3	消极的	最低		
第四 象限	N1，N2	低，较低	最高	较差	有目标地改进
	P1，P2	低，较低	较高		
	Q1，Q2	最低	最高，较高	低劣	有目标地深度 改进
	R1，R2，R3	消极的	一般		

7.1.3　结论及报告

　　用户端所有录入的数据以及 SCTool 计算分析的图形、计算数据和评价总结将会统一生成标准格式的 PDF 文件，用于评价证明、收集资料和调研存档等用途。SCTool 分析的结论一方面可以用于既有建筑的评价，其分析得出的结论可提出建筑目前的优势和不足，为既有建筑的改造提供真实、准确的建筑信息，并为建筑的改造给出方向和改造建议。另一方面，SCTool 可以作为建筑师的辅助设计工具，为设计阶段的新建建筑提供使用阶段预评估参考，引导建筑师从建筑设计以及建筑环境控制两个方面综合考虑建筑设计问题（结论报告见附录 F）。

7.2　案例研究 1：基于多指标途径的寒冷地区公共建筑庭院空间气候调节设计的影响验证

　　本案例[196]研究针对建筑中介空间的影响验证及优化设计，研究有两个目标：一是分析使用者对建筑空间和建成环境的满意度投票，以提高使用者对建筑环境的满意程度和空间的使用效率；二是定量验证中介空间及周围空间的客观物理环境，以提高建筑整体舒适度并减少能源消耗。由于研究涉及使用者主观判断、客观物理环境与建筑空间的基本信息的相关性多方评价，是一个多维信息的综合研究，因此采用多指标综合评价方法。研究首先建立了建筑信息获取逻辑框架，通过测量、计算和统计等方法获得可能影响空间性能的各项量化指标。然后建立整体建筑的物理环境，包括针对热、光、空气品质、声等环境进行客观物理环境的测试框架，获得建筑运行阶段实际数据的各项指标。接下来是利用语义学解析法建立根据使用者对建筑空间的感知判断以及满意度评价做出的建筑满意度投票框架。研究选取以庭院空间为例的 6 座典型中介空间进行深入的现场调研。研究的手段是通过实例的验证对获取的多种信息进行交叉分析，一方面找出建筑信息与使用者满意度之间的关系及程度，另一方面找出建筑信息与使用环境舒适度之间的关系及程度，分析中介空间在满意度-舒适度方面设计层面上的优化途径。此外，研究最终给出满意度-舒适度的矩阵模型，在多指标原则的基础上对建筑及建筑的中介空间做出综合判定，并给出设计阶段或改造阶段的优化方向，兼顾建筑与人、建筑与环境的关系，从建筑设计和建筑环境控制两个角度综合评价建筑空间的环境特征。

7.2.1　建筑空间参数信息获取

基于多指标途径的验证方法，研究抽取夏季工况下 6 种类型的院落空间进行实地测试，6 座建筑分别位于同一气候区的中国北京和西安两个城市。调研的第一步是收集庭院空间以及建筑的基本信息，获得庭院空间对主体空间影响程度的参数支持。6 座建筑[①]编号分别为 b1～b6，建筑对应的庭院空间编号分别为 bc1～bc6，对应主体空间的编号分别为 bm1～bm6。其中，b1、b5 为图书馆建筑；b2、b3、b4、b6 为办公建筑。6 座建筑均含有形状规整的矩形庭院，几何尺寸各不相同，b1～b3 为四面围合的庭院，b4～b6 为三面围合的庭院。各项参数信息见表 7-6。

---

① 6 座建筑分别为：b1，清华大学逸夫图书馆(见附录 D No.1)；b2，清华大学 FIT 大楼(见附录 D No.3)；b3，西安浐灞商务中心(见附录 D No.13)；b4，清华大学美术学院教学办公楼(见附录 D No.4)；b5，陕西省图书馆(见附录 D No.2)；b6，清华大学环境学院节能楼(见附录 D No.20)。

表7-6　6种类型的院落空间信息数据

空间信息		b1	b2	b3	b4	b5	b6
几何尺度	几何形态	长方形	长方形	长方形	长方形	长方形	长方形
	空间尺寸($L:W:H$)	25:16:8	54:40:24	28:32:12	31:12:25	38:23:23	24:30:50
	几何比例($L:W:H$)	1:0.64:0.32	1:0.74:0.48	1:1.14:0.43	1:0.39:0.8	1:0.61:0.61	1:1.25:2.1
界面性质	围护结构材料	混凝土砌块外贴红色面砖	混凝土砌块外贴浅色面砖	混凝土砌块外挂深灰色陶板	混凝土砌块外挂石材	混凝土砌块外贴浅色面砖	玻璃幕墙
	围护结构传热系数	0.47	0.45	0.4	0.45	0.5	2.4
	窗墙比/%	15	45	50	50	15	80
	开启扇比例/%	10	5	5	10	10	5
	遮阳	无	无	无	有	无	有
内部容纳	绿化率/%	50	60	20	21	80	29
	水化率/%	0	0	42	0	0	0
	占有密度/[FTE/(h·100 m²)]	0.8	0.5	0	0.15	0	0.15
	座椅数量	8	10	6	0	0	0
	其他功能	花园	花园	屋顶绿化	室外展示区	无	入口空间
外部关联	与外部空间的连接	四向	四向	四向	三向	三向	三向
	与内部空间的连接	封闭	封闭	封闭	封闭	封闭	半封闭
	主体空间占有密度/[FTE/(h·100 m²)]	5.6	7.1	3.3	4.7	9.5	4.2

7.2.2　使用者满意度调查结果及分析

调研的第二部分内容是对使用者进行感观体验和主观满意度的投票，在被测建筑的使用者中分别随机抽取 40 个样本进行投票。使用者满意度在一定程度上反映了使用者的健康程度，并间接反映空间的使用效率，从社会性和经济性两个角度反映建筑的被动调节作用[197]。表 7-7 是使用者针对被测建筑庭院空间的空间感知投票结果的加权平均分值，投票分值分为 7 级，-3 分为负面形容词，3 分为正面的形容词。研究选取的 16 个子因子对应建筑信息中的几何尺度、界面性质、内部容纳和外部关联 4 项因子，可进行空间感知与建筑信息的对应分析。

表 7-7　使用者满意度投票结果

投　票　项		平　　均　　分					
		bc1	bc2	bc3	bc4	bc5	bc6
空间品质	1. 形状	1.4	0.14	0.45	1.35	0.85	2.1
	2. 光线	1.45	0.52	1.25	1.4	1.3	2.03
	3. 景观环境	1.5	0.00	0.75	1.55	1.15	1.8
	4. 与内部空间连接	0.2	0.10	0.25	1.2	0.05	1.6
未来扩展	5. 面积	1.05	0.86	0.8	0.6	1.2	1.1
	6. 界面划分	0.2	0.33	0.25	0.6	0.95	2.2
	7. 植物	-1	-0.71	-0.1	1.7	-0.65	2.1
	8. 与内部空间连接	0.55	0.24	0.6	0.2	0.55	1.1
功能组织	9. 空间利用率	0.85	0.57	0.6	0.9	1.25	1.03
	10. 窗户数量	1	0.05	1.2	1.65	0.4	2.3
	11. 功能	0.3	0.05	0.25	0.05	0.35	1.3
	12. 人员流动	0.4	0.05	1	2.5	-0.2	0.65
交流共享	13. 空间气氛	0.4	0.38	0.5	0.5	0.7	2.2
	14. 长期停留	1.2	0.38	0.6	1.05	1.35	1.6
	15. 环境	1.8	0.29	1.5	2.05	1.35	1.9
	16. 声音	1.8	0.57	1.8	2.65	1.55	2.4

使用者主观满意度评价分为针对空间的满意度评价和针对建筑物理环境的主观感受评价，主要涉及建筑可持续性能的环境因素（见图 7-9）。打分仍然分为 7 级，-3 分表示不满意，3 分表示非常满意。在空间的满意度评价方面，6 座建筑的投票分值由高至低依次为：b4(1.9)、b1(1.7)、b6(1.42)、b5(1.35)、b3(0.95)、b2(0.86)。在建筑物理环境的主观感受评价（热、光、

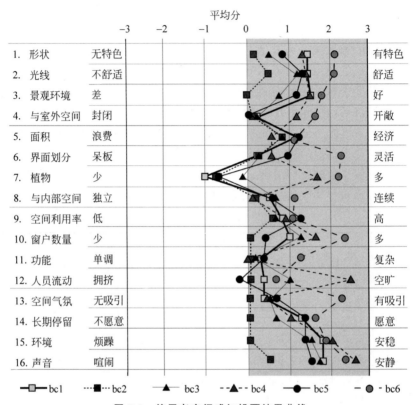

图 7-9　使用者空间感知投票结果曲线

声、空气品质 4 项的加权平均值）方面，6 座建筑的投票分值由高至低依次为：b4(1.87)、b6(1.52)、b1(1.41)、b2(0.93)、b5(0.92)等于 b3(0.92)（见表 7-8 和图 7-10）。

表 7-8　使用者满意度投票结果

投　票　项	平　均　分					
	bm1	bm2	bm3	bm4	bm5	bm6
空间满意度	1.7	0.86	0.95	1.9	1.35	1.42
使用环境满意度	1.55	0.81	1.25	2.3	1.45	2.1
整体满意度	1.6	0.90	0.95	2.7	1.9	2.3
热环境	0.9	1.10	0.25	1.65	0.35	0.9
光环境	1.7	0.76	1.5	1.4	1.0	2.1
空气品质	0.85	0.24	0.1	1.45	0.3	1.2
声环境	1.45	1.10	1.35	2.35	1.35	1.10
清洁与维护	2.15	1.43	1.4	2.5	1.6	2.3

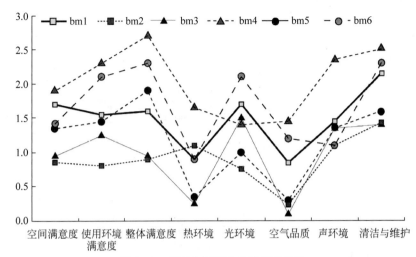

图 7-10　使用者满意度投票结果曲线

7.2.3　客观物理环境测试结果及分析

为保证测试数据的均好性,建筑物理环境的测试尽量选择在整个建筑中垂直高度差相同的楼层,并且每层内选取 8 m 左右网格划分(见表 7-9)。本次测试包含温度、照度、CO_2 浓度三个物理量,在网格交点位置分别记录数据参数,经过数据筛选和处理,绘制建筑空间内热环境、光环境及空气品质的分布云图(见表 7-10,文后附彩图)。

为了平行比较 6 座建筑的物理性能,云图采用统一的显示区间范围。由于夏季工况下,几乎所有建筑空间的温度均超过 24℃,因此云图中温度环境显示区间为 24～28℃,光环境显示区间为 0～1000 lx,CO_2 浓度显示区间为 0.0003～0.0008。此外,表格中单列出庭院内部各测点的物理环境值,以 C_{avg} 表示,围绕庭院内侧一跨网格各层平均物理环境值,以 MC_{avg} 表示,室内其他测点的物理环境平均值以 M_{avg} 表示。依据表 7-10 的测试结果,可以进行建筑空间内各项物理环境的分析。

表 7-9　物理环境测试信息

信　息	建筑代码					
	b1	b2	b3	b4	b5	b6
建筑层数	2	5	5	5	4	11
测量层数/层	1/2	1/3/5	1/3/5	1/3/5	1/2/4	B2/2/4/10
测量网格尺寸(m×m)	10×10	6×8	6.9×8	8.7×7.8	7.5×7.5	8×8

表 7-10　建筑物理环境测试数据及云图

建筑代码	数据	热环境/℃		光环境/lx		CO_2 浓度/$\times 10^{-6}$
		13:00	18:00	13:00	18:00	13:00
b1	数据云					
	C_{avg}	28.1	30.8	360	4003	539
	MC_{avg}	26.4	28.8	464	2013	613
	M_{avg}	26.6	26.4	267	402	637
	室外	33.5	33.3	4150	3920	551
b2	数据云					
	C_{avg}	32.5	31.7	12 137	2471	430
	MC_{avg}	28.4	27	1478	606	647
	M_{avg}	26.7	26.2	242	146	681
	室外	33.7	32.6	14 420	3120	449
b3	数据云					
	C_{avg}	28.9	28.6	1140	1800	313
	MC_{avg}	28.1	28.1	1215	558	345
	M_{avg}	27.2	27.5	273	345	358
	室外	33.3	31.2	4500	4160	310
b4	数据云					
	C_{avg}	26.6	27.7	11 170	4425	567
	MC_{avg}	25.7	26.9	4034	1615	528
	M_{avg}	26.4	26.2	246	323	522
	室外	30.6	30.2	29 300	5870	510
b5	数据云					
	C_{avg}	37.9	36.4	6175	6323	342
	MC_{avg}	32.8	31.9	5878	3046	530
	M_{avg}	28.9	28.9	258	141	711
	室外	39.1	38.7	8570	4130	359

建筑代码	数据	热环境/℃		光环境/lx		CO_2 浓度/$\times 10^{-6}$
		13:00	18:00	13:00	18:00	13:00
b6	数据云					
	C_{avg}	31.1	29	4760	4003	444
	MC_{avg}	28.8	27.7	3848	2753	547
	M_{avg}	26.5	26.1	294	354	560
	室外	31.6	29.2	4790	3960	450

注：见文后彩图。

1. 热环境舒适度分析

在室外温度较高的夏季工况下，被测的 6 座建筑不论具有何种形状、何种类型的庭院空间均能起到一定的温度调节作用（见图 7-11 和图 7-12）。庭院内相对室外温度降低幅度最大的为正午时的 b1，庭院内较室外温度降低 16%（5.4℃），最小差值出现在 18:00 的 b6，庭院较室外温度降低 0.6%（0.2℃）。热环境的降温作用在被测的 6 座建筑中的顺序由高到低依次为 b1、b3、b4、b5、b2、b6。对比表 7-6 的建筑信息数据，可以得出如下结论：四向庭院较三向庭院温度调节能力更强，面积小的庭院较面积大的庭院温度调节能力更强，围护结构热工性能、材质对庭院的温度调节能力有重大影响。

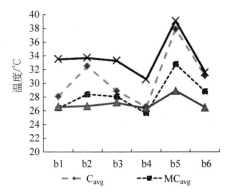

图 7-11　6 座建筑 13:00 温度环境对比

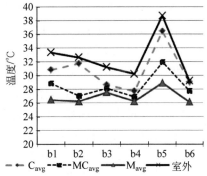

图 7-12　6 座建筑 18:00 温度环境对比

夏季工况下,被测的 6 座建筑靠近庭院一侧的边跨建筑空间的平均温度高于建筑主体空间的平均温度(见图 7-11 和图 7-12)。靠近庭院侧边跨与主体空间温差最大的为正午时的 b5,温度升高 12%(3.9℃),最小值出现在正午的 b4,温度降低 2%(−0.7℃)。靠近庭院侧温度升高的幅度顺序由高到低依次为 b5、b6、b2、b1、b3、b4,温度升高幅度越大说明建筑内热环境越不稳定,越容易受到室外环境的影响。对比表 7-6 的建筑信息数据可以得出如下结论:建筑围护结构热工性能、材质对建筑整体环境的热稳定性起重大作用;面积大的庭院比面积小的庭院更难维持建筑的热稳定性。

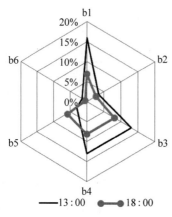

图 7-13　庭院内部相对室外
温度降低比例

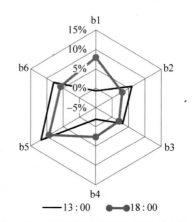

图 7-14　建筑靠近庭院边跨相对主体
空间温度升高比例

2. 光环境舒适度分析

在本次调研的 6 座庭院式建筑中,由于建筑类型为图书馆和办公类建筑,因此将室内光环境照度值舒适度范围设置为 50～1000 lx[198]。测试结果显示,6 座建筑光环境舒适程度由高到低依次为 b6(81.3%)、b1(78.6%)、b5(69.7%)、b3(69.3%)、b2(39.2%)、b4(35.7%)。从理论上看,光照环境是一个物理上的几何值,通过计算和模拟均可以得到相对准确的数值。但由于建筑建成环境的复杂性,受到围护结构窗墙比及界面透质性、使用人数量和使用习惯的差异、庭院内植物数量和高度的差异、建筑主体空间与庭院空间的比例关系等各方面因素的影响,光环境的分析变得更加复杂。图 7-15 和图 7-16 是在测试期间正午(13:00)和日落(18:00)两个不同时段室外、庭院内部、靠近庭院建筑内边跨、建筑主体四部分空间的平均值对比。

其中自然采光衰减最大的为庭院尺寸较小,并布有大量高大绿植,且窗墙比较小(0.15)的 b1 建筑,结合热环境的舒适度可以发现,b1 庭院内温度环境缓解效果最好,因此庭院的内部占有人数在被测 6 座建筑中最高,达到了每小时每 100 m² 0.8 个人的使用人数当量,故而庭院的利用效率较高,实现了建筑可持续设计中的另一要素,即经济性要素。

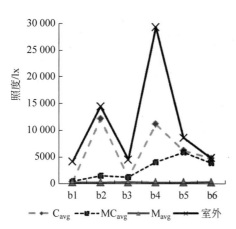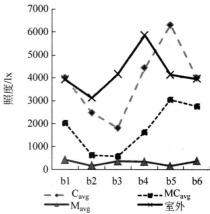

图 7-15　6 座建筑 13:00 光照度环境对比　　图 7-16　6 座建筑 18:00 光照度环境对比

3. 室内空气品质舒适度分析

CO_2 在空气中的浓度受到空气成分组成的影响,一般在 0.000 35～0.0005 浮动,相对较为稳定。过往研究表明当 CO_2 浓度超过 0.001 时,人体呈现出不舒适状态,工作能力大幅下降[199]。本次调研中的 6 座建筑 CO_2 浓度平均值均能够保持在舒适度范围内,处于较好的空气品质环境。若将 CO_2 浓度范围上限设置为 0.0008,逐点分析 6 座建筑 CO_2 浓度可见,b4 和 b2 在局部空间出现不达标情况,不达标测点分别占全部测点 26.3% 和 9.9%。这一现象主要受到内部使用人数当量的影响,分别为 9.5 FTE/(h·100 m²) 和 7.1 FTE/(h·100 m²),位列 6 座被测建筑前两名。此外,b4 的窗墙比为 0.15,是 6 座被测建筑中的最小值。

7.2.4　满意度-舒适度矩阵

基于多指标途径的被动式空间影响验证不但涉及各项量化建筑信息与建筑物理环境和使用者主观满意度的参数对应关系,还包括了对目标建筑

　　基于满意度和舒适度的综合评价及检验,研究中的综合评价采用满意度-舒适度矩阵进行分析,兼顾建筑与人及建筑与环境的关系,从建筑设计和建筑环境控制两个角度综合评价建筑空间的环境特征。

　　图 7-17 为满意度-舒适度矩阵。矩阵横轴为建筑物理环境的舒适度,以网格法测出的各个测点舒适度达标率表示,分为 50%～70%、70%～90%、90%～100%三档。矩阵纵轴是使用者空间满意度的主观评价,按照－3～3 分的打分方式,每分一档,共分为三级。因此,图中 A1 和 A2 表示该建筑具有高级使用者满意度,高、中级客观物理环境,属于优秀的被动式空间。B1 和 B2 表示该建筑具有高、中级客观物理环境,低级使用者满意度,需要加强建筑被动式空间的空间品质设计。C1 和 C2 表示该建筑具有高、中级使用者满意度,中级客观物理环境,被动式空间设计良好,但有进一步优化的必要。D1、D2 和 D3 表示该建筑具有低级客观物理环境,该被动式空间在舒适度调节方面作用不大。

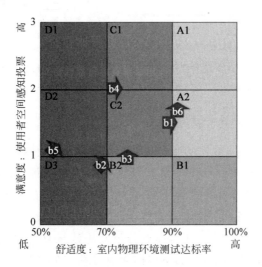

图 7-17　被测建筑满意度-舒适度矩阵

　　表 7-11 所示是本次选择的 6 座被测建筑的综合评价满意度-舒适度矩阵数据。将该结果绘制到满意度-舒适度矩阵中,可以看到 b2 和 b5 两座建筑具有低级的物理环境水平和低级使用满意度水平,需要优化设计或改造。b4 和 b1 具有高、中级使用者满意度水平,中级客观物理环境水平,中介空间设计良好,但有进一步优化的必要。b3 有中级客观物理环境水平,低级使用者满意度水平,需要加强建筑的空间品质设计。b6 有中级使用者满意

度水平,高级客观物理环境水平,属于优秀的中介空间。

表 7-11　被测建筑满意度-舒适度矩阵数据

	b1	b2	b3	b4	b5	b6
满意度	1.48	0.9	0.97	2.03	1.16	1.68
舒适度/%	87.0	68.1	75.0	72.8	54.1	90.5

7.2.5　案例小结

　　建筑建成环境的满意度和舒适度与建筑设计之初的各项建筑基本信息直接相关。而建筑空间信息的提取需要科学的分类和量化。本案例研究的目标在于将模糊的建筑空间设计转化为能够定量的、分层次的参数,将各个参数的原因与建成环境的满意度-舒适度的结果对应,以便更好地找出空间设计的优化策略来满足可持续建筑的使用需求。

　　因此本案例主要从以下四个方面做出了努力:

　　(1)研究采用 AHP 层次分析法将建筑空间转化为参数信息,然后将信息与实际调研的建筑物理环境测试数据与使用者满意度评价的投票作比较分析,以此找寻中介空间设计的关键因子,并对目标建筑的优势和不足进行评价。

　　(2)研究利用物理环境云图展示了各项建筑物理环境的分布情况。基于插值法计算的软件平台展示了建筑水平和垂直方向的物理环境变化情况。图示化语言使测试数据更加清晰直观。

　　(3)发展语义学分析法分析研究使用者对空间感受的满意程度。研究利用 SD 法的 7 分制投票,演示使用者对建筑空间的满意度的主观评价方法模型的应用。

　　(4)演示了基于满意度-舒适度矩阵的综合评价模型的验证方法。研究根据针对中介空间的定量化研究方法,矩阵图的建立有利于综合对比多个建筑的表现程度,这对多个建筑空间的表现性能的比较评价更为直观。针对具体某一个建筑,研究者或建筑师以矩阵模型的 A1 为参考模型,即可得出研究对象的改进方向。再进一步通过细分层次的建筑参数信息与建筑物理环境、SD 方面的信息采集数据进行多项对比,综合优化建筑环境性能。

7.3 案例研究 2：寒冷地区公共建筑中庭空间的室内环境表现的影响验证

7.3.1 建筑空间参数信息获取

将本研究所选的 4 座建筑[①]编码为 b1、b2、b3、b4。建筑目标空间的基本信息如表 7-12 所示。b1 和 b2 为三向中庭，两者的主要区别在于 b1 主要朝向南侧，大面积开窗同样位于南侧，并设置遮阳系统，空间内有良好的景观绿化和空间环境；而 b2 主要朝向东侧，在空间顶部大面积开天窗，无遮阳系统，作为主要的交通空间有大量的人流活动。b1 为中国较早的一批绿色办公建筑实践项目，b2 为同一时期的综合性公共建筑。b3 和 b4 两座高层建筑高度均有 23 层，所不同的是，b3 为 18 层通高的拔风中庭，南侧、北侧和顶部的围护结构均为玻璃幕墙；b4 的中庭每三层通高，垂直高度上分为若干个小中庭，中庭的东侧和西侧开窗。b3 为 2008 年后新建的绿色办公建筑，通过 LEED-CS 金级认证和 LEED-EB 铂金级认证，b4 为同一时期新建的传统办公建筑。

表 7-12 研究对象建筑基本信息

空间信息		三向中庭		高层中庭	
		b1	b2	b3	b4
几何尺度	几何形态	长方形	长方形	长方形	长方形
	空间尺寸($L:W:H$)	48:10:13	32:8:11.6	25:20:83	17.2:8:11.2
	空间层数	2	3	18	3
界面性质	围护结构传热系数/[W/(m² · K)]	0.4	0.47	2.4	0.47
	窗户位置	顶部、南侧	顶部	北侧、南侧、顶部	东侧、西侧
	窗墙比/%	29.68	90	90	12
	遮阳设施	有	无	有	无
内部容纳	绿化率/%	28	4	1	10.9
	水化率/%	1.68	0	5	0
	内部人群密度/[FTE/(h · 100 m²)]	1.63	31.1	1.6	1.45
	其他功能	花园	交通空间	交通空间	其他

---

① 4 座建筑分别为：b1,清华大学建筑设计研究院(见附录 D No.10)；b2,清华大学照澜院食堂(见附录 D No.5)；b3,嘉铭地产中心总部(见附录 D No.7)；b4,西安交通大学教学主楼(见附录 D No.14)。

空 间 信 息		三向中庭		高层中庭	
		b1	b2	b3	b4
外部关联	与周围空间的连接	三向中庭	三向中庭	两向中庭	两向中庭
	与主体空间的连接	半封闭	半封闭	半封闭	封闭
	外部人群密度/ $[FTE/(h \cdot 100 \text{ m}^2)]$	7.06	8.8	4.89	10.82
	面向自然景观的方向	南侧	顶部	南侧、北侧	东侧、西侧

7.3.2　使用者满意度调查结果及分析

如前文所述,对使用者满意度的调研针对建筑空间的气氛和整体环境的满意度展开。调研随机选择建筑中的 40 位不同年龄和性别的使用者完成主观调研问卷。主观调研问卷反映出建筑可持续性能的社会因素层面与使用者的健康程度,经济因素层面与空间利用效率的影响程度。表 7-13 所示为 4 座建筑中庭空间的调研结果。

表 7-13　使用者满意度投票结果

投 票 项		平 均 分			
		bc1	bc2	bc3	bc4
空间品质	1. 形状	0.7	0.45	1.9	−0.15
	2. 光线	0.75	0.4	2.15	0.3
	3. 景观环境	1.2	0.5	1.9	0.45
	4. 与外部空间的连接	0.55	0.45	2.15	−1.1
未来扩展	5. 面积	0.65	0.7	0.45	−0.1
	6. 界面划分	0.55	0.4	1.15	−0.3
	7. 位置	0.1	−0.65	0.2	−1.05
	8. 与内部空间的连接	0.65	−0.15	0.4	0.2
功能组织	9. 空间利用率	0.4	0.5	0.9	−0.35
	10. 开窗数量	0.55	1.1	2.05	−0.6
	11. 功能	0.15	0.15	0.75	−0.6
	12. 人员流动	−0.2	0.1	0.65	−0.4
交流共享	13. 空间气氛	0.5	0	1.25	−0.6
	14. 长期停留	1	0	1.55	−0.65
	15. 环境	0.85	0.7	1.7	0
	16. 声音	0.65	0.6	1.35	0.1

　　根据表 7-13 的得分数据和图 7-18、图 7-19 的对比曲线可知，从整体的曲线关系来看，绿色建筑的使用者满意度要优于传统建筑。其中，b3 显示出明显的使用者满意度优势，尤其是在空间品质一组中，b3 的平均分值达到 2.05，明显高于其他 3 座建筑，这说明 18 层通高的玻璃中庭带给使用者视觉上的愉悦感、空间形象和采光刺激都是积极的。b1 和 b4 中庭空间均存在使用者对人员密度的不满，对比表 7-12 中统计的内部人群密度和外部人群密度两项，表现出使用主体空间的高密度(7.06，10.82)和中庭空间低密度(1.63，1.45)间的巨大差值，使用者认为存在功能布局和面积分配的设计不足。b4 中使用者的不满还来自中庭的位置设计和与外部的连接程度两个方面。从中庭与主体空间的连接关系来看，半封闭的中庭空间要远胜于封闭的空间，b4 中每三层一通高的封闭中庭空间令使用者拒绝长期停留，不满足于室内的空间体验和环境质量。b2 的中庭空间带给使用者最大的不满在于其功能布局方式，兼有交通空间功能的中庭需容纳大量的人流集散，影响空间品质，使使用者不愿长期停留。

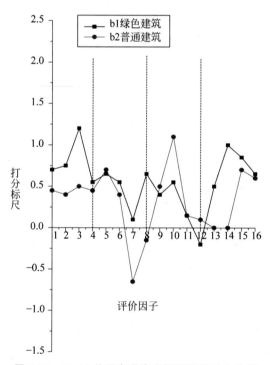

图 7-18　b1、b2 使用者满意度投票结果对比分析

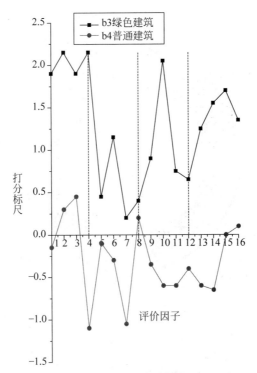

图 7-19　b3、b4 使用者满意度投票结果对比分析

从罗盘图中(见图 7-20 和图 7-21)的整体趋势来看,b3 的使用者满意度高于 b1,b2 高于 b4。b3 中庭在各项指标上都显示出高于标准值的优势,相对弱项在于未来的可扩展性,说明空间的动态灵活性存在不足。b1 各项均较为平均,在使用者满意度上均达到标准值,但其优势和劣势都不明显。b2 出现了 1 个"圈",具体反映在位置的设置方面,b4 出现了 6 处"圈",具体反映在景观环境、位置、界面的开窗数量和功能组织等方面。这对今后新建建筑的设计和 b2、b4 的改造设计都有着非常重要的参考价值。

7.3.3　客观物理环境测试及结果分析

为了直观表达建筑物理环境的分布情况,研究利用 Rhino 和 Grasshopper 图形可视化的软件开发平台,基于双线性多项式插值计算法,展示整个建筑空间三维视角下水平方向和垂直方向的物理环境分布云图。依据本书 6.1 节中对影响室内物理环境关键因素的解析,将其分为热湿环境、光环境、声环境和室内空气品质 4 个公因子项,再根据影响程度的大小,将 4 个公因子项

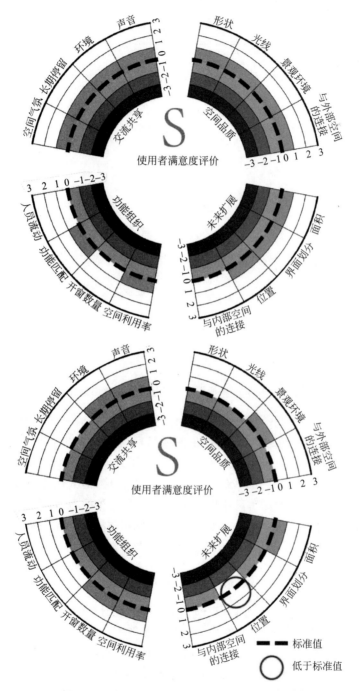

图 7-20　b1 和 b2 使用者满意度罗盘分析结果

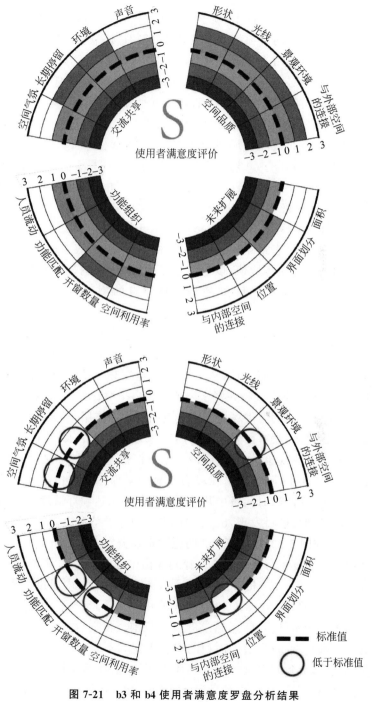

图 7-21　b3 和 b4 使用者满意度罗盘分析结果

各自提取 4 个子因子，共计 16 项子因子对室内物理环境进行更为细致的测评。此外，在进行室内各项物理环境测试的同时，还需要对室内的气候环境进行同步监测，以便用于分析中介空间对室内物理环境的影响程度。为了保证测试结果的稳定性和可靠性，测试网格依据建筑结构柱网尺寸（8 m），选择采用典型气候条件下，连续 3 日的数据平均值，并且排除数据中瞬间突变的不稳定偏离值，如因气候突变、主动设备干预、行为活动干预、测试仪器的非正常使用等因素造成的不准确数据。

　　表 7-14 和表 7-15 为 4 座建筑热、光环境测试结果。为了平行比较 4 座建筑的物理性能，云图采用统一的显示区间范围。由于夏季工况下几乎建筑所有空间的温度均超过 24℃，因此云图中温度环境显示区间为 24～28℃，光环境显示区间为 0～800 lx，CO_2 浓度显示区间为 0.0003～0.0008。红色代表最大值，蓝色代表最小值。此外，表格（表 7-15～表 7-19）中单列出中庭内部各测点的物理环境值，以 A_{avg} 表示，围绕中庭内侧一跨网格各层平均物理环境值，以 MA_{avg} 表示，室内其他测点的物理环境平均值以 M_{avg} 表示。

1. 热环境

　　根据表 7-14（文后附彩图）中 b1 和 b2 建筑热环境测试云图及参数分析，b1 室内温度场基本保持在舒适度范围之内。对比建筑东西两侧的温度变化，围绕中庭空间的温度场受到中庭空间的缓冲作用，建筑南侧主体空间的温度场缓慢过渡，没有出现局部过热的情况，而建筑西侧在 18:00 左右出现了大面积的过热现象，尤其受到冷空气下沉热空气上升的空气动力学影响，b1 在西侧 3 层的下午会出现较为明显的局部过热的情况。b2 建筑的热环境非常差，在测试时间段中几乎全部测点均未达到舒适度的要求，修改云图的显示范围尺度后发现，b2 的中庭严重破坏了整个建筑的热环境。

　　图 7-22 和图 7-23 为 b1 和 b2 两座建筑在分别在 13:00 和 18:00 的同一时间段内的温度场分布对比。两座建筑由中庭至主体使用空间温度均逐步趋向舒适度范围。b2 相对 b1 温度波动幅度较大，室内温度受到室外温度的影响变化剧烈。在 13:00 时，b2 中庭中出现了 39.2℃ 的超高温度，室内温度大大高于室外温度，远超过舒适度范围。根据表 7-12 可知，不合理的中庭朝向和功能布局、过大面积的屋顶天窗和不完善的遮阳措施等错误设计累积，会造成建筑物理环境的整体破坏，在这样的建筑空间里，不论是使用者的健康还是工作效率都受到负面影响，建筑运行期间需要更多的能源

表 7-14　建筑热环境测试云图及参数分析　　　单位：℃

建筑模型	b1（1 层,2 层,3 层）		b2（1 层,2 层,3 层）		b3（1 层,5 层,11 层,18 层,23 层）		b4（2 层,5 层,7 层,10 层,13 层）	
测试时间	13:00	18:00	13:00	18:00	13:00	18:00	13:00	18:00
数据云图								
A_{avg}	27.9	28	34.7	33.8	26.9	27.2	25.7	25.4
MA_{avg}	26.5	27.5	33.1	32.2	26.8	27.6	25.7	25.3
M_{avg}	23.1	24.4	29.9	29.9	25.2	26.1	26.8	26.0

注：见文后彩图。

表 7-15　建筑光环境测试云图及参数分析

建筑模型	测试时间	数据云图	A_{avg}	M_{Aavg}	M_{avg}
b1(1层,2层,3层)	13:00		1210	587	349.8
	18:00		388	288	205
b2(1层,2层,3层)	13:00		993	393	130
	18:00		1129	670	109
b3(1层,5层,11层,18层,23层)	13:00		1667	1843	524
	18:00		946	799	344
b4(2层,5层,7层,10层,13层)	13:00		103	89.1	559
	18:00		85	65.4	351.7

注：见文后彩图。

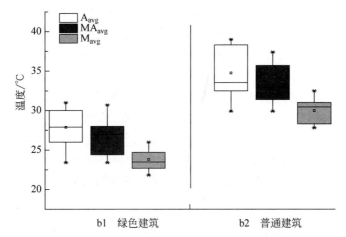

图 7-22　13：00 b1 和 b2 各测试空间平均温度对比

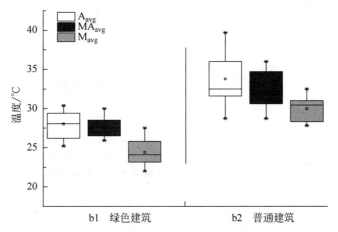

图 7-23　18：00 b1 和 b2 各测试空间平均温度对比

消耗来弥补设计的不足。

　　在调研中还发现了很多类似 b2 建筑的情况，尤其是商业类建筑的中庭空间，在正午的高温作用下，多数商业建筑的中庭空间给整个建筑的物理环境舒适度带来了极大的负面影响。

　　根据表 7-14 中 b3 和 b4 建筑热环境测试云图及参数分析，b3 的温度云图显示出中庭空间对整个建筑环境的重大影响。由于冷空气下沉热和空气上升的空气动力学原理，18 层通高的中庭将大量的热空气抬升至建筑空间中和面以上，9 层以上的建筑空间受到显著影响，靠近中庭尤其是建筑的西侧主体空间显示出大面积过热现象，相较之下，19～23层没有中庭空间的主体空间室内温度场只有局部小面积区域存在过热现象。b4的中庭空间被主体空间层层包围，与室外环境接触甚少，在热环境的表现上，中庭的室内环境优于室内主体空间。然而，遗憾的是，如图7-21所示，如此被层层包围，拥有较高舒适度的b4建筑中庭空间，在使用者的满意度方面却存在多处不达标的现象，实际情况下使用者并不愿意在此多做停留。

　　图7-24和图7-25为b3和b4两座建筑分别在13：00和18：00同一时间段内的温度场分布对比。从整体看，b3和b4两座高层建筑同一个空间类型的温度场波动幅度不大，两座建筑平均温度场的舒适度环境较高。

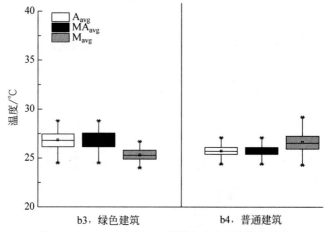

图7-24　13：00 b3和b4各测试空间平均温度对比

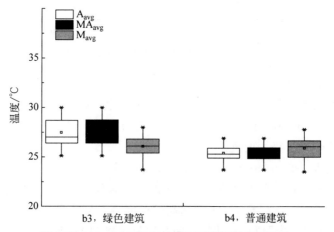

图7-25　18：00 b3和b4各测试空间平均温度对比

2. 光环境

对于一座独立不受外界因素干扰的建筑来讲，光环境表现通常可以通过计算或模拟得到。但是在实际情况下，建筑的光环境受到动态、不确定的因素影响，如建造情况、使用者数量、使用习惯和季节性绿化等，与理论值存在差异。如表 7-15 所示，从云图中可以明显看出光环境的分布情况，b1 和 b2 两座建筑在 13:00 均存在中庭中光环境过强的现象，而 b2 在 18:00 仍然出现过于强烈的光环境，说明拥有遮阳系统设计（见表 7-12）的 b1 并没有在正午时刻起到很好的遮阳效果，系统的效率需要进一步提高，而 b2 建筑整个中庭的光环境设计存在漏洞，需要整体大幅调整。图 7-26 和图 7-27 所示为 b1 和 b2 建筑光环境测试云图及参数分析的对比，从平均数值上看，正午 b1 和 b2 在靠近中庭的区域内，8 m 之内照度值减少了 200 lx，两者有着同样的衰减趋势，而在 18:00，b1 在 8 m 范围内减小 100 lx，而 b2 在此范

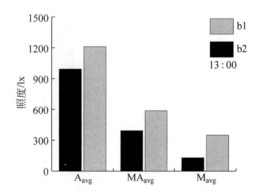

图 7-26　13:00 b1 和 b2 各测试空间平均照度对比

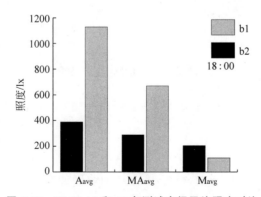

图 7-27　18:00 b1 和 b2 各测试空间平均照度对比

围骤减 600 lx,说明 b1 中庭对主体空间光环境的影响主要集中在正午前、后几小时,而 b2 主体空间受益于中庭的时间则较长。

　　表 7-15 的云图显示 b3 和 b4 两座高层建筑在 13∶00 和 18∶00 的光环境情况。正午 18 层通高的 b3 存在照度过强的情况,但整个 18 层通高的建筑逐层均受益于中庭的光井设计,在靠近中庭的区域可以大量利用自然光来减少人工光源的能耗。而 b4 的中庭空间几乎没有发挥出任何活力,从图 7-28 和图 7-29 的对比曲线中可以看到,两个时段光环境与外界自然环境不发生关系,保持同样的状态。

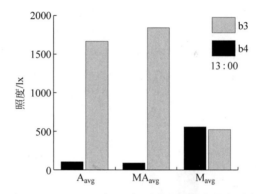

图 7-28　13∶00 b3 和 b4 各测试空间平均照度对比

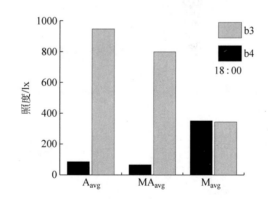

图 7-29　18∶00 b3 和 b4 各测试空间平均照度对比

3. CO_2 浓度

　　受到空气成分的影响,空气中 CO_2 的浓度通常为 0.000 35～0.0005。过往研究表明当室内 CO_2 浓度超过 0.001 时,使用者会感到不舒适并影响工作效率。总体上看,4 组测试建筑的 CO_2 浓度均在舒适度范围之内,变化梯度均由中庭向主体空间逐步增加,说明中庭空间的空气品质高于室内主体空间。从变化幅度来看,4 座建筑由高到低依次为 b2(12%)、b1(6.16%)、b3(4.19%)、b4(2.87%)(见表 7-16,文后附彩图)。图 7-30 和图 7-31 显示了 4 座建筑在中庭空间、靠近中庭空间一跨的主体空间和主体空间三个空间范围的 CO_2 浓度变化范围。b1、b2 和 b3 的中庭空间均起到了一定程度的空气调节作用,与之相反,b4 空间中虽然 CO_2 的浓度值最低,但从三类空间的对比关系来看,中庭的存在并未给整个建筑的空气品质带来提升。该结果的产生仍然是因为 b4 建筑原型设计对中庭角色的定位不足,对中庭的位置布局和界面设计和与主体空间的关联关系使中庭层层包裹于主体空间当中,阻断了与环境、人和建筑自身的联系,降低了中庭应有的活力。

表 7-16　建筑 CO_2 浓度测试云图及参数分析　单位: $\times 10^{-6}$

	b1(1 层,2 层,3 层)	b2(1 层,2 层,3 层)	b3(1 层,5 层,11 层,18 层,23 层)	b4(2 层,5 层,7 层,10 层,13 层)
建筑模型				
数据云图				
A_{avg}	488	477	549	591
MA_{avg}	501	493	553	593
M_{avg}	518	542	573	603

注:测试时间均为 13:00;见文后彩图。

4. 物理环境舒适度罗盘

根据本书第 6 章对舒适度范围的参考值,将建筑物理环境测试的 4 组

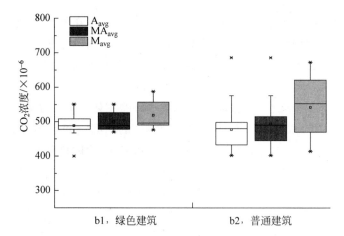

图 7-30　b1 和 b2 各测试空间平均 CO_2 浓度对比

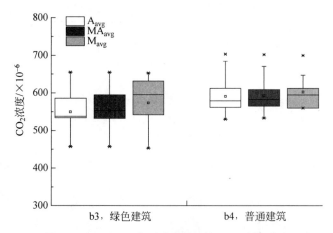

图 7-31　b3 和 b4 各测试空间平均 CO_2 浓度对比

因子组 16 类数据进行达标率计算，将得到的结果反映在物理环境舒适度罗盘中。由于本研究涉及中介空间的有效性验证，因此罗盘中的数据反映的是靠近中庭一跨主体空间的数据平均值。如图 7-32 所示，b1 缺乏人工光源的独立控制，其他指标在一半以上的面积中都达到或高于标准要求。b2 中出现了 5 处"圈"，b2 室内热环境受到玻璃中庭的影响，大面积出现过热现象，超过舒适度标准的辐射温度和空气温度布满了全部靠近中庭一侧的主体空间。自然光的射入在靠近中庭的测试柱跨显示出过高的照度值，给使用者带来了不舒适的感受，空间中缺乏人工光源的独立控制，67% 的测点背景噪声超过 45 dB，并且 54% 的测点混响时间超过了 1 s。b3 的整体物

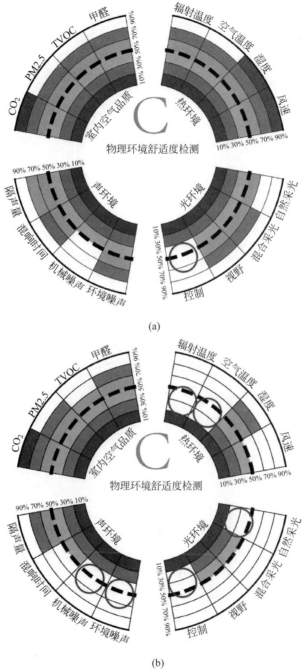

(a)

(b)

图 7-32　4 座建筑的舒适度罗盘分析结果

(a) b1；(b) b2；(c) b3；(d) b4

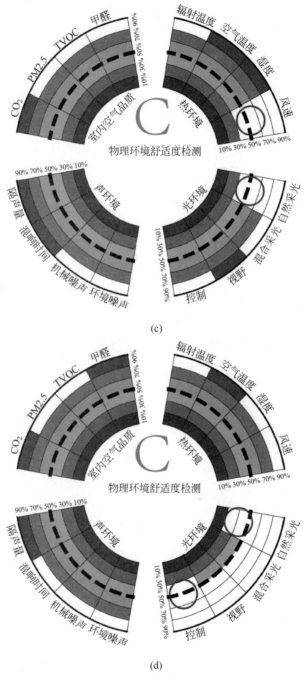

(c)

(d)

图 7-32（续）

理环境表现良好,但存在的问题在于中庭空间中和面(9 层)以上的空间靠近中庭一侧的诸多测点风速超过 5 m/s,桌面纸张被风吹起,不能满足舒适度要求,受到玻璃中庭的影响,靠近中庭一侧 32% 的测点存在眩光的现象。b4 的光环境是物理环境的弱项,86% 的空间自然采光的照度值低于 200 lx,加入人工光源之后有 64% 的空间达到办公空间的最低照度值。

7.3.4　满意度-舒适度矩阵结果及分析

表 7-17 为综合计算满意度和舒适度值所得出的建筑运行期间实际调研测试的综合性评价结论。代入本书 5.3 节确定的使用者满意度权重以及 6.2 节物理环境舒适度权重,计算 4 座建筑被动调节作用综合评价得分,然后将得分代入 SCTool 中的满意度-舒适度矩阵,如图 7-33 所示,可得出如下结论。

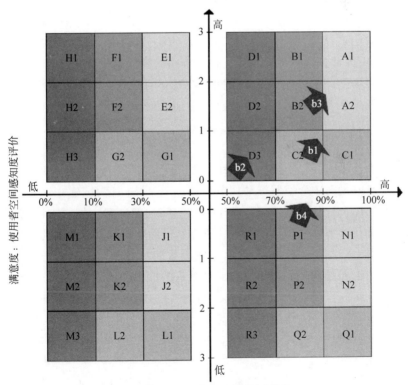

图 7-33　被测建筑满意度-舒适度矩阵评价结果

表 7-17   目标建筑满意度-舒适度综合评价结果

建筑代码	满意度得分	舒适度得分/%	评价结果区间
b1	0.63	83.14	C2
b2	0.38	55.53	D3
b3	1.53	84.47	B2
b4	−0.27	80.03	P1

研究结果显示，建筑 b1 的综合评价结果为 C2 级，表明该建筑空间有着优秀的中介空间被动调节作用的设计，由于其对使用者满意度水平有积极的作用并且物理环境舒适度水平较高，因此该建筑只需要细微优化其空间的被动式设计。建筑 b2 的综合评价结果为 D3 级，表明该建筑空间有着良好的中介空间被动式设计，由于其对使用者满意度水平有积极的作用，但其物理环境舒适度水平一般，因此该建筑需要有目标地优化其空间的被动式设计。建筑 b3 的综合评价结果为 B2 级，表明该建筑空间有着优秀的中介空间被动式设计，由于其使用者满意度水平较高，并且其物理环境舒适度水平较高，因此该建筑需要细微优化其空间的被动式设计。建筑 b4 的综合评价结果为 P1 级，表明该建筑空间有着较差的中介空间被动式设计，由于其使用者满意度水平低，但其物理环境舒适度水平较高，因此该建筑需要改进其空间的被动式设计（见图 7-33）。

7.3.5 案例小结

本研究是对中介空间被动调节作用的验证，并且尝试建立针对空间调节策略的综合优化模型。研究基于中介空间的意义和边界，并对中介空间的建筑被动调节作用做出了假设。研究希望建立一套具有逻辑的科学验证方法检测中介空间的价值，将建筑空间参数信息因子与实际验证的使用者满意度因子和物理环境因子建立因果关系的逻辑。研究采用 SCTool 来验证中介空间的作用效果，并用聚类分析的手段，剥离变量对比验证中介空间在每个目标建筑中的作用效果和调节程度。

中庭空间是一种典型的中介空间，通过深度调查 4 座目标建筑，结论包括如下几个方面：

（1）中介空间影响着建筑被动调节作用的诸多因素，如人的行为、建筑物理性能和室内环境品质。其调节能力具有复杂性和不稳定性，在持续变化的不同因素影响下，其综合表现性能可能时而积极时而消极，使用者满意度与物理环境舒适度有时互相促进,有时背道而驰。因此,需要从建筑空间原型的角度,综合考虑两者的因素,共同优化空间的被动调节作用。

(2) 通过多指标综合评价的方法以及 SCTool,研究量化分析了中庭空间的被动调节作用。对照建筑空间参数信息的各项因子,结论显示 b1 需要在改造阶段进一步加强人性化设计,从使用者满意度评价反映出中庭空间需要优化与室内空间的联系、窗户的数量以及中庭空间的使用人群数量。b3 在 4 座建筑中评分最高,但在未来扩展方面,如功能的多样性和与主体空间的关联程度方面需要改进,此外,b3 中诸多空间还存在着风速和自然采光的不舒适问题。b2 的中庭对整座建筑几乎没有起到积极的作用,特别是在中庭的位置、温度、自然采光、采光控制、噪声等方面都为整座建筑带来了负面影响,这些因子都应成为下一步改造的重点环节。b4 的中庭最差,为建筑带来了很多消极影响,在景观环境、位置、窗户数量、功能、空间气氛方面令使用者产生了严重的不满情绪,这同时也证明了即使一个建筑有着较高水平的舒适程度,但是在其中工作的人们仍然可能感觉到不满意或不幸福。

(3) 研究反复证明了中介空间动态调节的复杂性。受到人、建筑和环境多方面因素的影响,中介空间的调节能力复杂且不稳定,在变化的使用时间和使用人群的情况下,往往存在变化对主体空间积极和消极的影响,也存在与满意度和舒适度相辅相成或此消彼长的状况。研究希望强调中介空间对建筑被动调节作用的影响价值,提倡设计者更加关注中庭设计,强化中庭在建筑空间中有机、动态的调节机制,在建筑中发挥出更多积极的作用。

7.4　案例研究 3:基于图形可视化分析的寒冷地区中庭空间室内环境表现的影响验证

利用中庭空间的缓冲作用是可持续建筑设计中一种典型的空间调节策略。在传统经验中,中庭空间的被动式作用通常被认为是将室外的温度、风雨、辐射、灰尘和噪声等不利因素隔离在外,同时又能选择性地将阳光、自然通风等有利因素吸收进建筑里的过渡空间。但是目前建筑师对中庭空间在整个建筑中的调节作用的理解处在定性阶段,缺乏在全年气候条件下,对综合中庭使用者满意度和物理环境舒适度多方面因素的全面了解,也对中庭空间对整个建筑室内环境表现影响效果的理性认识不足。

在综合考虑多种影响因素的同时,又会带来另一个问题:针对建筑使用环境的实地调研测试会引入大量的数据信息,大量数据信息的解读依赖合理的整理和分析，并依靠形式语言传达给读者，这一过程中还需要借助用户友好的界面平台，否则很难将有效信息传达给建筑师和使用者。因此大数据的可视化表达对于研究成果的可读性以及进一步的扩展分析起到了重要的作用。

　　案例的研究目标包括以下两个方面：其一是通过多指标的评价手段评价验证中庭空间对整个建筑的影响，检验中庭空间在建筑的被动调节作用方面发挥的作用；其二是将获取的数据进行图形可视化表达，直观分析影响因子，为建筑师和使用者提供直观、易于理解的研究结论反馈。

　　在满意度和舒适度的综合评价方法框架基础上，本研究对应两个因子组类型数据的图形可视化表达，如图 7-34 所示。其一是针对使用者满意度投票的分析罗盘，表达出使用者对建筑中介空间在建筑设计层面上的满意程度，结论影响到使用者的健康水平和空间的使用效率与资源的有效利用程度。其二是针对使用环境舒适度的整座大楼的数据云图，表达出整个大楼内物理环境（包括热、光、声、室内空气品质四个方面）的分布情况，并直观地显示出中介空间在整个大楼里的影响作用，结论影响到建筑对环境的利用效率和使用者的舒适度需求以及生活质量。

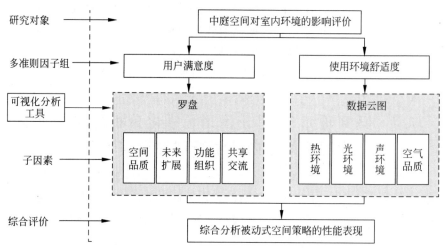

图 7-34　可视化分析的研究方法框架

7.4.1　目标建筑

　　清华大学建筑设计院被选择用来演示研究中的图形可视化成果。该建筑于 2000 年竣工，建筑剖面如图 7-35 所示，地上 5 层，建筑面积为 8500 m^2，建筑采用框架结构形式[102]。

目标建筑中包含两个中庭。中庭 1 位于建筑南向,是一个局部三层通高、大面积两层通高的绿化边庭,提供良好的室内景观环境并作为缓冲空间在冬季预热室内空气,起到温室的作用。中庭 2 位于建筑中部,是一个狭长的、带顶部天窗的放大通高走廊中庭空间。在原先设计中借助该中庭顶部错层的拔风作用,利用中庭两侧的开窗实现夏季和过渡季的自然通风降温(见图 7-35 和图 7-36)。

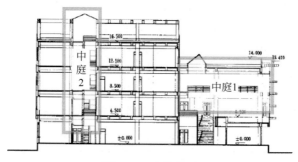

图 7-35　建筑剖面

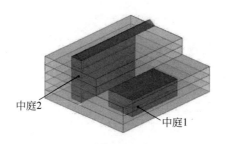

图 7-36　建筑模型中的两个中庭

(资料来源:作者改绘)

对目标建筑的调研测试历时一年,本研究分别在夏季、冬季和过渡季的典型气候条件下,对目标建筑展开了长期的监控测试,重点验证两个中庭空间在整个建筑中所发挥的被动调节作用的表现效果。调研分为两个部分,其一是针对使用者的满意度进行问卷打分投票,其二是对整个建筑空间物理环境进行实地测试。

7.4.2　使用者满意度调查结果及分析

根据使用者主观满意度问卷调研结果(见表 7-18),生成两座建筑的使用者满意度罗盘,如图 7-37 所示。中庭 1 在各项指标项中表现较为平均,使用者认为中庭 1 在大部分指标中都对整个建筑空间有积极的影响作用。在空间利用率、功能匹配和人员流动三个方面使用者持中立态度,说明该中庭在功能使用方面的利用程度比较低,使用人数较少,中庭在功能组织方面没有产生积极影响。相较之下,中庭 2 在建筑设计层面所表现出的气候调节的积极作用较弱。16 项指标中,有 9 项表现为达标状态,也就是既不产生积极影响,也不产生消极影响。而在景观环境、开窗数量、长期停留和声音四个方面,使用者表达出对该中庭设计的不满,对整个建筑的使用环境也存在负面影响。根据使用者反映的情况可以看到,这个 5 层通高的中庭走廊一方面缺乏景观环境设计,另一方面缺乏对使用者私密性需求的满足,因此导致使用者不愿在此空间内长期停留,从使用者主观感受的角度来讲,该中庭空间在整个建筑的使用环境品质的提升和功能组织的优化方面没有起到明显的作用,并且在促进交流共享方面存在明显不足。

表 7-18　使用者满意度调研结果

投 票 组	投 票 因 子	中 庭 1	中 庭 2
空间品质	1. 形状	0.70	−0.30
	2. 光线	0.75	0.25
	3. 景观环境	1.20	−0.90
	4. 与外部空间的连接	0.55	0.45
未来扩展	5. 面积	0.65	−0.36
	6. 界面划分	0.55	1.40
	7. 位置	1.10	0.60
	8. 与内部空间的连接	0.65	1.45
功能组织	9. 空间利用率	0.40	−0.4
	10. 开窗数量	0.55	−1.2
	11. 功能匹配	0.15	0.28
	12. 人员流动	−0.20	0.24
交流共享	13. 空间气氛	0.50	−0.47
	14. 长期停留	1.00	−1.10
	15. 环境	0.85	0.30
	16. 声音	0.65	−1.67

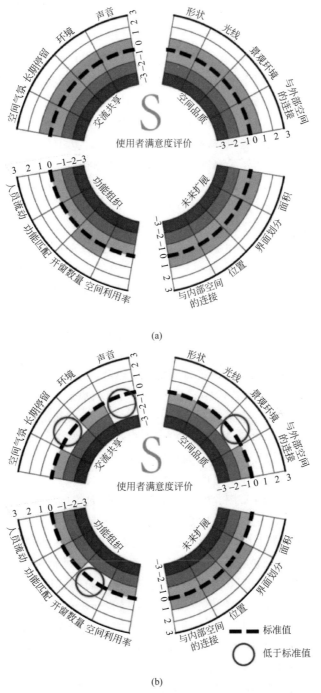

(a)

(b)

图 7-37　使用者满意度罗盘结果

(a) 中庭 1；(b) 中庭 2

7.4.3　客观物理环境测试结果及分析

物理环境的测试针对整个建筑展开。研究希望通过不同位置的物理环境数据对比，检验两个中庭对整体建筑空间的作用程度。整个建筑的测试网格与建筑柱网一致，柱跨 7.8 m，东西向柱网 8 组，南北向柱网 7 组，1～3 层每层 56 个测点，4、5 层每层各 40 个测点。本研究中物理环境的测试主要包括热环境、光环境和室内 CO_2 浓度的测定。其中，热湿环境的测试项为辐射温度，采用红外线温度测试仪获取地面的辐射温度；光环境采用照度仪，获取工作面高度（1 m）处照度值；CO_2 浓度在一定程度上能够反映建筑室内的空气品质，采用 CO_2 浓度计测量工作面高度（1 m）处的 CO_2 浓度值。测试过程中为了减少人员活动对测试数据的影响，各手持仪器均在测点处远离测试人员停留 10 s 后读数。测试时间分别选定在夏季、冬季和过渡季（春季）三个季节中连续 3 天典型日的中午 13:00 开始，并在 14:00 前结束全部测试工作。各个测点的数据经过数值的平均值计算，利用软件平台最终反应在数据云图中。

1. 热环境

研究首先需要确定该建筑内使用者的热舒适度区间。根据 Fanger 教授的热舒适度模型，代入辐射温度、空气温度、湿度、风速、着衣量和代谢率的数值，借助美国加州大学（伯克利）建筑环境中心开发的热舒适度评价工具，可以计算出该楼夏季时的热环境的热舒适度区间。如图 7-38 所示，多数使用者感觉舒适的空气温度的外围区间范围宽度为 8.6℃（18.4～27.0℃），所有使用者均满意的中间范围舒适度区间范围宽度为 1.8℃（21.6～23.4℃）[197]。

表 7-19（文后附彩图）为夏季和冬季工况下整座建筑热环境的云图。夏季工况中，为了更加清楚地显示逐层温度环境，表中的云图显示范围为 24～28℃，红色为上限，蓝色为下限。依照计算得出的外围空气温度范围，27.0℃ 以上的空间被视为过热，超出使用者的舒适度范围。从云图中可以看到，逐层云图中，凡是红色和橙色的区域都有局部过热的现象。2 层的中庭空间，3 层围绕中庭的主体空间以及 4 层和 5 层的绝大部分空间都出现大面积过热的现象。相较受到两个中庭影响较小的 1 层空间（中庭 1 不包括 1 层在内），2 层和 3 层的各个测点温度变化剧烈，尤其是靠近中庭 1 的空间受到太阳辐射热效应最强烈。相较于实体墙来讲，玻璃幕墙的围护结构带给整个建筑的热环境是非常负面的影响。此外，整个建筑逐层温度梯度非

表 7-19　热环境逐层云图

建筑整体环境云图	1 层	2 层	3 层	4 层	5 层
温度/℃ 28 27 26 25 24 夏季					
温度/℃ 26 24 22 20 18 16 冬季					

注：见文后彩图。

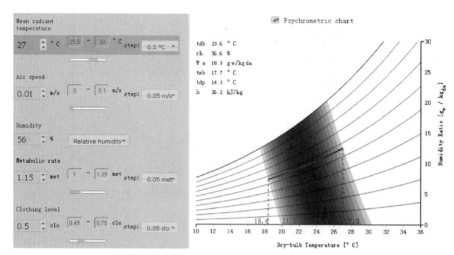

图 7-38 夏季目标建筑使用人群的热舒适度计算区间

(资料来源：热舒适度工具)

常大,1~4层每层平均温度升高1℃,4层和5层平均温度升高1.6℃,尤其是靠近中庭2的北侧办公空间更加明显,说明中庭2带入了大量的太阳热辐射,并且通高空间促进了热空气上升和冷空气的下降,致使4层与5层大部分办公空间出现过热现象。

对照图7-39同一截面各测点夏季温度环境对比曲线,其中点A和点D为两个中庭内部的温度测点,点B、C、E为靠近中庭空间的室内主体空间的测度测点,点O为室外温度测点。中庭1中,2层与3层的温度(点A)高于室外温度,中庭2中,5层的中庭(点D)和室内(点E)的温度也超过室外温度,说明两个中庭对夏季的热环境表现都产生了非常负面的影响。

如图7-40所示,经热舒适度工具计算,该楼冬季时的热环境的热舒适度区间如图7-41所示,多数使用者感觉舒适的空气温度的外围区间范围宽度为14.5℃(17.3~31.8℃),所有使用者均满意的中间范围舒适度区间范围宽度为1.9℃(22.7~24.6℃)[197]。

表7-19的冬季工况下,为了更加清楚地显示逐层温度环境,云图显示范围为16~26℃,红色为上限,蓝色为下限。依照计算得出的外围空气温度范围,超出17.3~31.8℃的空间被视为超出使用者的舒适度范围。数据显示整个冬季工况下最高温度为28℃,所有测点的温度均小于31.8℃,因此不存在局部过热现象。而低于17.3℃的空间,则被视为过冷的不舒适空间。通过云图可以看到,深蓝色区域为局部过冷的空间,主要集中在1层靠

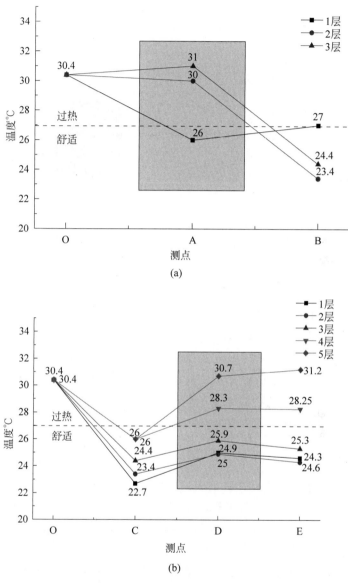

图 7-39　同一截面各测点夏季温度环境对比曲线

（a）中庭 1；（b）中庭 2

近两个中庭的空间和门厅入口空间以及 2 层靠近中庭 1 的空间。对照图 7-41
同一截面各测点冬季温度环境对比曲线，中庭 1 所发挥的作为阳光间的预
热室内空间的作用，使 2 层（A 点）温度比室外温度高出 6.4℃，3 层（A 点）

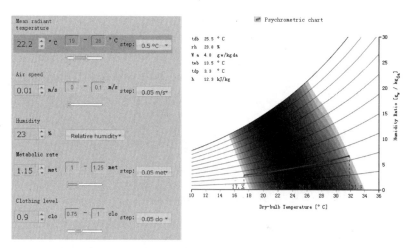

图 7-40　冬季目标建筑使用人群的热舒适度计算区间
（资料来源：热舒适度工具）

温度比室外温度高出 11℃，说明中庭 1 在正午 13：00—14：00 对整个建筑的热环境起到了积极作用，但中庭 1 的温度始终低于舒适度范围，一方面不满足舒适度要求的空间环境降低了该空间的使用效率，另一方面若通过主动热源加热该空间至舒适度范围，则将在很大程度上增加建筑的供暖热负荷。而中庭 2 在各层的点 D 温度低于周边空间点 C 温度 7℃左右，低于点 E 温度 5℃左右，说明中庭 2 在冬季时一方面降低了室内环境的热舒适度，另一方面可能增加了整个建筑的供暖热负荷。

2. 光环境

　　测试时间为夏季正午 13：00—14：00，测试期间人工照明关闭，中庭 1 南侧立面为两层通高的玻璃幕墙，幕墙外设有遮阳百叶，中庭 2 屋顶为全玻璃天窗，无遮阳设施。表 7-20（文后附彩图）为夏季工况下整座建筑热环境的云图。为了更加清楚地显示逐层温度环境，表中的云图显示范围为 0～500 lx，红色为上限，蓝色为下限。根据中国《建筑照明设计标准》，办公建筑室内光环境在 0.75 m 水平面照度舒适度的标准值为 300 lx[198]，对应云图的颜色区间，蓝色和绿色为不满足光环境舒适度要求的空间。可以看到，两个中庭空间在整个建筑的光环境舒适度方面有着重要的贡献。尤其是中庭 1 在距离中庭边界 16 m 处的室内空间依然大面积受益于中庭设计。中庭 2 主要影响 4 层和 5 层的室内光环境，而对 3 层以下的主体空间影响

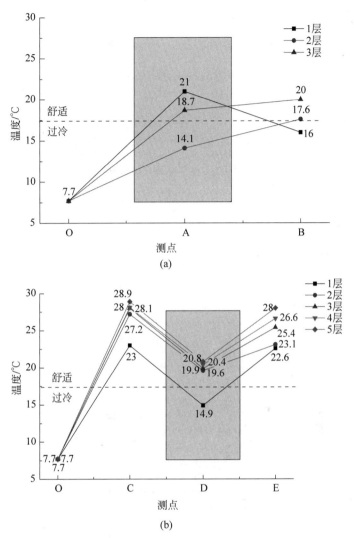

图 7-41 同一截面各测点冬季温度环境对比曲线

(a) 中庭 1；(b) 中庭 2

不大。对照图 7-42 同一截面各测点夏季光照环境对比曲线,由于中庭 1 为南向侧面采光,2 层与 3 层在点 A 与点 B 相距两个测试跨(16 m),照度衰减分别为 90.5％和 88.4％,在垂直方向衰减不明显。中庭 2 为顶部天窗采光,在垂直方向上,由 5 层到 4 层高度降低 4.5 m,中庭处测点 D 的照度衰减 47.8％,在水平方向上照度衰减不明显。

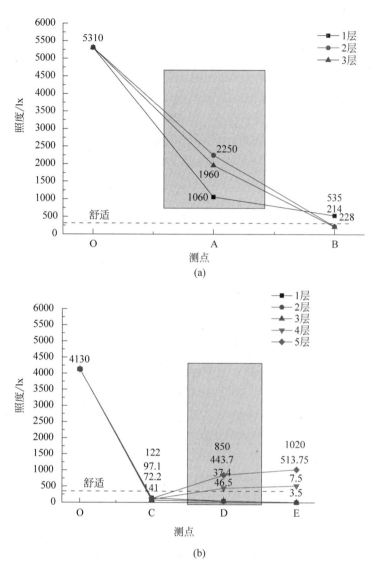

图 7-42　同一截面各测点夏季光照环境对比曲线

(a) 中庭 1；(b) 中庭 2

3. CO_2 浓度

　　表 7-21 所示为目标建筑过渡季期间 CO_2 浓度逐层分布的云图。云图显示范围为 $0.0004 \sim 0.00055$，红色为上限，蓝色为下限。整个建筑的 CO_2 浓

表 7-20　夏季光环境逐层云图

建筑整体环境云图 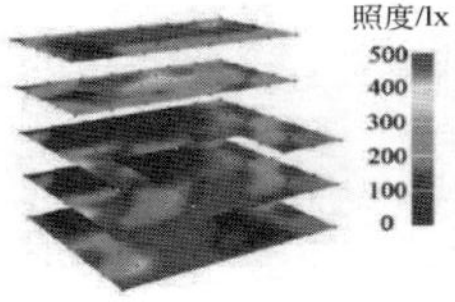	1 层 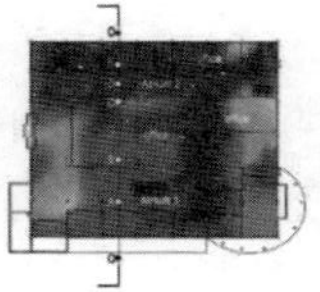	2 层 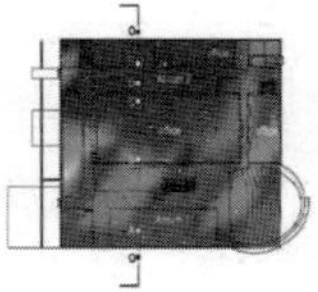	3 层 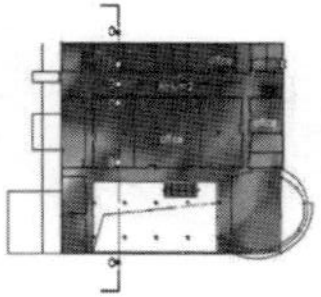	4 层 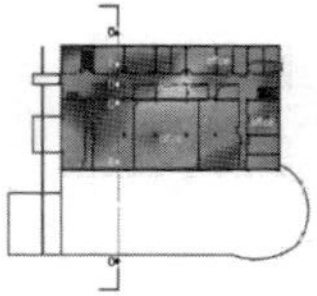	5 层 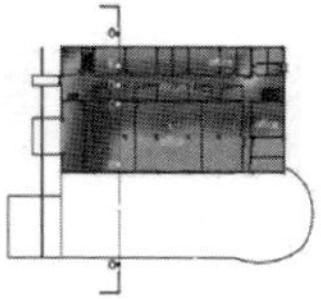

照度/lx
500 400 300 200 100 0

注：见文后彩图。

表 7-21　过渡季 CO_2 浓度逐层云图

建筑整体环境云图 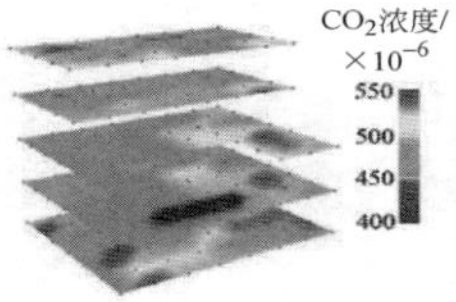	1 层 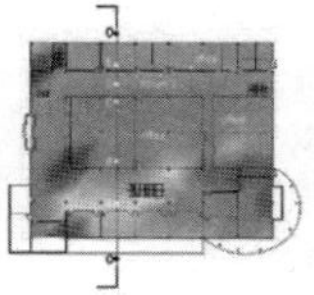	2 层 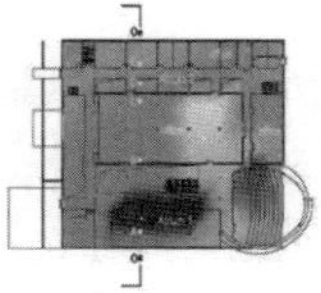	3 层 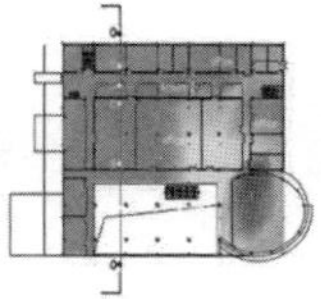	4 层 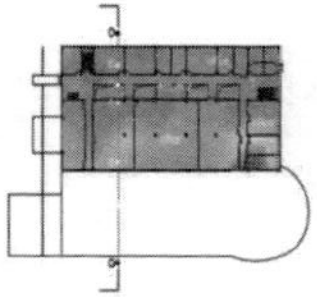	5 层 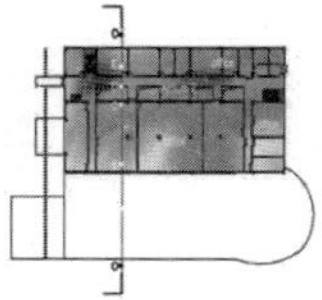

CO_2 浓度/ $\times 10^{-6}$
550 500 450 400

注：见文后彩图。

度数值均保持在标准值范围内,最高值出现在 3 层室内中心(6.46×10^{-4}),最低值出现在 2 层中庭 1 中部(3.9×10^{-4})。中庭 1 的绿化在 CO_2 浓度指标上优势非常明显,整个中庭区域的 CO_2 浓度平均值为 4.56×10^{-4},与室外 CO_2 浓度值持平。靠近中庭 1 的第 3 跨平均值排序由低到高依次为 2 层(4.81×10^{-4})、3 层(4.91×10^{-4})、1 层(5.15×10^{-4}),说明该中庭在整座大楼的空气品质方面起到了一定的调节作用。中庭 2 对空气品质的调节作用不明显,在垂直高度上仅 5 层中庭空间有所受益,5 层中庭 2 空间 CO_2 浓度的平均值为 4.64×10^{-4},室内空间 CO_2 浓度的平均值为 4.81×10^{-4},降低了 1.5×10^{-5}。图 7-43 为同一截面各测点 CO_2 浓度对比曲线,点 A 和点 D 分别对应中庭 1 和中庭 2 两个空间的 CO_2 浓度值。图中可明显看到中庭 1 在室内空气品质方面的调节作用,在该截面上,CO_2 浓度值由中庭 1(点 A)至室内(点 B)升高了 16.7%。而由中庭 2(点 D)至室内(点 E)基本保持一致,无明显变化。

7.4.4　案例小结

本案例是对中庭空间在可持续建筑中作用的有效性验证,包括了使用者的舒适度和物理环境的满意度两个方面。中庭空间的被动调节作用往往是把双刃剑,站在建筑学的视角和建筑环境学的视角会得出不同的结论,两者有时相悖,有时相辅相成,因此对中庭空间的评价需要建立在多指标综合评价的基础之上。研究发展了调研数据的图形可视化方法,辅助建筑师和使用者更加直观地了解室内环境品质的分布情况。

研究演示了对应的两个因子组类型数据的图形可视化表达方法。其一是针对使用者满意度投票的分析罗盘,表达出使用者对建筑中介空间在建筑设计层面上的满意程度,结论影响到使用者的健康水平、空间的使用效率与资源的有效利用程度。其二是针对使用环境舒适度的整座大楼的数据云图,表达出整座大楼内物理环境(包括热、光、声、室内空气品质四个方面)的分布情况,直观地显示出中介空间对整座大楼内物理环境的影响作用,结论影响到建筑对环境的利用效率和使用者舒适度需求以及生活质量。

研究通过分析目标建筑中两个不同类型的中庭空间,借助图形可视化表达手段,直观简洁地对比分析两个中庭空间在使用者满意度方面的差异、不足以及产生的原因。通过数据云图展示出整座大楼的热环境、光环境和 CO_2 浓度场的分布情况,利用同一截面的数据对比方法,证明了两个中庭

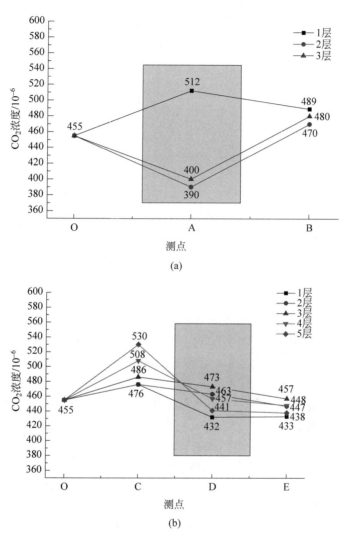

图 7-43 同一截面各测点过渡季 CO_2 浓度对比曲线

（a）中庭 1；（b）中庭 2

对整座大楼物理环境调节方面的作用程度。研究指出了两个中庭在夏季和冬季工况下在热环境调节方面的积极作用和不足，中庭 1 在水平方向上和中庭 2 在垂直方向上的光环境调节能力以及中庭 1 对室内空气品质的影响。

7.5　本　章　小　结

本章是中介空间被动调节作用理论研究的实践环节，包括如下两部分内容。

（1）介绍了为多指标综合评价建筑空间被动调节作用而研发的软件工具 SCTool。研究利用 Eclipse 开发平台，采用 Java 语言通过配置 JDK 与 Tomcat 完成开发环境的搭建，利用 Apache 服务器，开发了建筑空间被动调节作用的评价工具 SCTool。其作用在于：一方面，作为面向所有用户、基于在线网络平台的建筑空间被动调节作用验证工具；另一方面，作为研究团队的数据库平台，为今后的进一步研究做储备。对应前文深入解析建筑空间、使用者满意度和物理环境舒适度三大内容，SCTool 主要包括 4 个界面和 5 项功能。4 个界面依次为建筑空间参数录入页面、使用者空间主观感受满意度评价录入和结果生成界面、物理环境测试结果录入和结果生成界面、满意度-舒适度综合评价矩阵及综合评价结论页面。5 项功能除与 4 个界面对应之外，还包括所有数据和结论报告文件生成。

（2）本案例的最后以中介空间的典型类型——庭院空间和中庭空间作为研究案例，演示中介空间被动调节作用的综合评价、检验和优化的全过程。研究案例 1 选取位于寒冷地区（北京和西安）的 6 座具有院落空间的大型公共建筑进行了多指标综合评价空间被动调节作用的检测与验证演示。研究案例 2 选取位于寒冷地区（北京和西安）的 4 座具有中庭空间的大型公共建筑，依据 SCTool 工具的调研、检测、评价的方法，演示了该工具的使用过程，并验证了工具的科学性。案例研究 3 基于一个建筑的被动调节作用进行综合评价，目的在于利用研究所研发的使用者满意度罗盘和整体建筑物理环境的分布云图，演示建筑使用环境的被动调节作用的评价过程，为建筑师在使用后阶段的评价以及建筑改造阶段的预判给予客观、准确、可视和易读的参考。

第8章 总结及展望

在气候适应性和建筑节能的被动式设计中,采用庭院、天井、中庭、通道和风道等建筑元素是常见的手法,研究采用介于室内功能空间与室外气候空间之间的中介空间来归纳统述这些建筑元素,寻求其共同特征和作用,对基于可持续发展理念下的建筑设计具有理论创新和设计启发的意义。

近年来,大型公共建筑在我国大量出现,中介空间满足了室内人员接近自然的心理需求,而且还可能有效降低建筑能耗。但不成功的中介空间设计,不仅不受使用者的欢迎,还会增加建筑能耗。中介空间的被动调节作用一方面能够弥补大型公共建筑中人与自然联系的缺失,另一方面是一项重要的空间调节策略,能够从建筑的原型上减少建筑运行期间的能耗、优化室内环境舒适度。

然而在实际调研中发现,尽管中介空间在大型公共建筑中占有重大比重,但设计阶段对其被动调节作用效果的关注度仍然不足。当前的国内外基于气候调节的空间策略技术体系研究变量单一,缺少多角度综合测评与分析中介空间的被动调节作用效果的方法。由于缺乏实际和长期的检测数据证实或证伪策略的有效性,更加难以在新的设计中对策略做进一步优化。

8.1 主 要 结 论

本研究以形态解析、作用探索和效果验证为技术途径,在空间和时间维度层面解析利用建筑空间进行气候调节的理论、实践类型和发展规律,并通过实验平台的长期监测,论证各类中介空间的作用与局限,发现实际应用中存在的问题。基于200余栋建筑相关数据整理和30栋建筑长时期的现场测试,结合大量的问卷调查,研究确立了中介空间被动调节作用综合评价的方法和主、客观评价指标及其参数,包括影响建筑空间环境品质的信息参数、使用者满意度主观评价指标、与主观评价指标关联的客观物理参数和指标;研发了评价的工具软件SCTool,并在典型案例中,演示了综合评价、测试检验和优化改进的全过程。

研究的主要结论包括以下三个方面：

（1）基于大量、长期的监测及调研数据，研究反复证明了中介空间动态调节作用的价值和复杂性。对多个具有中介空间的大型公共建筑进行实地调研测试，分类型总结其成功与失败的原因，为建筑师和工程师提供建筑设计阶段的空间调节策略参考，并为既有建筑改造提供有效依据。

（2）研究确立了针对中介空间被动调节作用验证的多指标综合评价方法。从建筑学和建筑环境学的双重视角，提出优化空间调节策略的中介空间作用的价值。综合运用社会学、统计学、心理学和建筑物理学的研究方法结合建筑建成环境的数据信息库，确立了多指标综合评价方法，将其归类为建筑空间信息参数、使用者满意度的主观感受和客观物理环境的舒适度三个方面的综合作用。

（3）研究利用软件开发平台，研发了验证中介空间被动调节作用的评价工具 SCTool。借助计算机软件平台开发和网络建设，实现建筑建成环境综合评价方法的可视化、易读性和大量数据结果的快速收集、甄别与反馈，并为今后的进一步科学研究建立数据库。

8.2　创新性成果

本研究是基于方法框架建立、数据统计、实际测试、主观评价等多指标的综合评价研究，研究的创新性成果主要体现在：

（1）研究提出了介于室外环境与室内环境之间的中介空间概念，并梳理中介空间的类型及可能具有的被动调节作用潜力。

（2）基于大量、长期的监测及调研数据，获得了第一手数据，并建立数据信息库，证明了中介空间对建筑主体空间的被动调节作用的价值。

（3）从建筑学、社会学、统计学、心理学和建筑环境学角度对中介空间的作用提出了多指标综合评价方法；并利用软件开发平台，研发了中介空间被动调节作用的设计与使用后评价工具，以指导中介空间的设计和研究。

8.3　展　　　望

基于气候调节的空间策略能够回避很多可能带来高能耗的因素，建筑的原型基本上决定了建筑的可持续程度。匈牙利建筑师维克多·奥戈雅从生物气候学的角度分析了建筑能耗的特点,推理出好的被动式建筑设计能够节约近 50% 的运行能耗。但是忽略被动式设计的建筑,就很有可能需要完全依靠系统设备调控室内温度,建筑运行能耗也会大幅增加。中介空间是联系室内外环境的桥梁,是一个从建筑原型角度出发、重要的空间调节策略,因此,中介空间对于当今建筑设计以及建筑理论的可持续发展都具有极重要的意义。

研究尝试将中介空间的空间调节策略由定性阶段推向定量的精细化研究阶段,受制于作者在博士研究阶段的能力和当前技术应用范围的局限,未来的研究工作还应当在以下三个方面进一步展开:

(1) 作为一种重要的空间调节策略,中介空间在大型公共建筑中的利用率很高,合理的中介空间设计所表现出的被动调节作用不仅适用于北方寒冷地区,在其他多个气候区,如夏热冬冷地区、夏热冬暖地区、温和地区甚至是炎热地区、严寒地区都可能具有重要作用,但仍需要根据具体的气候环境、地质条件和人文特征环境进行进一步的梳理和分析。

(2) 研究建立的多指标评价研究方法框架中所包含的建筑空间参数信息与通过计算机构建的建筑信息模型(building information model,BIM)直接相关,利用准确的 BIM 与使用者的主观满意度和客观物理环境的舒适度进行关联性研究,更有利于快速甄别数据并准确导出分析结果。但是由于被调研建筑的设计和建造处在 BIM 技术还未在中国广泛使用的时期,建筑参数信息掌握不全,因此在调研过程中收集建筑空间参数信息数据存在一定的困难。随着 BIM 技术的发展以及中国建筑设计体系在 BIM 技术应用方面的推进,获取未来建筑空间参数信息并与中介空间被动调节作用的评价方法框架结合将会更加迅速、准确。

(3) 目前多指标评价研究方法框架中涉及的客观物理环境,如热环境、光环境、声环境及室内空气品质的实际参数调研,依赖有线的或手持的测试仪器进行逐点测量。由于测试设备的局限性,一方面可能存在数据信息漏点,另一方面可能存在时间和空间维度上的较大误差。而无线、多点测量技术能够弥补测试方法的不足。目前无线、多点测试技术还处于快速的研发和试验阶段,其中无线的温度和湿度测试仪已经初步制成。该技术在建筑空间物理环境的综合评价技术上将会起到重大的助推作用,是未来进一步推进完善空间调节策略检测和验证的有效助力剂。

参 考 文 献

[1] 秦佑国.《建筑物理环境》课程：第一讲课件[Z].北京：清华大学,2014：22.

[2] 覃成林,李红叶.西方多中心城市区域研究进展[J].人文地理,2012,27(1)：6-10.

[3] KLEPEIS N E,NELSON W C,OTT W R,et al. The national human activity pattern survey（NHAPS）：A resource for accessing exposure to environmental pollutions[J]. Journal of Exposure Analysis and Environmental Epidemiology, 2001,11(3)：231-252.

[4] 江亿,姜子炎,魏庆芃.大型公共建筑能源管理与节能诊断技术研究[J].建设科技,2010(22)：20-23.

[5] 薛志峰.大型公共建筑节能研究[D].北京：清华大学,2005(10)：1-21.

[6] ZAKI W R M,NAWAWI A H,AHMAD S. Case study in passive architecture： Energy savings benefit in a detached house in Malaysia[C]. Proceedings in the 24th Conference on Passive and Low Energy Architecture,Singapore,2007：259-266.

[7] ZAKI W R M,NAWAWI A H,AHMAD S. Energy savings benefit from passive architecture[J]. Journal of Canada Centre of Science Education,2008(3)：51-63.

[8] 宋晔皓,王嘉亮,朱宁.中国本土绿色建筑被动式设计策略思考[J].建筑学报, 2013(7)：94-99.

[9] RAMESH T,PRAKASH R,SHUKLA K K. Life cycle energy analysis of buildings：An overview[J]. Energy Build,2010,42(10)：1592-1600.

[10] FILIPPIN C,LARSEN S F,BEASCOCHEA A,et al. Response of conventional and energy-saving buildings to design and human dependent factors[J]. Solar Energy,2005,78(3)：455-470.

[11] LAM J C,YANG L,LIU J. Development of passive design zones in China using bioclimatic approach[J]. Energy Convers Manage,2006,47(4)：746-762.

[12] BADESCU V,LAASER N,CRUTESCU R,et al. Modeling,validation and time-dependent simulation of the first large passive building in Romania[J]. Renewable Energy,2011,36(1)：142-157.

[13] SADINENI S B,MADALA S,BOEHM R F. Passive building energy savings：A review of building envelope components[J]. Renewable Sustain Energy Rev, 2011,15(8)：3617-3631.

[14] JULIA K D,DAVID E G. Understanding high performance buildings：The link between occupant knowledge of passive design systems,corresponding behaviors,

occupant comfort and environmental satisfaction[J]. Building and Environment, 2015,84(1): 114-124.

[15] ZHANG H,LI J J, DONG L, et al. Integration of sustainability in Net-zero House: Experiences in Solar Decathlon China[J]. Energy Procedia, 2014, 57: 1931-1940.

[16] OLGYAY V. Design with Climate [M]. New Jersey: John Wiley & Sons Inc,1992.

[17] 万丽,吴恩融.可持续建筑评估体系中的被动式低能耗建筑设计评估[J].建筑学报,2012(10): 13-16.

[18] FILIPPIN C,LARSEN S F, BEASCOCHEA A, et al. Response of conventional and energy-saving buildings to design and human dependent factors[J]. Solar Energy,2005,78: 455-470.

[19] LAM J C,YANG L,LIU J. Development of passive design zones in China using bioclimatic approach[J]. Energy Convers Manage,2006,47: 746-762.

[20] BADESCU V,LAASER N,CRUTESCU R,et al. Modeling, validation and time-dependent simulation of the first large passive building in Romania[J]. Renewable Energy,2011,36: 142-157.

[21] SADINENI S B,MADALA S,BOEHM R F. Passive building energy savings: A review of building envelope components [J]. Renewable Sustain Energy Rev, 2011,15(8): 3617-3631.

[22] FEIST W,SCHNIEDERS J, DORER V, et al. Re-inventing air heating: Convenient and comfortable within the frame of the Passive House concept[J]. Energy Build,2005,37(11): 1186-1203.

[23] BARUCH G. Man,Climate and Architecture [M]. London: Applied Science Publishers,1976.

[24] 罗隽,沈海滨.英国的绿色生态建筑体系和实践[J].世界环境,2011(5): 12-15.

[25] 夏伟.基于被动式设计策略的气候分区研究[D].北京:清华大学,2009.

[26] 希拉.太阳能建筑:被动式采暖和降温[M].薛一冰,管振忠,译.北京:中国建筑工业出版社,2008.

[27] DANIEL D C. The Solar House/Passive Heating and Cooling[M]. Washington: Chelsea Green publishing Co,2002.

[28] HOUSES E R,CLAUDIO M, Porteros M, et al. Passive design strategies and performance of Net Energy Plus Houses[J]. Energy and Buildings,2014(5): 13.

[29] 中国社会科学院语言研究所词典编辑室.现代汉语字典[M].6 版.北京:商务印书馆,2012.

[30] 夏征农,陈至立.辞海[M].6 版.上海:上海辞书出版社,2009.

[31] 环境[EB/OL].[2015-5-26]. http://baike. baidu. com/link? url =JahX3V FItm mLpadEWkC kw 7PqBltd4lSvqcF9mp6LMHrIfduijNBIKWg5MDbWixijpVdKuV

ZN_m_QEcJo-JYv4q.

[32]　文丘里.建筑的矛盾性与复杂性[M].周卜颐,译.北京：中国建筑工业出版社,1977.

[33]　吴学俊.面向城市的商业中介空间研究[D].湖南：湖南大学,2001.

[34]　亚历山大.秩序的性质（二）：关于房屋艺术与宇宙性质[M].薛求理,译.北京：中国建筑工业出版社,1991.

[35]　辞海编辑委员会.辞海[M].上海：上海辞书出版社,1979：1250.

[36]　《建筑大辞典》编辑委员会.建筑大辞典[M].北京：地震出版社,1992：51.

[37]　荆其敏,张丽安.生态的城市与建筑[M].北京：中国建筑工业出版社,2005.

[38]　DAVID P. New organic architecture：The breaking wave [M]. Losangeles：University of California Press,2001.

[39]　爱德华兹.可持续性建筑[M].周玉鹏,宋晔皓,译.北京：中国建筑工业出版社,2003：235.

[40]　ZHU Y X. Low energy design in mixed-mode office buildings under subtropical climate：A case study in Shenzhen [R]. Mitigating and Adapting Built Environments for Climate Change in the Tropics,Jakarta,Indonesia,2015.

[41]　LUO M H,CAO B, JÉRÔME D, et al. Evaluating thermal comfort in mixed-mode buildings：A field study in a subtropical climate [J]. Building and Environment,2015：46-54.

[42]　达以仁.被动式设计在亚热带气候区里的办公室的利用[D].北京：清华大学,2015.

[43]　人民网.深圳图书馆,看书得打伞[EB/OL].(2014-06-03) [2015-05-26]. http：//picchina. people. com. cn/n/2014/0603/c213236-25094495. html.

[44]　SERGIO A,STEFANO S. Occupant satisfaction in LEED and non-LEED certified buildings[J]. Building and Environment,2013,68：66-76.

[45]　沙利文.庭园与气候[M].北京：中国建筑工业出版社,2005.

[46]　舒尔兹.存在·空间·建筑[M].尹培桐,译.北京：中国建筑工业出版社,1990.

[47]　詹和平.空间[M].南京：东南大学出版社,2011：14.

[48]　吕爱民.应变建筑：大陆性气候的生态策略[M].上海：同济大学出版社,2003：101.

[49]　STEPHEN K,JONATHAN T. Residential open building[M]. London：Spon Press,2000：38.

[50]　弗兰普顿.现代建筑：一部批判的历史[M].原山,译.北京：中国建筑工业出版社,1988：375.

[51]　戴志中,李海乐,任智劼.建筑创作构思解析：动态·复合[M].北京：中国计划出版社,2006：134.

[52]　黑川纪章.黑川纪章专刊[J].世界建筑,1984,6：50.

[53]　盖尔.交往与空间[M].北京：中国建筑工业出版社,2002.

[54]　JAMES W. Green architecture[M]. Krohne：Taschen,2000.

[55] 刘敦桢.中国古代建筑史[M].10版.北京：中国建筑工业出版社,2009：11.

[56] 胡蓓蓓.生态建筑空间解析[D].安徽：合肥工业大学,2007.

[57] 拉滕伯里.生长的建筑：赖特与塔里埃森建筑师事务所[M].蔡红,译.北京：知
      识产权出版社,2004.

[58] 越后岛研一.勒·柯布西耶建筑创作中的九个原型[M].徐苏宁,吕飞,译.北京：
      中国建筑工业出版社,2006：151.

[59] 宋晔皓.结合自然整体设计注重生态的建筑设计研究[D].北京：清华大学,
      1998：24.

[60] 大师系列丛书编辑部.赫尔佐格和德梅隆的作品与思想[M].北京：中国电力出
      版社,2004：19-126.

[61] 大师系列丛书编辑部.赫尔佐格和德梅隆的作品与思想[M].北京：中国电力出
      版社,2004：66-69.

[62] 覃琳.地域气候与建筑形态[D].重庆：重庆大学,2001.

[63] FRANCESCA D F. Traditional architecture in the Dakhleh Oasis,Egypt：Space,
      form and building systems[C]. PLEA2006-The 23rd Conference on Passive and
      Low Energy Architecture,Geneva,Switzerland,2006.

[64] NOOYER O DE,JON M N,LEHOUX N,等.加州科学院[J].建筑技艺,2011
      (Z5)：118-121.

[65] 韩国C3出版公社.节能与可持续性[M].大连：大连理工大学出版社,2014.

[66] 林玉莲,胡正凡.环境心理学[M].北京：中国建筑工业出版社,2000：25.

[67] 王小红.大师作品分析：解读建筑[M].北京：中国建筑工业出版社,2005：107.

[68] Brown G Z,DeKay Mark. Sun Wind And Light：Architectural Design Strategies
      [M]. 2nd ed. New Jersey：Wiley,2000.

[69] 李保峰.适应夏热冬冷地区气候的建筑表皮之可变化设计策略研究[D].北京：
      清华大学,2004.

[70] 王嘉亮.仿生·动态·可持续[D].天津：天津大学,2011.

[71] 李钢.建筑腔体生态策略[M].北京：中国建筑工业出版社,2007：82-83.

[72] 杨小东,刘燕辉."通用设计"理念及其对住宅建设的启示[J].建筑学报,2004
      (10)：7-9.

[73] 刘先觉.密斯·凡·德·罗[M].北京：中国建筑工业出版社,1992：141.

[74] 中国孔子网.礼记·礼运[EB/OL].(2007-05-21)[2017-8-28]. http://www.
      chinakongzi. org/kzsf/lsjd/200705/t20070521_28127. htm.

[75] 布朗,德凯.太阳辐射·风·自然光：建筑设计策略(原著第二版)[M].常志刚,
      刘毅军,朱洪涛,译.北京：中国建筑工业出版社,2006.

[76] 马俊丽.冷巷的自然通风效果分析研究[D].广州大学,2011：17-18.

[77] 李保峰.雷锋与好人——具有绿色意识的普通建筑尝试[R].中国建筑学会2013
      年"建筑师与绿色建筑"分论坛,北京,2013.

[78] Hassan Fathy. Nature Energy and Vernacular Architecture： Principles and

Examples with Reference to Hot Arid Climates[M]. Chicago：University of Chicago Press,1986.

[79] CHARLES J. KIBERT. Sustainable Construction：Green Building Design and Delivery [M]. New Jersey：John Wiley & Sons,Inc. ,2013：256-257.

[80] 薛杰.可持续发展设计指南：高环境质量的建筑[M].北京：清华大学出版社，2006：196.

[81] 李长虹,舒平,张敏.浅谈栏杆式建筑在民居中的传承与发展[J].天津城市建筑学院学报,2007,13(2)：83-87

[82] 中国建筑报道.密斯・凡・德・罗[EB/OL].[2017-8-22]. http://www. archreport. com. cn/show-30-404-1. html.

[83] DANIEL W. A guide to life-cycle greenhouse gas(GHG) emissions from electric supply technologies[J]. Energy,2007,32(9)：1543-1559.

[84] 《大师》编辑部.大师 MOOK 系列丛书：杨经文[M]. 武汉：华中科技大学出版社,2007：21.

[85] 弗兰姆普敦. 现代建筑：一部批判的历史[M]. 张钦楠,译. 北京：三联书店，1985：181.

[86] 闫英俊,刘东卫,薛磊.SI 住宅的技术集成及其内装工业化工法研发与应用[J]. 建筑学报,2012(4)：55-59.

[87] 中华人民共和国住房和城乡建设部,国家市场监督管理总局.绿色建筑评价标准：GB/T 50378-2019[S].北京：中国建筑工业出版社,2014.

[88] 薛彦波,仇宁.生态建筑＋生长模式：Vincent Callebaut 的设计实践[M].北京：中国建筑工业出版社,2011.

[89] 尹培桐.黑川纪章与"新陈代谢"论[J].世界建筑,1984(6)：114-117.

[90] 《大师》系列丛书编辑部.诺曼・福斯特的作品与思想[M].北京：中国电力出版社,2005.

[91] ASHRAE (American Society of Heating, Refrigerating, and Air Conditioning Engineers). ASHRAE Standard 62—1989. Ventilation for acceptable indoor air quality[M]. Atlanta,GA：ASHRAE,1989.

[92] 萨克森.中庭建筑——开发与设计[M].戴复东,吴庐生,王健强,等,译.北京：中国建筑工业出版社,1992：12-80.

[93] MICHAEL B, PERTER M, MICHAEL S. Green Building：Guidebook for Sustainable Architecture [M]. Berlin：Springer-Verlag Berlin Heidelberg，2010：31.

[94] SANTAMOURIS M, JAMES. Solar Thermal Techologies for buildings[M]. London,UK：Science Publishers,2003：127-130.

[95] 陈纲伦."阴性文化"与中国传统建筑"井空间"[J].华中建筑,1999(1)：21-28.

[96] 张良皋.空谷幽兰——赞兰苑山庄[J].新建筑,1989(3)：32-33.

[97] 姜冶.利用竖向空间实现大进深建筑通风设计研究[D].沈阳：沈阳建筑大

学,2012.

[98]   GERHARD H,MICHAEL DE S, PETRA L. Climate Skin, building-skin concepts that can do more with less energy [M]. Switzerland: Birkhuser, 2006: 108-110.

[99]   ZHANG H,LI J J,DONG L,et al. Integration of sustainability in net-zero house: Experiences in solar decathlon China[J]. Energy Procedia,2014(57): 1931-1940.

[100]   张弘,李珺杰,董磊.零能耗建筑的整合设计与实践:以清华大学 O-House 太阳能实验住宅为例[J].世界建筑,2014(1): 114-117.

[101]   SONG Y H,SUN J F,LI J J. Towards net zero energy building: Collaboration-based sustainable design and practice of the Beijing waterfowl pavilion[J]. Energy Procedia,2014(57): 1773-1782.

[102]   李金芳.一座绿色办公楼:清华大学设计中心楼(伍舜德楼)[J].建筑创作,2002 (10): 6-9.

[103]   胡绍学,宋海林,胡真,等."生态建筑"研究绿色办公建筑:清华大学设计中心楼(伍威权楼)设计实践和探索[J].建筑学报,2000(5): 10-17.

[104]   李珺杰.基于公共建筑使用后物理环境测试的可持续建筑空间调节作用研究——以西安浐灞商务中心二期为例[C].第十届国际绿色建筑与建筑节能大会暨新技术与产品博览会论文集,北京,2014: 11.

[105]   罗斯金.建筑的七盏明灯[M].张麟,译.济南:山东画报出版社,2006.

[106]   宋晔皓,王嘉亮,朱宁.中国本土绿色建筑被动式设计策略思考[J].建筑学报,2013(7): 94-99.

[107]   宋晔皓.中国本土绿色建筑设计发展之辨[J].新建筑,2013(4): 5-7.

[108]   孙一民,肖毅强,王静.探寻大型公共建筑低碳发展之路[J].动感(生态城市与绿色建筑),2010(1): 56-57.

[109]   沈福煦.人与建筑[M].上海:科学出版社,1989: 221-233.

[110]   詹和平.空间[M].南京:东南大学出版社,2011: 164.

[111]   邱均平,文庭孝.评价学:理论·方法·实践[M].北京:科学出版社,2010.

[112]   叶茂林.科学评价理论与方法[M].北京:社会科学文献出版社,2007.

[113]   陈敬全.科研评价方法与实证研究[D].武汉:武汉大学,2004: 14-15.

[114]   苏为华.多指标综合评价理论与方法问题研究[D].厦门:厦门大学,2000: 9.

[115]   钟霞,钟怀军.多指标综合评价方法及应用[J].内蒙古大学学报(人文社会科学版),2004(4): 107-111.

[116]   张于心,智明光.综合评价指标体系和评价方法[J].北方交通大学学报,1995 (3): 393-400.

[117]   苏为华.多指标综合评价理论与方法问题研究[D].厦门:厦门大学,2000: 7-8.

[118]   SONG Y H,LI J J,WANG J L,et al. Multi-criteria approach to passive space design in buildings: Impact of courtyard spaces on public buildings in cold climates [J]. Building and Environment,2015,89(7): 295-307.

[119] 培根.城市设计[M].黄富厢,朱琪,译.北京：中国建筑工业出版社,2003：33.

[120] 赛维.建筑空间论[M].张似赞,译.北京：中国建筑工业出版社,1985：124.

[121] 芦原义信.外部空间设计[M].尹培桐,译.北京：中国建筑工业出版社,1985.

[122] 萧默.中国建筑艺术史：下卷[M].北京：文物出版社,1999：1106-1107.

[123] 黑川纪章.从新陈代谢到共生[M].郑时龄,薛密,译.北京：中国建筑工业出版社,1997：218.

[124] 程大锦.建筑：形式、空间和秩序[M].2版.刘丛红,译.天津：天津大学出版社,2008：28.

[125] 彭一刚.建筑空间组合论[M].北京：中国建筑工业出版社,1983：14-15.

[126] 贺勇.空间的背后[M].沈阳：辽宁科技出版社,2012：7.

[127] 劳森.空间的语言[M].杨青娟,韩效,卢芳,等,译.北京：中国建筑工业出版社,2003：123.

[128] KLAUS D. The Technology of Ecological Building：Basic Principles,Examples and Ideas [M]. New York：Princeton Architectural Press,1997：30.

[129] KLAUS D. The Technology of Ecological Building：Basic Principles,Examples and Ideas [M]. New York：Princeton Architectural Press,1997：62.

[130] 大师系列丛书编辑部.赫尔佐格和德梅隆的作品与思想[M].北京：中国电力出版社,2004：13.

[131] 陈福广.新型墙体材料手册[M].北京：中国建材工业出版社,2001：6.

[132] 李珺杰,张弘,张雨婷,等.围护体系技术策略在绿色建筑实践中的应用及其存在问题[J].动感(生态城市与绿色建筑),2013(S1)：19-24.

[133] 李珺杰.绿色建筑的科学实践：英国 BASF HOUSE 建造探索[J].动感(生态城市与绿色建筑),2011(4)：114-119.

[134] 劳森.空间的语言[M].杨青娟,韩效,卢芳,等,译.北京：中国建筑工业出版社,2003：23-41.

[135] RAZA S. H. ,SHYLAJA G. Different abilities of certain succulent plants in removing CO_2 from the indoor environment of a hospital [J]. Environment International,1995,21(4)：465-469.

[136] KLAUS D. The Technology of Ecological Building：Basic Principles,Examples and Ideas [M]. New York：Princeton Architectural Press,1997：32.

[137] 相马一郎,佐古顺彦.环境心理学[M].周畅,李曼曼,译.北京：中国建筑工业出版社,1986：7.

[138] 舒尔兹.存在·空间·建筑[M].尹培桐,译.北京：中国建筑工业出版社,1990：6.

[139] 盖尔.交往与空间[M].何人可,译.北京：中国建筑工业出版社,2002：37.

[140] 戴志中,李海乐,任智劼.建筑创作构思解析：动态·复合[M].北京：中国计划出版社,2006：108.

[141] 詹和平.空间[M].南京：东南大学出版社,2011：109-112.

[142]   贝尔德.可持续建筑实践：从使用者角度考虑 [M].刘可为,吴寒亮,译.北京：
         中国建筑工业出版社,2013：3.

[143]   ABBASZADEH S,ZAGREUS L,LEHRER1 D,et al. Occupant satisfaction with
         indoor environmental quality in green buildings [J]. Proceedings of Healthy
         Buildings. 2006(6)：365-370.

[144]   LEAH Z,CHARLIE H,EDWARD A,et al. Listening to the occupants：a Web-
         based indoor environmental quality survey [J]. Indoor Air,2004(14)：65-74.

[145]   MADHAV I,RYOZO O,HOM B. R,et al. Adaptive model of thermal comfort
         for offices in hot and humid climates of india [J]. Building & Environment,
         2014,74(4)：39-53.

[146]   GAIL B,LINDSAY B. Occupant satisfaction in mixed-mode buildings [J].
         Building Research & Information,2009,37(4)：369-380.

[147]   庄惟敏.SD法与建筑空间环境评价[J].清华大学学报(自然科学版),1996(4)：
         42-47.

[148]   郑路路.基于 SD 法的建筑策划后评价[D].天津：天津大学,2008：18-19.

[149]   HERSHBERGER R G. Architectural Programming and Pre-design Manager
         [M]. New York：Mc Graw-Hill,1999.

[150]   袁方.社会研究方法教程[M].北京：北京大学出版社,1997.

[151]   朱小雷.建成环境主观评价方法研究[M].南京：东南大学出版社,2005
         (5)：178.

[152]   谢小庆,王丽.因素分析：一种科学研究的工具[M].北京：中国社会科学出版
         社,1989.

[153]   向东进.实用多元统计分析[M].武汉：中国地质大学出版社,2005.

[154]   李沛良.社会研究的统计应用[M].北京：社会科学文献出版社,2001.

[155]   朱小雷.建成环境主观评价方法研究[M].南京：东南大学出版社,2005
         (5)：115.

[156]   董俊刚,闫增峰,保彦晴,等.基于建成环境主观评价分析研究[J].西安建筑科
         技大学学报(自然科学版),2011,43(5)：694-699.

[157]   陈耀辉,陈万琳.江苏省城镇居民生活满意度评价分析[J].数理统计与管理,
         2013,32(5)：777-795.

[158]   陈运平,黄小勇.区域绿色竞争力影响因子的探索性分析[J].宏观经济研究,
         2012(12)：60-67.

[159]   因子分析法[EB/OL].[2015-5-26]. http：//baike. baidu. com /link? url =
         Pb8OvvKMSiCDR T4C1PWQQoZHCsZ-3PFAPGKfk_SN_WesW5BBMVUexb
         uzDJ3jCoer9eNgdhnIWYRAApAXzVwN0_.

[160]   PHILIPPA S. The EduTool：IEQ-a new post occupancy evaluation tool for
         communicating to building designers information about the indoor environment
         quality inside classrooms[C]. Indoor Air 2014-13th International Conference on

Indoor Air Quality and Climate，HongKong，2014：425-433.

[161] RIEDEL S L, PITZ G F. Utilization-oriented evalution of decision support system [J]. IEEE Transations on SMC，1986，16(6)：980-996.

[162] 丁建华.公共建筑绿色改造方案设计评价研究[D].哈尔滨：哈尔滨工业大学，2013.

[163] 朱颖心.建筑环境学[M].北京：中国建筑工业出版社，2005：5.

[164] RANDALL M. 建筑环境学[M].张振南.李溯，译.北京：机械工业出版社，2003：9.

[165] ASHRAE (American Society of Heating，Refrigerating，and Air Conditioning Engineers). ASHRAE Standard 54-1992. Ventilation for acceptable indoor air quality[M]. Atlanta，GA：ASHRAE，1992.

[166] FANGER P O. Thermal Comfort ［M］. Malabar，FL：Robert E. Krieger Publishing Company，1982.

[167] 林宪德.人居热环境［M］.台北：詹氏书局，2009：84-86.

[168] 吉沃尼.人·气候·建筑 ［M］.陈士驎，译.北京：中国建筑工业出版社，1982：22.

[169] Humphreys C M，Imalis O，Gutberlet C. Physiological response of subjects exposed to high effective temperature and elevated mean radiant temperature [J]. Heating Piping & Air Conditioning，1946(52)：153-166.

[170] 吉沃尼.人·气候·建筑 ［M］.陈士驎，译.北京：中国建筑工业出版社，1982：56.

[171] 万金庆.建筑环境测试技术 ［M］.武汉：华中科技大学出版社，2009：58.

[172] JENNING B H，GIVONI B. Environment reactions in the 80°-105°F zone[J]. ASHVE Journal，1959 (1)：3-10.

[173] NISHI Y. Measurement of thermal balance of man [J]. Studies in Environmental Science，Bioengineering，Thermal Physiology and Comfort，1981(10)：29-39.

[174] 张寅平，张立志，刘晓华，等.建筑环境传质学 ［M］.北京：中国建筑工业出版社，2006(8)：175.

[175] 董宏.自然通风降温设计分区研究[D].西安：西安建筑科技大学，2006.

[176] CBE Thermal Comfort Tool. Center for the Built Environment，University of California Berkeley[EB/OL].[2017-8-22]. http://cbe. berkeley. edu/comforttool/.

[177] 中华人民共和国住房和城乡建设部，中华人民共和国国家质量监督检疫总局.建筑采光设计标准：GB/T 50033-2013[S/OL].北京：中国建筑工业出版社，2013. http://www. doc88. com/p-1708082922140. html.

[178] 中华人民共和国住房和城乡建设部，中华人民共和国国家质量监督检疫总局.建筑照明设计标准：GB/T 50034-2013[S/OL].北京：中国建筑工业出版社，2013. http://www. doc88. com/p-0781519597067. html.

[179] 中华人民共和国住房和城乡建设部，中华人民共和国国家质量监督检疫总局.

绿色建筑评价标准：GB/T 50378-2014[S/OL]. 北京：中国建筑工业出版社，2014. https://wenku. baidu. com/view/05ef163c9b89680202d82554. html.

[180] USGBC. LEED Reference guide for green building design and construction [EB/OL]. https://www. usgbc. org/resources/leed-reference-guide-building-design-and-construction.

[181] 卡瓦诺夫，威尔克斯. 建筑声学—原理和实践[M]. 赵樱，译. 北京：机械工业出版社，2004(10)：86.

[182] 柳孝图. 建筑物理[M]. 北京：中国建筑工业出版社，2010：407-420.

[183] U. S. Green Building Council. LEED Reference guide for green building design and construction [M]. Washington：U. S. Green Building Council，2013：423.

[184] 王萌，孙勇，徐莉，等. 绿色建筑空气环境技术与实例 [M]. 北京：化学工业出版社，2012(5)：16-27.

[185] 张军甫. 办公建筑室内空气品质测试与气流组织分析[D]. 西安：西安建筑科技大学，2012：3.

[186] 李哲敏，周甜甜，林晗，等. 建筑设计与室内 PM2. 5 控制探讨[J]. 住宅产业，2015(7)：48-53.

[187] 沈凡，贾予平，张屹，等. 北京市冬季公共场所室内 PM2. 5 污染水平及影响因素[J]. 环境与健康杂志，2014，31(3)：262-263.

[188] 樊广涛，谢静超，吉野博，等. 中国 5 个城市儿童家庭室内空气中甲醛、乙醛及总挥发性有机化合物浓度调查分析[J]. 环境化学，2015，34(6)：1215-1217.

[189] 万金庆. 建筑环境测试技术[M]. 武汉：华中科技大学出版社，2009：188.

[190] 程明华. 基于 GIS 的地层产状空间插值方法研究[D]. 北京：中国地质大学，2010.

[191] 夏伟. 基于被动式设计策略的气候分区研究[D]. 北京：清华大学，2009.

[192] HAO S M，SONG Y H，LI J J. Field study on indoor thermal andluminous environment in winter of vernacular houses in northern hebei province of China [J]. Journal of Harbin Institute of Technology，2014(4)：77-83.

[193] 曹彬，朱颖心，欧阳沁，等. 公共建筑室内环境质量与人体舒适性的关系研究[J]. 建筑科学，2010，26(10)：126-130.

[194] 雷亮. 室内环境控制与建筑空间形态关系初探[D]. 北京：清华大学，2005.

[195] 李珺杰，宋晔皓，赵元超. 基于公共建筑使用后物理环境测试的可持续建筑空间调节作用研究[C]. 第十届国际绿色建筑与建筑节能大会，北京，2014(3)：1-12.

[196] SONG Y H，LI J J，WANG J L，et al. Multi-criteria approach to passive space design in buildings：Impact of courtyard spaces on public buildings in cold climates [J]. Building and Environment，2015，89(7)：295-307.

[197] HUI S. CM（2002）Sustainable Architecture. [EB/OL]. [2017-8-22]. http://www. arch. hku. hk/ research/BEER/sustain. html.

[198]　中华人民共和国建设部,中华人民共和国国家质量监督检疫总局.民用建筑照明设计标准：GB 50034-2004[S].北京：中国建筑工业出版社,2004.

[199]　ASHRAE(American Society of Heating, Refrigerating, and Air Conditioning Engineers). Ventilation for acceptable indoor air quality[M]. Atlanta, GA：ASHRAE,1989.

附录 A 建筑行业可持续性设计现状调查表

[新]建筑行业可持续性设计现状调查

非常感谢您抽出宝贵的画图和科研时间完成此问卷。

此问卷的数据统计工作将对建筑行业的发展有着重要意义。

【题目会依据您的选择而进行跳转】

建筑行业可持续性设计现状调查　　　　清华大学

1 您的年龄

○ A 30岁以下　　○ B 30~40岁　　○ C 40~50岁　　○ D 50岁以上

2 您在建筑行业的执业时间？

○ A 5年以下　　○ B 5~10年　　○ C 10~20年　　○ D 20~30年　　○ E 30年以上

3 您现在的工作地点？

○ A 国有大中型设计院（公司）　　○ B 地方中小型设计院（公司）　　○ C 高校/研究所

○ D 独立建筑设计工作室/事务所　　○ E 国外事务所　　○ F 政府机构　　○ 其他 _____

4 您的专业类型是？

◉ A 建筑师　　○ B 工程师

5 作为建筑师，您对您到目前为止的设计风格和作品是否满意？

◉ A 非常明确，非常满意　　○ B 基本明确，基本满意　　○ C 还没有找到方向　　○ D 无风格，不满意

○ 其他 _____

第 4 题选 A 跳转至第 5 题，选 B 跳转至第 5-1 题。

第 5 题选 A 或 B 跳转至第 5-1 题，选 C、D 跳转至第 6 题。

5-1 您将自己的设计风格定位在？（可多选）

☐ A 本土设计，地域性表达，文化传承　　☐ B 参数化设计，非线性表达

☐ C 尊重环境，以人为本，可持续性设计　　☐ D 高技术，追求结构、材料的建造之美

☐ E 多元化，设计风格可依据不同项目需求而改变　　☐ 其他 [   ]

6 您从事的项目多集中在哪些气候区？（可多选）

1. 严寒地区：如东北三省、内蒙古
2. 寒冷地区：如北京、天津、陕西、山东
3. 夏热冬冷地区：如上海、重庆、湖北、江苏、浙江
4. 夏热冬暖地区：如广东、广西、香港
5. 温和地区：如云南、贵州

☐ A 严寒地区　　☐ B 寒冷地区　　☐ C 夏热冬冷地区　　☐ D 夏热冬暖地区　　☐ E 温和地区

☐ 其他 [   ]

7 在改善建筑可持续性能方面，您认为以下两个方面哪个更重要？

◯ A 基于建筑学视角，从建筑设计的原型上改善，从而降低能耗，提高舒适度

◯ B 提高建筑的技术体系性能，如优化系统效率，合理配置系统，使用新能源等

第 7 题选 A 跳转至第 8～25 题，选 B 跳转至第 8 题、第 23～25 题。

8 如果设计一座能耗低、舒适度高的公共建筑，作为一个建筑师，您认为以下措施的重要程度如何：
（请根据重要程度打分 1：不重要　4：一般重要 7：很重要）

	0 不太清楚	1	2	3	4	5	6	7
A 建筑与城市布局的关系，如结构形态、功能效率	◯	◯	◯	◯	◯	◯	◯	◯
B 建筑的选址、平面布局、朝向	◯	◯	◯	◯	◯	◯	◯	◯
C 建筑的体型系数、窗墙比	◯	◯	◯	◯	◯	◯	◯	◯
D 建筑中是否使用了能够调节气候的开放空间，如庭院、中庭、天井	◯	◯	◯	◯	◯	◯	◯	◯
E 建筑中是否使用了能调节室内环境的技术性空间，如通风塔、采光井、地道风、阳光间	◯	◯	◯	◯	◯	◯	◯	◯
F 建筑围护结构的构造做法和气密性	◯	◯	◯	◯	◯	◯	◯	◯
G 建筑屋顶、立面的绿化率	◯	◯	◯	◯	◯	◯	◯	◯
H 建筑采用材料的可回收率和污染排放程度	◯	◯	◯	◯	◯	◯	◯	◯
I 建筑使用的设备系统类型和效率	◯	◯	◯	◯	◯	◯	◯	◯
J 建筑是否利用了太阳能等可再生能源	◯	◯	◯	◯	◯	◯	◯	◯
K 建筑是否节约并循环利用水资源	◯	◯	◯	◯	◯	◯	◯	◯

9 您是否在可持续性公共建筑设计中使用以下空间？

	1 不太用	3 偶尔用	4 经常用
A 院落空间/天井	○	○	○
B 中庭/边庭	○	○	○
C 通风塔/导风墙/地道风/采光井	○	○	○
D 双层缓冲空间（阳光房、门斗、特伦布墙）	○	○	○

10 公共建筑设计时如果【不使用】以下空间的原因是？

	1 影响空间使用效率	2 增加建筑的经济成本	3 受到自身知识背景的限制	4 与建筑风格形式不匹配	5 可能形成的消极空间会影响建筑品质	6 其他
A 院落空间/天井	○	○	○	○	○	○
B 中庭/边庭	○	○	○	○	○	○
C 通风塔/导风墙/地道风/采光井	○	○	○	○	○	○
D 双层缓冲空间（阳光房、门斗、特伦布墙）	○	○	○	○	○	○

11 公共建筑设计时若采用【开敞庭院（天井、室外平台）】，您所关注的重点是？（可多选）

☐ A 空间形态的视觉效果　　☐ B 空间的比例尺度与人的关系　　☐ C 开窗方式及位置
☐ D 围合该空间使用的材料　　☐ E 空间的使用功能和扩展功能　　☐ F 内部的环境设计
☐ G 位置，如何组织各个功能空间　　☐ H 该空间对周围空间的调节作用，如遮阳、通风、采光
☐ 其他 [＿＿＿＿＿＿＿＿＿＿]

12 请为【开敞庭院（天井、室外平台）】的调节作用的重要程度打分

	0 不清楚	1 不重要	2 一般重要	3 比较重要	4 很重要
A 夏季为建筑及室内空间降温	○	○	○	○	○
B 有利于加强自然通风	○	○	○	○	○
C 补充内部空间的自然采光	○	○	○	○	○
C 引入绿化、水体，提高建筑空间的环境品质	○	○	○	○	○
D 合理组织各个功能空间	○	○	○	○	○
E 为未来空间功能的扩展提供可能	○	○	○	○	○
F 符合当地的地域文化特征	○	○	○	○	○
G 提供交流空间，改善人际关系	○	○	○	○	○

13 请为【开敞庭院（天井、室外平台）】在不同气候区的气候调节作用重要程度打分

如采光、通风、预热保温及水体、绿化引入方面的调节作用

1. 严寒地区：如东北三省、内蒙古
2. 寒冷地区：如北京、天津、陕西、山东
3. 夏热冬冷地区：如上海、重庆、湖北、江苏、浙江
4. 夏热冬暖地区：如广东、广西、香港
5. 温和地区：如云南、贵州

	0 不清楚	1 不重要	2 一般重要	3 比较重要	4 很重要
A 严寒地区	○	○	○	○	○
B 寒冷地区	○	○	○	○	○
C 夏热冬冷地区	○	○	○	○	○
D 夏热冬暖地区	○	○	○	○	○
E 温和地区	○	○	○	○	○

14 公共建筑设计时若采用【室内中庭（边庭）空间】，您所关注的重点是？（可多选）

☑ A 空间形态的视觉效果　　☑ B 空间的比例尺度与人的关系　　☑ C 开窗方式及位置
☑ D 围合该空间使用的材料　　☑ E 空间的使用功能和扩展功能　　☑ F 内部的环境设计
☑ G 位置，如何组织各个功能空间　　☑ H 该空间对周围空间的调节作用，如遮阳、通风、采光
☑ 其他 [　　　　　　　　　　　]

15 请为【室内中庭（边庭）空间】建筑的调节作用的重要程度打分

	0 不清楚	1 不重要	2 一般重要	3 比较重要	4 很重要
A 利用温室效应，提高冬季室内温度	○	○	○	○	○
B 通高空间有利于热压通风	○	○	○	○	○
C 顶部（侧向）天窗有利于自然采光	○	○	○	○	○
D 空间中绿化及水体的共享有利于提高舒适度	○	○	○	○	○
E 合理组织各个功能空间	○	○	○	○	○
F 为未来的功能扩展提供可能	○	○	○	○	○
G 空间营造有利于提高建筑的感观品质	○	○	○	○	○
H 提供交流空间，改善人际关系	○	○	○	○	○

16 请为【室内中庭（边庭）空间】在不同气候区的气候调节作用的重要程度打分

如采光、通风、预热保温及水体、绿化引入方面的调节作用

	0 不清楚	1 不重要	2 一般重要	3 比较重要	4 很重要
A 严寒地区	○	○	○	○	○
B 寒冷地区	○	○	○	○	○
C 夏热冬冷地区	○	○	○	○	○
D 夏热冬暖地区	○	○	○	○	○
E 温和地区	○	○	○	○	○

17 公共建筑设计时若采用【通风塔、导风墙、地道风、采光井】，您所关注的重点是？（可多选）

☑ A 空间形态的视觉效果　　　☑ B 空间的比例尺度与人的关系　　☑ C 开窗方式及位置

☑ D 围合该空间使用的材料　　☑ E 空间的使用功能和扩展功能　☑ F 内部的环境设计

☑ G 位置，如何组织各个功能空间　　☑ H 该空间对周围空间的调节作用，如遮阳、通风、采光

☑ 其他 [　　　　　　　　　　]

18 请为【通风塔、导风墙、地道风、采光井】等调节作用的重要程度打分

	0 不清楚	1 不重要	2 一般重要	3 比较重要	4 很重要
A 利用温室效应提高冬季室内温度	○	○	○	○	○
B 有利于高效的通风，快速更新室内空气	○	○	○	○	○
C 有利于高效采光，直接减少人工照明消耗	○	○	○	○	○
D 利用自然资源，提高室内环境品质	○	○	○	○	○
E 组织周围各个功能空间	○	○	○	○	○
F 提高建筑室内环境的灵活性	○	○	○	○	○
G 营造建筑空间气氛	○	○	○	○	○
H 提供交流空间，改善人际关系	○	○	○	○	○

19 请为【通风塔、导风墙、地道风、采光井空间】在不同气候区的气候调节作用的重要程度打分

如采光、通风、预热保温及水体、绿化引入方面的调节作用

	0 不清楚	1 不重要	2 一般重要	3 比较重要	4 很重要
A 严寒地区	○	○	○	○	○
B 寒冷地区	○	○	○	○	○
C 夏热冬冷地区	○	○	○	○	○
D 夏热冬暖地区	○	○	○	○	○
E 温和地区	○	○	○	○	○

20 公共建筑设计时若采用【双层缓冲空间（阳光房、门斗、特伦布墙、双层屋顶）】，您所关注的重点是？（可多选）

☐ A 空间形态的视觉效果　　☐ B 空间的比例尺度与人的关系　　☐ C 开窗方式及位置

☐ D 围合该空间使用的材料　　☐ E 空间的使用功能和扩展功能　　☐ F 内部的环境设计

☐ G 位置，如何组织各个功能空间　　☐ H 该空间对周围空间的调节作用，如遮阳、通风、采光

☐ 其他 [_____]

21 请为【双层缓冲空间（阳光房、门斗、特伦布墙、双层屋顶）】等调节作用的重要程度打分

	0 不清楚	1 不重要	2 一般重要	3 比较重要	4 很重要
A 作为建筑的缓冲层，缓解室内冬季昼夜温度变化	○	○	○	○	○
B 有利于高效的通风，快速更新室内空气	○	○	○	○	○
C 夏季遮阳，防止直射阳光影响工作环境	○	○	○	○	○
D 利用自然资源，提高室内环境品质	○	○	○	○	○
E 组织周围各个功能空间	○	○	○	○	○
E 提高调节建筑室内环境的灵活性	○	○	○	○	○
F 营造建筑空间气氛	○	○	○	○	○
G 提供交流空间，改善人际关系	○	○	○	○	○

22 请为【双层缓冲空间（阳光房、门斗、特伦布墙、双层屋顶）】在不同气候区的气候调节作用的重要程度打分

如采光、通风、预热保温及水体、绿化引入方面的调节作用

	0 不清楚	1 不重要	2 一般重要	3 比较重要	4 很重要
A 严寒地区	○	○	○	○	○
B 寒冷地区	○	○	○	○	○
C 夏热冬冷地区	○	○	○	○	○
D 夏热冬暖地区	○	○	○	○	○
E 温和地区	○	○	○	○	○

23 您认为针对可持续的建筑设计最需要的知识是什么？（可多选）

☐ A 对规范及评价体系的了解　　☐ B 对节能技术策略的了解　　☐ C 对环境及社会需求的了解

☐ D 对他人绿色建筑作品和背景的了解　　☐ E 对如何产生更大的社会效益的了解

☐ F 对各个专业合理的分工配合的了解　　☐ 其他 [_____]

24 您认为目前可持续性建筑的发展最欠缺的是什么？（可多选）

☐ A 权威的绿色建筑评价标准　　☐ B 可持续建筑相关的政策、激励机制　　☐ C 社会认同，公民意识

☐ D 建筑、结构、暖通、业主、施工方的整合设计　　☐ E 建筑师从建筑初期到运营的统筹考虑

☐ F 建筑师知识系统的完善　　☐ 其他 [　　　　　　　　　　]

25 请展望绿色建筑的未来？（可多选）

☐ A 大趋势，绿色建筑将成为建筑设计的基本原则，而不应再强调其类型

☐ B 没必要继续鼓励发展绿色建筑，这只不过是绿色搭台，经济唱戏，必将昙花一现

☐ C 应与参数化、BIM、GIS等结合发展更加理性的建筑类型

☐ D 应走向更加人性化、地域化、本土化的道路　　☐ 其他 [　　　　　　　　　　]

附录 B 建筑空间信息调研表

调研建筑名称		测量时间	年　　月　　日
调研人		调研时间	～
测试地点	市　　区	建筑类型	
首层建筑面积	m²	建筑总层数	

建筑空间信息

<table>
<tr><td rowspan="4">所含空间类型</td><td>院落空间</td><td>室外院落/室外平台　　　　　　　　　　　　（打√）</td></tr>
<tr><td>中庭空间</td><td>单向中庭/双向中庭/三向中庭/四向中庭/分散式中庭
（打√）</td></tr>
<tr><td>竖井空间</td><td>通风井/采光井/天井　　　　　　　　　　　（打√）</td></tr>
<tr><td>界面空间</td><td>双层屋顶/阳光间/双层表皮/门斗　　　　　　（打√）</td></tr>
<tr><td rowspan="2">空间尺寸</td><td rowspan="2">底面尺寸</td><td>长（　　　m）×宽（　　　m）×高（　　　m）</td></tr>
<tr><td>其他形状：</td></tr>
<tr><td></td><td>是否是通高空间</td><td>是（　　）/否（　　）　　　（　　）层通高</td></tr>
<tr><td rowspan="5">界面性质</td><td>外围护界面材质</td><td>结构：混凝土（　　）砖（　　）　外饰面层（　　　　）</td></tr>
<tr><td>外开窗位置</td><td>东（　　）南（　　）西（　　）北（　　）天窗（　　　）
其他（　　　）　　　　　　　　　　　　（打√）</td></tr>
<tr><td>窗墙比</td><td>东（　　）南（　　）西（　　）北（　　）天窗（　　　）</td></tr>
<tr><td>开窗率</td><td>东（　　）南（　　）西（　　）北（　　）天窗（　　　）</td></tr>
<tr><td>遮阳措施</td><td>是否有遮阳措施　　　是（　　）否（　　）
遮阳方式：
遮阳位置：东（　　）南（　　）西（　　）北（　　　）
天窗（　　　）</td></tr>
</table>

续表

内部容纳	内部绿化面积	
	绿化率	
	内部水面面积	
	水化率	
	内部人群密度	使用人数当量：　　　　　　　　　　　　/(100 m² · h)
	内部休息座椅数量	
	内部其他功能设施	如：服务台(　　)报刊(　　　)小卖部(　　　)展览(　　)临时集会(　　)楼梯(　　) 其他_____
外部关联	四向的关联程度	是否与主体功能空间相连：东(　　)南(　　)西(　　) 北(　　)　(打√)
	关联程度	东：开放/开敞/封闭　　南：开放/开敞/封闭　(打√)
		西：开放/开敞/封闭　　北：开放/开敞/封闭　(打√)
	功能空间人群密度	东：使用人数当量：　　　　　　　　/(100 m² · h) 南：使用人数当量：　　　　　　　　/(100 m² · h) 西：使用人数当量：　　　　　　　　/(100 m² · h) 北：使用人数当量：　　　　　　　　/(100 m² · h)

测量信息

建筑层高	
测试楼层	
测试网格尺寸	
测试项	温度(　　)CO$_2$(　　)光(　　)声(　　) 　　　　　　　　　　　　　　　(打√)
测试时间	第一次： 第二次：

附录 C 使用者主观满意度评价问卷

空间环境评价调研问卷　　　　　问卷编号_____

打分范例：请在您认为合适的形容词处画"√"

范例	非常差	较差	有些差	中等	有些好	较好	非常好
调研空间的满意度评价	□	□	□	□	□	□	□

被测空间环境品质评价

您如何形容_____空间：

			非常	较	有些	中等	有些	较	非常	
空间品质	形状	无特色	□	□	□	□	□	□	□	有特色
	光线	不舒适	□	□	□	□	□	□	□	舒适
	景观环境	差	□	□	□	□	□	□	□	好
	与室外空间	封闭	□	□	□	□	□	□	□	开敞
未来扩展	面积	浪费	□	□	□	□	□	□	□	经济
	界面划分	呆板	□	□	□	□	□	□	□	灵活
	位置	不恰当	□	□	□	□	□	□	□	恰当
	与内部空间	独立	□	□	□	□	□	□	□	连续
功能组织	空间利用率	低	□	□	□	□	□	□	□	高
	窗户数量	少	□	□	□	□	□	□	□	多
	功能	单调	□	□	□	□	□	□	□	复杂
	人员流动	拥挤	□	□	□	□	□	□	□	空旷
交流共享	空间气氛	无吸引力	□	□	□	□	□	□	□	有吸引力
	长期停留	不愿意	□	□	□	□	□	□	□	愿意
	环境	烦躁	□	□	□	□	□	□	□	安稳
	声音	喧闹	□	□	□	□	□	□	□	安静

总体环境满意度评价

请您为整座建筑环境打分：

评价内容	非常差	较差	有些差	中等	有些好	较好	非常好
1. 调研空间的满意度评价	☐	☐	☐	☐	☐	☐	☐
2. 使用环境的满意度评价	☐	☐	☐	☐	☐	☐	☐
3. 整体建筑环境满意度评价	☐	☐	☐	☐	☐	☐	☐
4. 室内热环境评价	☐	☐	☐	☐	☐	☐	☐
5. 室内光环境评价	☐	☐	☐	☐	☐	☐	☐
6. 室内空气品质评价	☐	☐	☐	☐	☐	☐	☐
7. 室内声环境评价	☐	☐	☐	☐	☐	☐	☐
8. 清洁与维护评价	☐	☐	☐	☐	☐	☐	☐

附录 D　调研建筑图纸汇编

表 D-1　调研建筑图纸汇编

建筑编号	建筑名称	标准层平面图	建筑空间模型	效果图(实景照片)
1	清华大学逸夫图书馆			
2	陕西省图书馆			
3	清华大学FIT大楼			
4	清华大学美术学院教学办公楼			

续表

建筑编号	建筑名称	标准层平面图	建筑空间模型	效果图(实景照片)
5	清华大学照澜院综合服务中心			
6	清华大学人文图书馆			
7	北京嘉铭地产中心			
8	北京环保履约大厦			
9	解放军304医院门诊楼			

续表

建筑编号	建筑名称	标准层平面图	建筑空间模型	效果图（实景照片）
10	清华大学建筑设计研究院			
11	北京新中关购物中心			
12	西安浐灞管委会办公楼			
13	西安浐灞商务中心			
14	西安交通大学教学行政主楼			

建筑编号	建筑名称	标准层平面图	建筑空间模型	效果图（实景照片）
15	西安交通大学康桥苑学生综合服务中心			
16	北京五道口华联商场			
17	北京金融街购物中心			
18	北京金源燕莎购物中心			
19	清华大学观畴园学生综合服务中心			

续表

建筑编号	建筑名称	标准层平面图	建筑空间模型	效果图（实景照片）
20	清华大学环境学院节能楼			

附录 E 建筑空间信息参数与使用者满意度评价数据

表 E-1 建筑空间信息参数

建筑编号[a]	空间类型[b]	1 平面形状[c]	2 平面尺寸 (L∶W)	2-1 空间底面面积 /m²	3 空间高度 /m	4 结构柱网尺寸 /m	5 围护结构传热系数/ (W/(m²·K))	6 窗墙比 /%	7 窗户开启率/%
1	1	1	1.5625	400	18	10	0.47	15	10
2	1	1	1.65	874	23	7.5	0.5	15	10
3	1	1	1.35	2160	24	8	0.45	45	5
4	1	1	0.387	372	25	8	0.45	50	10
5	2	1	4	256	11.6	8	0.47	90	25
6	2	3	16	803.8	16	8	0.4	45	10
7	2	1	1.25	500	83	8.4	2.4	90	5
8	2	1	1	324	36	8	0.3	90	0
9	2	1	1.27	1995.84	10	7.2	0.45	90	0
10	2	1	4.8	438	13	7.2	0.4	68	5
11	2	4	1	225	15	11	1.8	20	0
12	2	1	1.28	800	15	8	0.3	73	5
13	1	1	0.875	896	12	7.5	0.4	50	5
14	2	1	2.15	137.6	11.2	7.8	0.47	12	33
15	2	1	1	506.25	16	7.5	0.47	64	10
16	2	1	1.44	102.06	21.5	8.4	1.8	64	5
17	2	1	1.62	185.1	30	9.5	0.45	90	5
18	2	1	2.55	255	37.5	8	0.47	90	0
19	2	4	5	248.7	8.8	7	2.8	80	3
20	1	1	0.8	768	50	8	2.4	80	5

续表

建筑编号[a]	8 遮阳设施[e]	9 内部绿化率/%	10 内部含水率/%	11 内部人群密度	12 其他功能[f]	13 与周围空间的连接[g]	14 与主体空间的连接[h]	15 外部人群密度	16 面向自然景观的方向[i]
1	1	50	0	0.8	5	4	4	5.6	6
2	1	80	0	0	5	3	4	9.5	4
3	1	60	0	0.5	5	4	4	7.1	6
4	3	21	0	0.15	4	3	4	3.3	2
5	1	4	0	31.1	6	1	3	8.8	5
6	4	1	0	4	4	4	1	6	6
7	5	1	5	1.6	6	2	3	4.89	5
8	5	0	0	0	1	2	4	6.5	5
9	1	1	0	11.26	6	4	2	8.1	5
10	4	28	2	1.63	5	1	3	7.06	2
11	1	0	7	12	7	2	1	12.5	5
12	1	0	0	0.125	5	2	2	3.13	4
13	1	20	42	0	5	2	4	3.3	6
14	1	11	0	1.45	8	2	4	10.82	5
15	5	1	0	10	3	4	1	26.45	5
16	1	0	0	11.43	6	1	2	13.8	1
17	5	17	0	0	7	2	1	8	5
18	1	0	0	10.98	6	2	1	5.88	5
19	1	0	0	12	2	1	4	20	3
20	3	29	0	0.15	6	3	3	4.2	1

注：a. 20座建筑名称依次是：1 清华大学逸夫图书馆；2 陕西省图书馆；3 清华大学 FIT 大楼；4 清华大学美术学院教学办公楼；5 清华大学照澜院综合服务中心；6 清华大学人文图书馆；7 北京嘉铭地产中心；8 北京环保履约大厦；9 解放军 304 医院门诊楼；10 清华大学建筑设计研究院；11 北京新中关购物中心；12 西安浐灞管委会办公楼；13 西安浐灞商务中心；14 西安交通大学教学行政主楼；15 西安交通大学康桥苑学生综合服务中心；16 北京五道口华联商场；17 北京金融街购物中心；18 北京金源燕莎购物中心；19 清华大学观畴园学生综合服务中心；20 清华大学环境学院节能楼。

　　b. 空间类型：1 院落空间；2 中庭空间；3 井道空间；4 界面空间。

　　c. 平面形状：1 长方形；2 三角形；3 圆形/椭圆形；4 异形。

　　d. 窗户位置和窗墙比：1 北侧；2 南侧；3 东侧；4 西侧；5 顶部。

　　e. 遮阳设施：1 无遮阳；2 垂直遮阳墙；3 水平遮阳墙；4 遮阳百叶；5 织物遮阳。

　　f. 其他功能：1 前台；2 售卖；3 餐厅；4 展览；5 花园；6 交通空间；7 临时集会；8 其他。

　　g. 与周围空间的关系：1 单向；2 两向；3 三向；4 四向。

　　h. 与主体空间的关系：1 开敞；2 半开敞；3 半封闭；4 封闭。

　　i. 面向自然的方向：1 北侧；2 南侧；3 东侧；4 西侧；5 顶部；6 四周；7 无。

表 E-2 使用者满意度评价的平均得分

建筑编号ᵃ	形状	光线	景观环境	与室外空间连接	面积	界面划分	位置	与内部空间连接	空间利用率	窗户数量	功能	人员流动
1	1.40	1.45	1.50	0.20	1.05	0.20	-1.00	0.55	0.85	1.00	0.30	0.40
2	0.85	1.30	1.15	0.05	1.20	0.95	-0.65	0.55	1.25	0.40	0.35	-0.20
3	0.14	0.52	0.00	0.10	0.86	0.33	-0.71	0.24	0.57	0.05	0.05	0.05
4	1.35	1.40	1.55	1.20	0.60	0.60	1.70	0.20	0.90	1.65	0.05	2.50
5	0.45	0.40	0.50	0.45	0.70	0.40	-0.65	-0.15	0.50	1.10	0.15	0.10
6	1.40	1.35	1.10	0.75	0.65	1.00	-0.25	0.65	0.15	1.50	0.35	0.85
7	1.90	2.15	1.90	2.15	0.45	1.15	0.20	0.40	0.90	2.05	0.75	0.65
8	1.40	1.00	1.10	1.10	1.25	1.40	0.85	0.95	1.20	1.35	0.70	1.05
9	1.19	1.71	1.52	1.05	1.05	1.19	0.00	0.71	1.24	1.05	0.95	0.81
10	0.70	0.75	1.20	0.55	0.65	0.55	0.10	0.65	0.40	0.55	0.15	-0.20
11	0.65	1.25	0.60	0.30	1.00	1.05	0.05	1.30	0.90	0.15	0.10	-0.75
12	0.80	1.10	1.35	0.60	0.75	0.40	0.80	0.10	0.35	-0.05	0.45	0.90
13	0.45	1.25	0.75	0.25	0.80	0.25	-0.10	0.60	0.60	1.20	0.25	1.00
14	-0.15	0.30	0.45	-1.10	-0.10	-0.30	-1.05	0.20	-0.35	-0.60	-0.60	-0.40
15	-0.75	0.35	-0.40	-0.35	0.80	-0.30	-1.45	-0.35	0.95	0.05	0.30	-0.80
16	0.20	0.45	0.20	0.50	0.80	0.70	-0.55	0.30	0.40	-0.50	-0.35	-1.75
17	1.75	2.00	2.10	1.90	2.10	1.75	1.50	2.05	1.55	1.25	1.35	2.00
18	0.25	1.33	0.08	-0.58	0.83	0.50	-1.83	1.00	0.58	-0.50	0.00	-0.42
19	1.24	1.43	1.29	1.24	1.33	0.62	-0.19	0.52	0.86	1.33	0.38	0.29
20	2.1	2.03	1.8	1.6	1.1	2.2	2.1	1.1	1.03	2.3	1.3	0.65

续表

建筑编号ª	空间气氛	长期停留	环境	声音	空间满意度	使用环境满意度	整体满意度	热环境	光环境	空气品质	声环境	清洁与维护
1	0.40	1.20	1.80	1.80	1.70	1.55	1.60	0.90	1.70	0.85	1.45	2.15
2	0.70	1.35	1.35	1.55	1.35	1.45	1.90	0.35	1.00	0.30	1.35	1.60
3	0.38	0.38	0.29	0.57	0.86	0.81	0.90	1.10	0.76	0.24	1.10	1.43
4	0.50	1.05	2.05	2.65	1.90	2.30	2.70	1.65	1.40	1.45	2.35	2.50
5	0.00	0.00	0.70	0.60	0.20	0.50	0.35	-0.80	0.75	-0.10	0.20	0.85
6	1.65	1.85	1.95	1.80	1.90	1.85	1.70	1.90	1.45	1.20	1.35	2.10
7	1.25	1.55	1.70	1.35	2.00	2.10	1.75	1.45	1.70	1.65	1.80	2.25
8	0.45	1.35	1.05	1.70	1.50	1.55	1.75	1.30	1.10	0.75	1.50	1.50
9	1.05	0.57	0.76	1.05	1.38	1.43	1.52	1.90	1.81	1.00	1.10	1.71
10	0.50	1.00	0.85	0.65	1.45	1.50	1.50	1.15	1.00	0.40	1.25	1.05
11	0.00	0.40	-0.15	-0.40	0.55	0.90	1.00	0.60	0.85	-0.10	0.00	0.60
12	0.55	0.70	0.65	0.55	1.05	1.50	1.25	-0.30	0.20	0.45	0.60	1.75
13	0.50	0.60	1.50	1.80	0.95	1.25	0.95	0.25	1.50	0.10	1.35	1.40
14	-0.60	-0.65	0.00	0.10	0.25	0.30	0.50	0.35	0.35	-0.70	0.45	0.85
15	-0.40	-0.95	-0.65	-0.85	0.30	0.70	0.60	0.40	0.35	0.30	-0.20	0.00
16	-0.65	-1.25	-1.20	-1.35	0.10	0.40	0.50	0.70	0.75	0.40	-0.25	0.50
17	1.25	1.30	2.05	2.20	2.50	2.45	2.35	0.80	2.20	2.20	2.10	2.75
18	-0.08	-0.33	-1.08	-1.33	0.91	1.09	1.91	1.36	1.64	0.00	-0.45	1.27
19	0.29	0.48	0.57	0.24	1.52	1.10	1.29	1.05	1.24	0.95	0.43	1.19
20	2.2	1.6	1.9	2.4	1.42	2.10	2.30	0.90	2.10	1.20	1.10	2.30

注：a. 建筑名称对应的编号同表 D-1。

附录 F SCTool 结论报告示例

Impact Evaluation Results of the Indoor Environmental Performance of Passive Spaces in Buildings

By SCTool

Object building name:
Location (province):
Building Type: Office

Result: H3

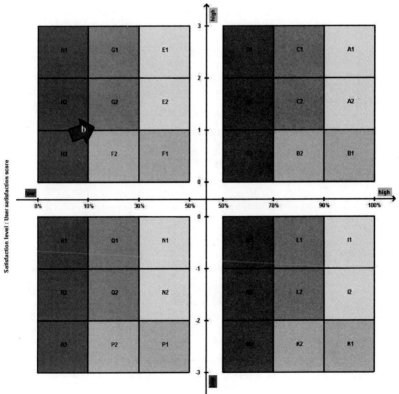

RESULT CONCLUSION

Satisfaction score	0.82
Comfort Level	49%
Weakness	1 Location; 1 Radiation temperature; 2 Air temperature; 3 Mix lighting; 4 Control; 5 Reverberation time; 6 TVOC;
Advantage	1
Result Conclusion	

BUILDING INFORMATION

Measurement group factors	Measurement factors	Information	Unit
Geometric dimensions	1 Layout shape	Rectangle	N/A
	2 Layout dimensions	23	m
	3 Space stories	24	N/A
	4 Structure grid size	8	m
Interface properties	5 Thermal performance of the building materials	0.47	W/m^2K
	6 Window location and window to wall ratio	South:4 East:1 South:1 East:1	%
	7 Open window ratio	10	%
	8 Shading	Vertical sunshade wall	N/A
Internal related categories	9 Inner space green ratio	10	%
	10 Inner space landscape to water ratio	4	%
	11 Inner space occupied density	8	FTE/h100m^2
	12 Other functions	Canteen	N/A
External related categories	13 Relation to surrounding space	3-direction	N/A
	14 Relevance to main space	Semi-closed	N/A
	15 Outer space occupied density	7.8	FTE/h100m^2
	16 Orientation to natural environment	East	N/A

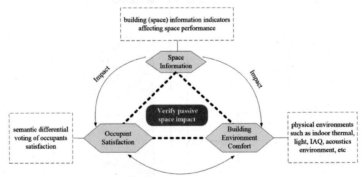

Matrix Relationship of Comfort-Satisfaction

OCCUPANT SATISFACTION VOTING RESULTS

Vote item group	Vote item	SD Degree -3-3	Result
Space quality	1 Shape	notcharacteristic-characteristic	1.40
	2 Lighting	discomfort - comfort	1.45
	3 Landscape environment	poor - good	1.50
	4 Connection to exterior space	closed - open	0.20
Future expansion	5 Area	waste-economy	1.05
	6 Interface division	rigid - flexible	0.20
	7 Location	inappropriate - appropriate	-1.00
	8 Connection to interior space	independent - coherent	0.55
Share and communication	9 Space utilization	low - high	0.85
	10 Number of windows	inappropriate - appropriate	1.00
	11 Function	monotone - plentiful	0.30
	12 Occupied density	discomfort- comfort	0.40
External related categories	13 Space atmosphere	not attractive - attractive	0.40
	14 Long stay	unwilling - willing	1.20
	15 Psychology	irritability- safe	1.80
	16 Acoustics	noisy- quiet	1.80

Average score: 0.82
Weakness: 1 Location;

INDOOR PHYSICAL ENVIRONMENT TEST RESULTS

Test item group	Test item	Result	Unit
Thermal comfort	1 Radiation temperature	0%	C
	2 Air temperature	0%	C
	3 Humidity	50%	%
	4 Wind velocity	66%	m/s

Continued

Test item group	Test item	Result	Unit
Lighting comfort	5 Natural light	83%	Lux
	6 Mixed lighting	16%	Lux
	7 VIew Control	100%	%
	8 Control	33%	%
Acoustical comfort	9 Background noise	66%	db
	10 Reverberation time	33%	s
	11 Definition	83%	N/A
	12 Sound insulation	66%	dba
IAQ comfort	13 CO2	83%	ppm
	14 PM2.5	100%	g/m^3
	15 TVOC	16%	mg/m^3
	16 AQI	83%	N/A

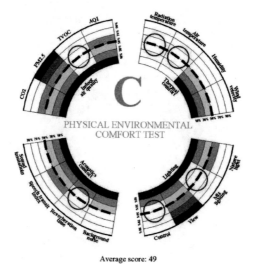

Average score: 49

Weakness: 1 Radiation temperature;2 Air temperature;3 Mix lighting;4 Control;5 Reverberation time;6 TVOC;

在学期间发表的学术论文与研究成果

发表的学术专著

LI J J. Animate Space Effect：The Impact Evaluation of Passive Space Design in Sustainable Buildings[M]. Saarbruecken，Germany：LAP Lambert Academic Publishing，2015. ISBN 978-3-659-70699-8.

发表的学术论文

[1]　**LI J J**，SONG Y H，LV S，WANG Q G. Impact evaluation of the indoor environmental performance of animate space in buildings [J]. Building and Environment，2015(94)：353-370.（SCI 检索，第一作者，影响因子 3.341）

[2]　SONG Y H，**LI J J**，WANG J L，HAO S M，ZHU N，LIN Z H. Multi-criteria approach to passive space design in buildings：Impact of courtyard spaces on public buildings in cold climates [J]. Building and Environment，2015(89)：295-307.（SCI 检索，通讯作者，影响因子 3.341）

[3]　**LI J J**，SONG Y H，WANG Q G. Experimental verification and pair-group analysis study of passive space design strategies[C]. 4th International Conference on Civil，Architecture and Hydrauic Engineering，2015，Guangzhou，China.（EI 检索）

[4]　HAO S M，SONG Y H，WANG J L，ZHU N，**LI J J**. Thermographic study on thermal performance of rural houses in southwest China[C]. PLEA 2014-The 30th International PLEA Conference，2014，Ahmedabad，India.（国际会议论文）

[5]　SONG Y H，**LI J J**，ZHU N，WANG J L，HAO S M. A research on two types of buffer zone impact on surrounding office space environment in winter in cold climate zone [J]. Journal of Harbin Institute of Technology，2014，5：33-39 .（EI 检索）

[6]　SONG Y H，**LI J J**，ZHU N，WANG J L，LIN Z H. Fieldwork test research of the impact on building physical environment on six types of atrium space in cold climates [J]. Journal of Harbin Institute of Technology，2014，4：84-90.（EI 检索）

[7]　HAO S M，SONG Y H，**LI J J**，ZHU N. Field study on indoor thermal and luminous environment in winter of vernacular houses in northern Hebei province of China[J]. Journal of Harbin Institute of Technology，2014，4：77-83.（EI 检索）

[8]　宋晔皓，张弘，林波荣，**李珺杰**，朱宁. 组建跨学科团队平台的创新育人模式的教学实践探讨：以 2013 年国际太阳能十项全能竞赛教学为例[C].清华大学第 24 次教育工作讨论会文集，2014，北京.（国内会议论文，导师第一作者）

[9] 张雨婷,张弘,**李珺杰**,蔡郑强. BIM 协同设计的全专业应用实践：以清华 O-house 项目为例[C]. 2014 年全国建筑院系建筑数字技术教学研讨会,2014,北京.(国内会议论文)

[10] **李珺杰**,宋晔皓,赵元超. 基于公共建筑使用后物理环境测试的可持续建筑空间调节作用研究[C]. 第十届国际绿色建筑与建筑节能大会,2014,北京.(国内会议论文)

[11] **李珺杰**,张弘,张雨婷,闵嘉剑. 围护体系技术策略在绿色建筑实践中的应用及其存在问题[J]. 生态城市与绿色建筑,2014(1)：19-24.(建筑学重要期刊名录)

[12] 张弘,**李珺杰**,董磊. 零能耗建筑的整合设计与实践：以清华大学 O-house 太阳能实验住宅为例[J]. 世界建筑,2014(1)：114-117.(建筑学重要期刊名录)

[13] ZHANG H, **LI J J**, DONG L, CHEN H Y. Integration of sustainability in net-zero house: Experiences in Solar Decathlon China[J]. Energy Procedia, 2014 (57)：1931-1940.(EI 检索)

[14] SONG Y H, SUN J F, **LI J J**, XIE D. Towards net zero energy building: collaboration-based sustainable design and practice of the Beijing waterfowl pavilion[C]. 2013 ISES Solar World Congress, 2013,Cancun,Mexico.(EI 检索)

[15] **李珺杰**. 中国零能耗太阳能住宅的适应性研究：以国际太阳能十项全能竞赛为例[C]. 2012 清华大学建筑学院博士生论坛,2012,北京.

[16] 陈晓娟,孙菁芬,林正豪,**李珺杰**.可持续策略与建筑的整合设计：清控人居科技示范楼项目实践 [J]. 生态城市与绿色建筑,2015(5)：41-47.

[17] 孙菁芬,陈晓娟,谢丹,林正豪,**李珺杰**. 模块化装配式设计建造可持续建筑[J]. 生态城市与绿色建筑,2015(5)：48-53.

[18] 董磊,张弘,**李珺杰**,李庆达. 装配式住宅中的"连接"技术[C]. 第 15 次全国建筑技术科学学科学术研讨会,2014,哈尔滨.

[19] **李珺杰**. 论当代绿色建筑三题[J]. 建筑师,2012(5)：83-85.(建筑学重要期刊名录)

[20] SONG Y H,HAO S M,WANG J L, **LI J J**. A Comparative Investigation on sustainable strategies of vernacular buildings and modern buildings in southwest China[C]. PLEA Conference,2012,Lima, Perú.(EI 检索)

[21] ZHANG D Q, **LI J J**, DANG X X. Study on the conception and methods of constructing ecological corridors of weihe river system in Xi'an area [J]. Advanced Materials Research, 2012(518-523)：5943-5948. (EI 检索源刊：20122315090249)

[22] ZHANG D Q,**LI J J**, CAO X M. Strategies for ecological development of cities and towns in Xi'an metropolitan area: Based on the construction of eco-corridors of Weihe river system[J]. Applied Mechanics and Materials, 2012(209-211)：1062-1067. (EI 检索)

[23] **李珺杰**,赵元超.走向建筑低碳化——西安浐灞商务中心二期低碳设计实践[J].

新建筑,2012(4):67-70.(建筑学重要期刊名录)

[24]　戴维·沃尔德伦,**李珺杰**.像素大楼——澳洲绿色之星建筑[J].生态城市与绿色建筑,2012(1):94-101.(建筑学重要期刊名录)

[25]　林俊强,胡毓钧,**李珺杰**.SOLARIS——攀升可持续建筑设计中的更高境界[J].生态城市与绿色建筑,2012(1):102-108.(建筑学重要期刊名录)

[26]　**李珺杰**,杨路.影响西安地区办公建筑低碳化的气候应变性设计[J].华中建筑,2012(4):37-41.(建筑学重要期刊名录)

[27]　**李珺杰**.绿色建筑的科学实践——英国BASF HOUSE建造探索[J].生态城市与绿色建筑,2011(4):114-119.(建筑学重要期刊名录)

[28]　**李珺杰**,王庆国,许楔.CED—教育中心区[J].建筑技艺,2010(9-10):246-249.(建筑学重要期刊名录)

[29]　**李珺杰**,张定青,王庆国.商业与文化 传承与创新——大唐不夜城文化艺术休闲区规划设计[J].华中建筑,2009(2):194-199.(建筑学重要期刊名录)

[30]　**李珺杰**,张定青,杨路.作为一种过渡产业的租赁式中小套型住宅设计研究——中国创新'90中小套型住宅设计竞赛获奖方案分析[J].华中建筑,2007(8):55-58.(建筑学重要期刊名录)

专利成果

[1]　张弘,**李珺杰**,董磊,陈寰宇,张华西.具有电动升降台面的厨房储物柜:中国,201320236619.3[P].(实用新型)

[2]　张弘,李久太,**李珺杰**,董磊.基于集成模块的建筑物:中国,201310161170[P].(发明专利)

[3]　张弘,李久太,**李珺杰**,董磊.基于集成模块的建筑物:中国,201320236597.0[P].(实用新型)

[4]　张弘,董磊,**李珺杰**,闵嘉剑,周真如.一种可调控倾斜角的光电支架及其组件:中国,201320239054.4[P].(实用新型)

[5]　张弘,董磊,**李珺杰**,张雨婷,吕帅.隐形防盗维护装置及其系统:中国,201320239556[P].(实用新型)

致　　谢

论文完笔之际，回首大学本科到博士毕业间的十三载光阴，发现曾经那个执着倔强的自己，已沿着记忆里清晰短暂的美好时刻和模糊漫长的成长历练，为生命留下了永恒的记号。读博四年又半载，成果绝非一蹴而就，过程中充满了惊喜、茫然、失落、沮丧，有时甚至是煎熬，其间滋味，冷暖自知。但我从未放弃理想，而是尊重最初的选择。学业至此，多年的累积而最终形成这本博士论文。在五年建筑学的启蒙和一年可持续建筑技术方向留洋英伦的经历，两年的设计院工作学习和近五年的博士深造过程中，每个阶段都离不开尊敬宽容的老师、至亲至爱的家人以及不离不弃的朋友的支持与帮助。

宽宥、博学、亲切、严谨是我从导师宋晔皓教授身上学到的宝贵品格，令我受益终生。非常感谢恩师如慈父般的教导和信任，在我迷失方向时为我引航，在我沮丧无助时给我力量。宋老师看待问题的思路见解和工作中勤奋严谨的态度，将使我今后一切的工作和生活受益。论文题目的拟定、框架建构、研究探索、调研实践以及反复修改的过程，一直灌注着他的思考、判断和卓越见解。

感谢尊敬的秦佑国教授、朱颖心教授、庄惟敏教授、王丽方教授、林波荣教授、贾东教授、王路教授、李保峰教授和夏海山教授在论文的开题、各个答辩阶段给予我的指导和帮助，在研究初期混沌不明时给予我方向上的指引，在论文研究、撰写过程中为我提供的学习资料以及成稿后对我提出的宝贵建议。

我还要感谢一个人，他宽广如父，他亲切如兄，他是我的"学长"，他虽古稀之年却与我谈笑如同挚友，我虽遗憾于从未拜读在他门下，但他确是对我人生轨迹影响重大的恩师——黎志涛教授。在我彷徨的时刻，是黎老师的坚持、鼓励与支持伴我踏入清华学府，实现最初的梦想。

感谢启蒙恩师张定青教授，感谢带我进入建筑实践领域的恩师赵元超教授，两位老师渊博的知识和严谨的学术态度帮助我树立了贯穿一切学习成长过程的信条，张老师和赵老师的学术见解、为人品质使我终身受益。

感谢张弘教授、董磊、周真如和那些年与我一起设计、建造我们又爱又恼的小房子 O-house 的老师和同学们。两年时间如白驹过隙,过程虽然艰辛,却是读博期间最美好、最骄傲的回忆。不论是知识储备还是技术提升,甚至是人生领悟,O-house 已经深深印刻在我的心中。虽然 O-house 已经离开了我们美丽的校园,但它一直如同我的孩子一般,让我挂牵。

感谢博士论文撰写期间与我一起讨论、不厌其烦地倾听、倾力给我建议的王嘉亮师兄,感谢帮助我完成论文中重要的程序编译环节的曲桦教授、吕帅及张艳鹏。感谢林正豪对论文不辞辛劳的检查校改。

感谢郝石盟、李苑、朱宁、丁建华、李紫微等好友的关心与帮助,与他们在一起的时光也是我博士学习和生活中最值得怀念的记忆。他们给予我的帮助和鼓励对论文研究和写作起到了重要的作用。

我还要深深感谢我的爱人王庆国先生。几年来王先生一直无怨无悔地支持我的学习和生活,在我不适应博士学习和生活的时候,给了我最大的力量;在我科研最迷茫的时候,倾听我毫无头绪的唠叨;在我烦躁抑郁的时候,给了我无限的包容。

最后,深深地感谢我慈爱的父母和公婆:父母 30 年来含辛茹苦的养育,一直以来在我背后默默地理解与支持,感谢你们与我一起成长;四位老人从不计回报的付出,让我充满了对生命的感激和对未来的渴望。

本研究承蒙国家自然基金重点项目《基于可持续性大型公共建筑决策与设计研究》(51138004)、国家自然基金 51708019 和 51678324 以及国家科技支撑计划课题《绿色建筑评价指标体系与综合评价方法研究》子课题《建筑和环境的使用后评价理论与方法》(2012BAJ10B02)的支持,特此感谢。

珺　杰

2020 年 10 月